自由貿易下における農業・農村の再生

小さき人々による挑戦

高崎経済大学地域科学研究所【編】

日本経済評論社

刊行にあたって

　高崎経済大学産業研究所は、2015（平成27）年3月末に、半世紀を超える歴史に幕を下ろした。1957（昭和32）年の本学設立と同時に設置された高崎経済大学附属産業研究所の目的とするところは、主に、産業・経済の分析・研究を通じて学問的に貢献し、あわせて地域経済や地域産業・地域社会の振興・発展に寄与するところにあった。また大学による地域貢献が唱えられるようになるよりも遙かに以前より、本学の地域貢献を担う部門として、公開講座や講演会等のさまざまな事業が行われてきた。2015（平成27）年4月より、再編となった産業研究所と地域政策研究センター、双方の事業と伝統を引き継ぎ、高崎経済大学地域科学研究所として幕を開けた。

　産業研究所の看板事業といえる研究プロジェクト・チームが始まったのは、大学創立20周年事業としてであった。その後、常に複数のチームが存在し、毎年その成果報告書を刊行できる体制となって、今日に至っている。高崎市域・群馬県域を対象とした研究のみならず、多種多様なテーマが取り上げられてきた。しかし近年は新規プロジェクトの応募が得られないことが増え、応募を得られやすくするための制度変更を一時的に行う中で、本学地域政策学部の宮田剛志准教授を中心にプロジェクトを立ち上げることとなった。今回の報告書は『自由貿易下における農業・農村の再生』と題され刊行される運びとなった。

　中山間地のそのまた辺地に生まれ育ち、経営学を学んできた私の個人的な感想で恐縮であるが、農業生産の大規模化には不安を覚える。農産物価格の内外価格差に追いつくためには、生産費用を低減させなければならない。そのためには農地を集約して大規模化を図り、大型機械を導入して大量生産し、市場開放後の価格低下に備える。この論理は一見わかりやすいのだが、このもたらす帰結は恐ろしい。より大量に生産された産物が市場に流れ込むと、根本的な市場原理により、価格低下に拍車がかかる。さらに下がった価格に耐えられるよ

う、生産費用の低下を目的とした大量生産のために、さらなる大規模化とさらなる大型機械の導入が迫られる。すると、さらに農産物価格が低下する。逆に異常気象や相場乱高下などのリスクへの耐性は落ちていく。大型機械の購入は損益分岐点を上昇させる。借入金への依存度は高まり、返済の負荷が増大する。広くなった農地は、交通の便が良い所から商業地へと転換されていく。ショッピングセンターの地主・大家として、安定的な収入が得られること自体は良い。しかし農業生産の好適地から商業地に変わっていくのである。

　それに対して、農畜産物生産者が自ら加工し、消費者に直接販売する垂直統合には一筋の光明を見いだしている。経営学で言う value chain の上流に位置する農畜産物生産者が、加工・小売といったより下流へとビジネスの手を広げる。それぞれの段階における付加価値を生産者自身が提供し、それぞれの段階の利潤を取っていく。もちろん垂直統合戦略は、投資もかさめばリスクも大きくなり、成功を収めるのは簡単ではない。営業・小売は生やさしい物ではない。直販には売れ残りリスクが伴う。インターネットと宅配便（特に低温維持配達）の発達が、地方の生産者にもたらした恩恵は計り知れない。

　直売所は二筋目の光明である。流通マージンを農家と直売所で分けることができる。売れていく速さを見れば消費者の評価を直に知ることができる。1軒の農家がさまざまな作物を作り販売できる。また顔の見える競争が働いて、品質の向上が図られる。特に道の駅が登場して以降は、直売所に対する一般消費者の抵抗感が薄れたように思う。しかしこの盛況にも影が忍び寄っている。直売所が増えれば直売所間の競争が激しくなる。移り気な消費者に飽きられないためには工夫を継続的に打ち出さねばならない。直売所へ客を運ぶのは客自身の自家用車であるが、一極集中と少子高齢化は乗用車の販売を鈍らせる。ともあれ、大きな市場へ出荷すれば避けられない価格競争を、ある程度回避できる直売所は、垂直統合の特徴とあわせて、経営戦略の観点からすると王道と言える。

　地域の宝は富ではない。持っているだけでは、宝の持ち腐れである。よその人に売って銭を稼いで初めて富への第一歩となる。地域の宝とは、その地で豊

かに産出する資源や地理的・気候的条件、文化的蓄積、未活用労働力などが考えられる。宝を売るのは商人である。買い手を探し、売り込む。また商品開発に投資する。各地域で伝統の産品を育成し都市へ売り込んできた商家の歴史と役割が見直されることを期待したい。そして小規模であっても商才を発揮する農家がどんどん出てくることを祈っている。

　本書ができるにあたっては、数多くの資料や著書、貴重な時間を割いて取材や調査に快く応じていただいた方々に負うところが多い。感謝申し上げたい。また本プロジェクトの研究および事業に関わった本研究所所員および諸先生には格別なる論文をご寄稿いただいた。謝意を表したい。本プロジェクトの推進並びに本書の発刊を支援していただいた、高崎市、大学当局および事務職員、さらに編集・公刊の労をとっていただいた日本経済評論社に対し、衷心より感謝の意を表したい。

　2016年2月

高崎経済大学旧産業研究所前所長　藤本　哲

地域科学研究所の開設について

地域科学研究所長　西野　寿章

　本書は、旧産業研究所の研究プロジェクトの研究成果です。本研究プロジェクト開設の経緯については、当時の所長が述べていますので、地域科学研究所の発足の経緯と今後の取り組みについて説明させていただきます。

　2015（平成27）年4月1日、高崎経済大学に地域科学研究所が開設されました。本学には、これまで二つの研究機関が設置されていました。一つは、1957（昭和32）年の大学開設と同時に開設された産業研究所、もう一つは、1998（平成10）年に開設された地域政策研究センターでした。

　高度経済成長の助走が始まった1957（昭和32）年に市立高崎経済大学が経済学部の単科大学として設置されました。戦後、商都に加え、工業都市としての二つの顔を持つことになった高崎市が大学を設置した背景には、地方都市を支える人材の養成が大きな目的にあったことはいうまでもなく、同時に地方都市からみた地域、地方都市から見た経済・経営を科学的に研究する拠点を形成することも高崎経済大学に求められたのでした。それに応えて開学と同時に附置研究機関として産業研究所が設置されました。産業研究所の最初の研究が沖電気の誘致と経済波及効果であったことからも、大学に課せられた使命の一端が理解できます。

　産業研究所では、1979（昭和54）年の『高崎の産業と経済の歴史』を皮切りに、研究成果を公刊するようになりました。当初は自費出版の形式をとっていましたが、1987（昭和62）年以降は、研究プロジェクトによる成果が日本経済評論社の協力を得て公刊されるようになりました。2014年度まで計34冊の研究成果本が刊行されました。また産業研究所では、1974（昭和49）年より市民公開講演会を開始し、シンポジウムも熱心に行われました。

1990年代の初め頃、大学と地域社会との関係が重視されるようになり、多くの大学において大学の地域貢献のあり方を模索する動きが活発化しました。その頃、産業研究所をモデルにしようと多くの大学が本学に視察に来られました。訪問者からは、開口一番、毎年、研究成果を出し続けられているのはなぜかと尋ねられました。産業研究所は独自の研究費を持たず、そのため所員と学外の研究者の「手弁当主義」によって続けられていると説明すると一同に驚かれていたことを思い出します。研究プロジェクトはプロジェクトリーダーが研究テーマの設定を行い、それに賛同する所員と学外の研究者によって約4年間にわたって研究が進められ成果がまとめられています。研究環境が整わない条件下において、毎年研究成果が積み重ねられてきたことは参加された所員、学外の研究者の方々の情熱があったからでした。

　こうした産業研究所の取り組みは、1996（平成8）年に設置された全国初の地域政策学部の設置認可に大きく貢献しました。地域政策学部は、地方分権社会を担う「地域の目で地域を考える」ことのできる官民諸分野の人材養成を大きな目標としました。当時の学部認可は容易なものではありませんでしたが、不十分な研究条件下にも関わらず、多くの先生達が積極的に地域研究に取り組んでこられた実績が地域政策学部の基礎として評価されたのでした。

　1998（平成10）年、地域政策学に関連した研究所として、主に自治体職員の研修機関機能を中心とした地域政策研究センターが開設されました。開設当初は、政策評価を中心とした研修が行われました。その背景には、バブル崩壊後、自治体は税収減に見舞われ、効率の良い行政運営が求められたことがありました。地域政策研究センターでは、2000年『自治体職員のための政策形成ゼミナール』、2001年『自治体政策評価演習』、2005年『市民会議と地域創造』など、地域政策学に関連した専門書を刊行し、2015年までに16の図書、報告書を公刊する一方で、まちづくりのためのセミナーも積極的に展開されました。

　高崎経済大学は、2011（平成23）年4月から、公立大学法人として高崎市から独立した組織となりました。この法人化に際して、研究機関の統合が話題に上りました。その要因は、産業研究所と地域政策研究センターの事業内容が似

てきたことにより、二つの研究機関の必要性に疑問符が打たれたからでした。2014年度に研究機関の統合について具体的に検討され、その結果、2014年度末に産業研究所と地域政策研究センターを廃止し、2015年度より地域科学研究所として新たに出発することに決まりました。

　長期経済不況、デフレ経済が続く中、少子高齢化問題も相まって、地方経済の低迷が顕在化するようになりました。このことは、国公立私立を問わず、大学に地域貢献が求められるようになりました。高崎市は、3次にわたる合併の結果、群馬県を代表する地方中核都市となりました。高崎市の森林率は合併前の7.8％から一気に48.3％まで増加し、市域は高速交通網の整備された旧高崎市を中心として、近郊農村地域、過疎山村地域を含む広大な地域となりました。

　高崎経済大学では、こうした地域の動向を直視する中で、これまでの二つの研究機関における研究成果やノウハウをより効果的に社会に還元し、大学の地域貢献を強化するために、二つの研究機関の統合を検討し、新たに地域科学研究所を設立することとなりました。産業研究所は57年、地域政策研究センターは16年の歴史をそれぞれ閉じることになりました。

　新たに設立された地域科学研究所は、地域で発生している人口問題をはじめとして、産業、福祉、教育、交通、環境など、地域が直面している諸問題の科学的分析を行い、都市、農山村の地域づくりの指針となるよう、さまざまな研究テーマを設定して研究プロジェクトを編成し、基礎的な研究を行います。長年、産業研究所、地域政策研究センターの研究プロジェクトには、研究費がありませんでしたが、今後は研究に取り組む環境整備を進めたいと考えております。そして、研究によって得られた成果を市民、県民の皆様に披露し、地域のさまざまな諸問題を考えていく基礎を提供してまいります。

　また地域科学研究所では、大学の地域貢献拠点としての重要な役割を担い、所員による市民の皆様を対象とした公開講座（春講座と秋講座を計画中）や、高崎市の歴史や現状を市民の皆様と本学の教員、学生がいっしょに勉強し考えていく地元学講座の開設、また所員の案内によって高崎市や群馬県をめぐり、地域への理解を深めるエクスカーションなどの企画を計画中です。詳細が決定

いたしましたら大学ホームページ、ニューズレターにてお知らせいたします。

　このようにして、地域科学研究所は、大学の地域貢献拠点としての役割を担ってまいります。現在、本学の専任教員の内、こうした地域貢献事業に積極的に参加しようと人文科学、社会科学分野で活躍されている46名の専任教員が所員を兼務しています。所員の先生方は、日頃の講義、学生指導に加え、地域科学研究所の諸計画の遂行に携わっていただくことになりますが、こうした積極的に参加下さる先生方によって研究所の運営が支えられています。

　新しく発足した地域科学研究所は、どのようにして地域貢献を果たしていけば良いのか、まだまだ暗中模索の状況にあります。市民、県民の皆様のご要望に応えられるよう、日々研鑽を重ね、研究成果をまとめて参ります。市民、県民の皆様から要望がございましたら、地域科学研究所までお知らせいただければ幸いです。産業研究所、地域政策研究センター同様、地域科学研究所へのご支援、ご鞭撻をお願い申し上げ、所長のあいさつとさせていただきます。

目　次

刊行にあたって　　　　　　高崎経済大学旧産業研究所前所長　藤本　哲　iii
地域科学研究所の開設について　　　　地域科学研究所長　西野　寿章　v

序　章 …………………………………………宮田 剛志　1

 1．TPP協定交渉をめぐる2分した議論　1
 2．本書の構成　2

第Ⅰ部　「自由貿易」と「規制改革」

第1章　「自由貿易」と「規制改革」の本質 ……鈴木 宣弘　11

 1．はじめに——根っこは一つ「今だけ、金だけ、自分だけ」＝「3だけ主義」——　11
 2．独占や寡占を取るに足らない事象とする「主流派経済学」への疑問　13
 3．途上国農村の貧困緩和はなぜ進まないか——誰のための開発経済学か——　15
 4．英国・カナダの経験に学ぶ　37
 5．おわりに　47

第2章　TPP大筋合意と農業分野における譲歩の特徴
　　　　――日豪EPAとの比較を中心に――　………東山　寛　51

　　1．はじめに　51
　　2．牛肉の扱いと合意内容　53
　　3．牛肉関税の削減による影響と対策　59
　　4．おわりに　62

第Ⅱ部　農業構造（農地）政策と集落営農の展開

第1章　農地政策の変遷と農村社会 ………………髙木　賢　69

　　1．はじめに　69
　　2．農地法制定の意義とその骨格　69
　　3．農地法改正と関連法の制定に関する主要な流れ　71
　　4．昭和45年までの農地法の改正等　73
　　5．農地法を適用除外とする制度を設ける関係法律の登場　77
　　6．農業の担い手に方向を定めた農地の利用の集積　79
　　7．株式会社の農地の権利取得の容認　81
　　8．平成25年の「農地中間管理機構事業の推進に関する法律」の制定　86
　　9．平成27年の「農業委員会等に関する法律」および農地法の改正　88
　　10．おわりに　90

第2章　農地市場と農地集積のデザイン ………中嶋晋作　93

　　1．はじめに　93
　　2．農業経済学は農地市場をどのように捉えてきたのか？　94
　　3．農地集積のマーケットデザイン　97

4．おわりに　102

第3章　集落営農の展開——東北——……………柳村　俊介　105

　　1．はじめに——東北農業における両極分解傾向——　105
　　2．農業地域別に見た集落営農の動向　108
　　3．角田市A地区における急激な農地集積と集落営農　113
　　4．担い手経営の組織化の動向　118
　　5．おわりに——「二階建て方式」の地域農業システムと「転作組合」型集落営農——　121

第4章　北関東における集落営農の展開　………安藤　光義　127

　　1．はじめに　127
　　2．北関東農業の構造的な特徴　128
　　3．北関東の集落営農の特徴　130
　　4．群馬県における集落営農の展開——JA佐波伊勢崎管内の動向——　136
　　5．埼玉県における集落営農の展開——JAくまがや管内の動向——　143
　　6．おわりに　147

第5章　集落営農組織の経営多角化と直接支払
　　　　　　——広島県世羅町（農）さわやか田打を事例として——
　　　　　　……………………………………西川　邦夫　149

　　1．問題の所在と課題の設定　149
　　2．広島県における集落法人育成施策の展開　152
　　3．さわやか田打の展開過程と経営多角化　155

4．経営多角化と直接支払　162
　5．おわりに　166

第6章　中山間地域における集落営農の運営管理
　　　——協業経営型農事組合法人に焦点をあてて——
　　　　　　　　　　　　　　　　　　………………………宮田　剛志　171

　1．はじめに　171
　2．大分県・豊後高田市での集落営農の取り組み　173
　3．事例分析　177
　4．おわりに　183

　　　　第Ⅲ部　農村政策とその成果

第1章　農村政策の展開過程
　　　——政策文書から軌跡を辿る——………安藤　光義　189

　1．はじめに——課題の設定——　189
　2．地域農政期における農村政策の生成と変容
　　　——兼業化・混住化が進む農村社会に対する農村政策の形成——　190
　3．農村地域資源管理と中山間地域問題へのシフト　193
　4．中山間地域等直接支払制度から日本型多面的機能支払いへの
　　　展開　197
　5．おわりに　203

第2章　農地・水・環境保全向上対策の実施規定要因と地域
　　　農業への影響評価………………中嶋晋作・村上智明　209

　1．はじめに　209

2．山形県の農地・水・環境保全向上対策の概要 210
3．農地・水・環境保全向上対策の実施規定要因 212
4．農地・水・環境保全向上対策のプログラム評価 216
5．おわりに 223

第3章　農産物直売所における品質管理の実態とその意義
……………………………………………菊島　良介 227

1．はじめに 227
2．調査方法 230
3．調査の結果 230
4．おわりに 241

第4章　農業人口の高齢化と労働力確保方策
――定年帰農の動きに着目して――………澤田　守 247

1．はじめに 247
2．日本の農業労働力の高齢化の現状 248
3．定年農業参入者の特徴と課題 259
4．農業人口の高齢化と労働力の確保方策 267

第Ⅳ部　「自由貿易」と地域経済

第1章　グローバル化に対する中小企業の事業展開と地域の対応
………………………………清水さゆり・里見泰啓 273

1．はじめに 273
2．中小企業を取り巻く情勢の変化 273
3．中小企業のグローバル化への対応 275

4．地域の対応 287
5．中小企業の事業展開と地域の関係 293

第2章 アーミッシュ社会における農業の恵みと重み
　　　　　　　　　　　　　　　　　　　　大河原 眞美 299

1．はじめに 299
2．アーミッシュの人口構成 300
3．アーミッシュの成立の経緯 302
4．アーミッシュの職業観 304
5．アーミッシュの教会組織 307
6．アーミッシュの結束意識 309
7．アーミッシュの破門事件 310
8．おわりに 319

第3章 産業政策の視点による地方農業の振興方策
　　　　　　　　　　　　　　　　　　　　河藤 佳彦 323

1．はじめに 323
2．産業政策の意義と国の基本的な姿勢 325
3．最近の国の産業戦略 329
4．地方農業の課題および振興方策 335
5．おわりに 338

第4章 日本における農村社会の変容と公共事業
　　　　　　　　　　　　　　　　　　　　天羽 正継 343

1．はじめに 343

2．農村における就業構造の変容　344
3．公共事業の展開　353
4．おわりに　359

終　章　自由貿易下における農業・農村の再生
　　　　　　――小さき人々による挑戦――……………宮田　剛志　365

1．TPP協定交渉の大筋合意　365
2．農業構造（農地）政策と集落営農の展開　368
3．農村政策とその成果　375
4．「自由貿易」と地域経済　378
5．おわりに　378

序　章

1．TPP 協定交渉をめぐる 2 分した議論

　TPP 協定交渉に関してその賛否をめぐって激しく議論が展開してきた。もちろん、TPP 協定交渉に限らず色々な形での貿易自由化は、国内制度を大きく変える原動力となり、産業構造の変化を促していく源泉ともなる。このため、一般的な貿易自由化などに関する議論では、少数の利害関係者が反対を唱え、サイレント・マジョリティの賛成論者はその動きを見守るという状況で推移する。TPP 協定交渉に関しても貿易自由化によって厳しい競争にさらされ大きな影響を受けることが推察される農業・農村分野では反対の姿勢が鮮明にされ、一方で、海外市場でのシェアを獲得したい産業界では積極的な参加の支持がなされてきた。日本が最終的に TPP 協定交渉に参加する道を選択したのは、総合的にベネフィット（利点）のほうがコスト（負担）よりも大きいと判断されたゆえである。TPP 政府対策本部からその試算結果が公表されている[1]。それゆえ、分配政策の観点からも、被害や損失を受ける地域への補償を提供したとしても、なお、利益が残るということになる。この議論の背景には「メリッツの効果」による産業内の調整が進むことによる経済利益を高めることも指摘されている。具体的には、貿易自由化によって産業内で競争力のない企業が縮小して、競争力のある企業の生産が拡大し、産業全体の競争力が強化されるという効果である[2]。このような議論を踏まえて、農業・農村分野においても、本間正義[3]、山下一仁[4] 等によって TPP 協定交渉への推進が支持されてきた。
　『日本再興戦略」改訂2015- 未来への投資・生産性革命』においても、TPP

協定交渉の大筋合意後に、今後、日・EU・EPA をはじめ、東アジア地域包括的経済連携（RCEP）、日中韓 FTA などの経済連携協定交渉が戦略的かつスピード感をもって推進していく、ことが掲げられている[5]。

加えて、TPP 協定交渉の大筋合意を、日本の経済再生や地方創生に直結させることも「TPP 協定交渉の大筋合意を踏まえた総合的な政策対応に関する基本方針」[6]では掲げられている。地方創生の問題に焦点をあてるならば、「地方消滅」[7]と「田園回帰」[8]といった議論も、今日、盛んに展開されている。

以上を踏まえるならば、今後の経済連携協定を推進していく上でも、また、地方創生の議論との接続をはかる上でも、現在の日本農業・農村のベースライン[9]に関して整理が求められるのは論じるまでもない。

2．本書の構成

そこで、本書では、「貿易自由化」（経済連携協定）の推進と「農業・農村の再生」の観点からⅣ部構成で14名から執筆がなされている。

第Ⅰ部は「自由貿易」と「規制改革」である。
第1章は鈴木宣弘「「自由貿易」と「規制改革」の本質」である。
第2章は東山寛「TPP 大筋合意と農業分野における譲歩の特徴——日豪 EPA との比較を中心に——」である。

鈴木論文では、先進国の不完全競争市場における規制緩和によって何が起きるかを英国の MMB（ミルク・マーケティング・ボード）解体後の生乳市場における酪農生産者組織、多国籍乳業、大手スーパーなどの動向から分析を行っている。生産者と小売・乳業資本との間の取引交渉力のアンバランスの拡大による市場の歪みをもたらしている実態が分析されている。また、途上国における「買手寡占」（農産物の買いたたき）と「売手寡占」（生産資材の価格つり上げ）の問題が、価格上昇の利益を減衰させている点の実証もなされている。

東山論文では、日豪 EPA 交渉の合意内容と TPP 協定交渉の大筋合意の農業分野における譲歩を比較検討し、TPP がもっている「日豪 EPA 交渉の合意内容プラス」の内容を確認している。このことを通じて、TPP 協定交渉の大筋合意における農業分野の譲歩の特徴が明らかにされている。

第Ⅱ部は「農業構造（農地）政策と集落営農の展開」である
第1章は髙木賢「農地政策の変遷と農村社会」である。
第2章は中嶋晋作「農地市場と農地集積のデザイン」である。
第3章は柳村俊介「集落営農の展開──東北──」である。
第4章は安藤光義「北関東における集落営農の展開」である。
第5章は西川邦夫「集落営農組織の経営多角化と直接支払──広島県世羅町（農）さわやか田打を事例として──」である。
第6章は宮田剛志「中山間地域における集落営農の運営管理──協業経営型農事組合法人に焦点を当てて──」である。

髙木論文では、農地改革以後各農家の農地所有が農村社会の基盤の一つとなっていたではないかという視点のもとに、それらの法律制定・改正と農地所有・農村社会との間のかかわり・せめぎ合いについての流れについて整理を行っている。また、近年の農地法制自体の改正から、農地の権利移動の方向性についてもある種の意識が強く働き始めてきたことが指摘されている。株式会社を新規参入者の一つとして位置付け、それに対して法制上権利取得の道が開かれたというだけではなく、農地中間管理機構の公募のように実際にも権利取得が容易になるような仕掛けが作られたということと、農地制度の運用にあたる農業委員会の組織についての改正が行われたという点の分析である。

中嶋論文では、完全競争的な農地市場の理論モデルでは生産性の低い農家から高い農家へ農地が集積することを実証した上で、日本の農地市場の分析が行われている。日本の農地市場は、宿命的に「薄い」市場であり、市場的な資源配分を補完する、組織的な資源配分、具体的には、むらの機能、集落営農、農

地保有合理化法人、農地中間管理事業、圃場整備、交換分合、等が有効であることが指摘されている。

第3章～第6章までが各地域の集落営農の実態分析である。市場的な資源配分を補完する，組織的な資源配分としての集落営農の実態分析である。集落営農はすぐれて政策的なものであり、その意味する内容を理解するには集落営農が政策化されて現在に至るプロセスを把握する必要がある。集落営農の政策化プロセスは2003年までの形成期と2004年以降の推進期とに大きく分けることができる。本来の集落営農は、「地域を守るための危機対応」であり、農業構造が脆弱化している地域で自発的に設立されていた。2003年までの集落営農の形成期である。ただし、この時期以降の集落営農は、「政策対応的性格」「助成金の受け皿的性格」が極度に強まり、全国的に一挙に設立が進展して行くこととなる[10]。ただし、この集落営農をめぐる動きは地域差が大きいため、地域別の実態分析が必要なことは論じるまでもない。なお第3章～第6章に関しては、1980年代に取りまとめられた『講座　日本社会と農業』の一連の研究成果との接続も念頭におかれている[11]。

第Ⅲ部は「農村政策とその成果」である。

第1章は安藤光義「農村政策の展開過程——政策文書から軌跡を巡る——」である。

第2章は中嶋晋作・村上智明「農地・水・環境保全向上対策の実施規定要因と地域農業への影響評価」である。

第3章は菊島良介「農産物直売所における品質管理の実態とその意義」である。

第4章は澤田守「農業人口の高齢化と労働力確保方策——定年帰農の動きに着目して——」である。

安藤論文では、農林水産省における農村政策にあたる政策は、1970年代からの始まり、現在、中山間地域等直接支払制度、多面的機能支払交付金、環境保

全型直接支払交付金の3つからなる日本型直接支払制度として整備されている軌跡を政策文書から概観し、そこからその特質や理念などを析出している。その上で、農村政策が、現在、直面している課題について、特に、地方創生の問題との接続の観点から示されている。そこでは、また、中山間地域等直接支払を活用して設立された集落営農の役割についても整理されている。

中嶋・村上論文は、安藤によって整理された農地・水・環境保全向上対策に関して山形県庄内地方、置賜地方・村山地方といった南部地方を対象に定量的分析がなされている。

菊島論文では、わが国の直売所において、①いかにして品質に関してコンセンサスを築いてきたのか、②こうした制度設計がどのように直売所の成果に結びついたのか、③出荷農家の意識の変化にどのような影響を与えたかを明らかにした。

澤田論文では、日本の農業労働力の状況、および高齢化の特徴と要因について農業センサス結果表を用いて分析がなされている。国内の農業労働力の高齢化、減少は急速に進んでいる中、その確保に向けて団塊の世代を含めた高齢者の受け入れ体制を早急に整備し、農村への人口移動を促すことが求められる実態についての整理である。

第Ⅳ部は「「自由貿易」と地域経済」である。
第1章は清水さゆり・里見泰啓「グローバル化に対する中小企業の事業展開と地域の対応」である。
第2章は大河原眞美「アーミッシュ社会における農業の恵みと重み」である。
第3章は河藤佳彦「産業政策の視点による地方農業の振興方策」である。
第4章は天羽正継「日本における農村社会の変容と公共事業」である。

清水・里見論文では、中小企業のグローバル化に関して、河藤論文ではそのための産業政策に関して、天羽論文では公共投資が農村社会に果たしてきた役割に関してそれぞれ分析がなされている。大河原論文ではアメリカ社会におい

ても宗教を基軸に共同体が形成されている実態が析出されている。

　終章は宮田剛志「自由貿易下における農業・農村の再生――小さき人々による挑戦――」である。

　以上の各部各章を通じて、今後も経済連携協定が推進されていく上で、あるいは、「地方消滅」と「農山村の再生」をめぐる議論の中で、再び焦点があてられることが多くなっている日本の農業・農村に関してそのベースラインを明らかにするものである。

　なお、本書執筆にあたっては、様々な方々のご協力頂いた。
　高崎経済大学・地域科学研究所担当・阿部大吾氏・塚越晶子氏をおよび研究支援チームの塚越秀之課長はじめ事務職員の皆様には、学外の諸先生方との度重なる連絡・調整、校正等々で様々にご協力・ご支援頂いた。また、本学・障害学生サポートルーム・藤本初絵氏には、当・宮田研究室の学生が何年にもわたってお世話となっており、様々な面から側面支援頂いた。加えて、当・研究室・学部4年生・荻野淳一君・中村翔君・山上晴生君、学部2年生の中村嶺男君には、資料収集はじめ様々な研究補助を頂いた。記して改めて感謝の意を表したい。
　何より、(株)日本経済評論社の栗原哲也代表取締役社長ほか、皆様には、出版情勢の厳しい中にもかかわらず、かつ、締め切りが差し迫った中で何度か構成を変更して頂くといった「大変ご無理なお願い」を快諾して頂くといった全面的なご協力・ご支援があってはじめて本書が刊行されたことは言うまでもない。重ねてお礼申し上げる。

　　2016年2月15日

　　　　　　　　　　　　　　高崎経済大学・地域政策学部　宮田　剛志

注
1) TPP対策本部「(別紙)農林水産物への影響試算の計算方法について」
http://www.cas.go.jp/jp/tpp/pdf/2013/3/130315_nourinsuisan-2.pdf
2) 伊藤元重［2015］。
3) 本間正義［2014］。
4) 山下一仁［2012］『TPPおばけ騒動と黒幕──開国の恐怖を煽った農協の遠謀──』オークラNEXT新書。
5) 日本経済再生本部『日本再興戦略」改訂2015──未来への投資・生産性革命』。
6) TPP総合対策本部。
http://www.cas.go.jp/jp/tpp/pdf/2015/11/151009_tpp_kihonhoushin.pdf
7) 増田［2014］、増田［2015a］、増田［2015b］。
8) 小田切［2011］、小田切［2013］、小田切［2014a］、小田切［2014b］。
9) 日本農業経済学会［2011］、日本農業経済学会［2012］。
10) 安藤［2008］。
11) 磯部俊彦ほか［1985］。

【引用文献】

安藤光義［2008］「水田農業構造再編と集落営農──地域的多様性に注目して──」『農業経済研究』80(2)。
磯部俊彦他［1985］『講座 日本の社会と農業』日本経済評論社。
伊藤元重［2015］『伊藤元重が語るTPPの真実』日本経済新聞出版社。
小田切徳美［2011］『JA総研 研究叢書4 農山村再生の実践』農山漁村文化協会
小田切徳美［2013］『農山村再生に挑む──理論から実践まで』岩波書店。
小田切徳美［2014a］『農山村は消滅しない』岩波書店。
小田切徳美［2014b］「「農村たたみ」に抗する田園回帰「増田レポート」批判」、『世界』188-200頁。
日本農業経済学会［2011］『農業経済研究』83(3)。
日本農業経済学会［2012］『農業経済研究』84(2)。
本間正義［2014］『農業問題──TPP後、農政はこう変わる』ちくま新書。
増田寛也［2014］『地方消滅』中央公論新社。
増田寛也・河合雅司［2015a］『地方消滅と東京老化』ビジネス社。
増田寛也・冨山和彦［2015b］『地方消滅創成戦略篇』中央公論新社。
山下一仁［2012］『TPPおばけ騒動と黒幕──開国の恐怖を煽った農協の遠謀──』オークラNEXT新書。

第Ⅰ部

「自由貿易」と「規制改革」

第1章　「自由貿易」と「規制改革」の本質

鈴木　宣弘

1．はじめに——根っこは一つ「今だけ、金だけ、自分だけ」＝「3だけ主義」——

　equal footing（対等な競争条件）の名目の下に「一部の企業利益の拡大にじゃまなルールや仕組みは徹底的に壊す、または都合のいいように変える」ことを目的として、人々の命、健康、暮らし、環境よりも、ごく一部の企業の経営陣の利益を追求するのが TPP（環太平洋連携協定）、規制「改革」、農政・農協「改悪」の本質である。規制緩和し、「対等な競争条件」を実現すれば、みんなにチャンスが増えるとして、国民の命や健康、豊かな国民生活を守るために頑張っている人々や、助け合い支え合うルールや組織を「既得権益を守っている」「岩盤規制だ」と攻撃して、それを壊して自らの利益のために市場を奪おうとしている「今だけ、金だけ、自分だけ」の人々の誘導の側面を見落としてはならない。

　基本的に制度というのは一部の人々に利益が集中しすぎないように公平・公正を保つために作られているから自分だけが儲けたい人にはじゃまなのである。そして一部に利益が集中しないように相互扶助で中小業者や生活者の利益・権利を守るのが協同組合だから、「今だけ、金だけ、自分だけ」には最もじゃまな障害物である。

　TPPやそれと表裏一体の規制改革、農業・農協改革を推進している「今だけ、

金だけ、自分だけ」しか見えない人々は狙っている。日米の一部の大企業などが、農産物関税の撤廃、農業・農地市場への参入、農産物の「買いたたき」、生産資材価格の「つり上げ」、JAバンク・共済市場への参入、その他、農村でのさまざまなビジネス・チャンスの拡大を図りたい思惑から、「対等な競争条件」「規制緩和」の名目の下に、農業協同組合や農業関連組織を「悪しき岩盤規制」と称し、その機能を骨抜きにしようとする動きが加速している。

「農協解体」は、350兆円の郵貯マネーを狙った「郵政解体」と重なる。米国金融資本が狙っているのは信用と共済の計150兆円の農協マネーであり、次に農産物をもっと安く買いたい大手小売や巨大流通業者、次に肥料や農薬の価格を上げたい商社、さらに農業参入したい大手小売・流通業者、人材派遣会社などの企業が控える。

わが国でも、農産物の「買いたたき」、生産資材価格の「つり上げ」を防止するために、JAが共販と共同購入を行うことを独禁法の適用除外とされてきた（それが国際標準である）が、それが生産者の不当な特権であるとして、「対等な競争条件」の確保のためには、適用除外をやめるべきだとの主張が、経済界から長年行われ、今回の農協改革でも、全農の株式会社化の議論と絡めて主張されている。

農家に与えられた共販の権利をはく奪する（独禁法の適用除外をやめる）べきという主張は、農家にさらに不当な競争を強いて、大手小売が儲けられる環境にしようということである。独禁法の適用というなら、本来問題にすべきは逆で、大手小売の「優越的地位の濫用」「不当廉売」こそ、独禁法の適用を厳格にすべきである。

農協共販と共同購入に独禁法が厳格に適用される事態になった場合には、買手による農産物の「買いたたき」と生産資材価格のつり上げがさらに強まり、農家所得が減少することは、英国のミルク・マーケティング・ボードの解体の帰結が如実に示している。つまり、不完全競争を放置して規制緩和すれば、さらに市場は市場支配力の強いプレイヤーに有利に歪められる。それは経済界の主張する「対等な競争条件」ではなく、逆に、競争条件の不平等を高めるもの

である。

2. 独占や寡占を取るに足らない事象とする「主流派経済学」への疑問

　原［1992］は、新古典派開発経済学の限界を指摘した優れた著作で、「政策介入による歪みさえ取り除けば市場は効率的に機能する」という理論的想定を批判し、市場の不完全性の下での政策介入の妥当性に言及しているが、情報共有の不完全性の問題は詳述されているものの、市場支配力の存在による市場の歪みについては言及がない。

　鈴木［2002］では、「不均衡は一時的現象と捉え、競争均衡への市場の自動調整機能への絶対的信頼を置くのがシカゴ学派の特質であり、したがって競争政策も含めて政府の関与をなくすことこそが重要と主張する。スティグラーの参入障壁の定義「既存企業は参入にあたって負担しなかったが、後の新規参入企業は負担する費用」にしたがえば、許認可等の政府規制以外の参入障壁は存在しないことになり、企業は常に競争圧力にさらされているので、市場集中度は問題でないとし、効率性の追求を重視し、独占化を是認する」。

　Kaiser and Suzuki［2006］では、"the Chicago School views disequilibrium as a temporal phenomenon and asserts that market mechanisms bring about competitive equilibrium if all interventions, including pro-competition policies, are eliminated. Under the Chicago School's approach, there are no entry barriers other than the governments' entry-approval regulations and a monopoly firm is assumed to be under competitive pressure from potential entrants according to Stigler's definition (Stigler 1971) of an entry barrier: "A cost of producing (at some or every rate of output) which must be borne by a firm which seeks to enter an industry but is not borne by firms already in the industry". Thus, a high concentration ratio is not problematic according to the Chicago School and monopolization is an acceptable way of seeking superior efficiency". と解説している。

　独占や寡占を取るに足らない事象とし、あるいは、独占であっても潜在的競争にさらされているとして巨大企業の市場支配力を放置し、相互扶助のルールや組織の必要性を否定する「主流派」の経済学は、一部の人々には都合がよい理論である。途上国農村における貧困緩和の処方箋についても、生産者に対する農産物の買いたたきと生産資材価格のつり上げの問題をないがしろにし、規制緩和の徹底を繰り返す「開発経済学」は、本当に途上国農村の貧困緩和をめざしているのかが問われる。誰のための支援なのか、政策なのか、そこに隠された意図を見逃さないようにしないといけない。経済学が極めて「政治的」な学問であることを認識する必要があろう。

　途上国の農村における所得向上のための重要な処方箋は、農産物の「買手寡占」と生産資材の「売手寡占」を改善することである。まさに、シカゴ学派が「不完全競争は一時的なもので、放置しておけば、やがて完全競争市場になる」あるいは「独占であっても潜在的な競争にさらされているから問題ない」と位置づけてきた市場の競争性の改善が、実は、極めて重要な問題なのである。

　その方法は、①市場支配力の排除によって市場の競争性を高めるか、②大きな買手・売手に対するカウンターベイリング・パワー（拮抗力）の形成を可能とする相互扶助組織・協同組合を育成することであり、まさに、米国などがIMF（国際通貨基金）や世界銀行の融資条件（conditionality）として、関税撤廃や国内政策の廃止に加えて、農民組織の解体まで強いてきた処方箋がいかに間違っているかを問い直し、途上国においても、先進国においても、相互扶助組織・協同組合の重要性を再認識すべきときである。

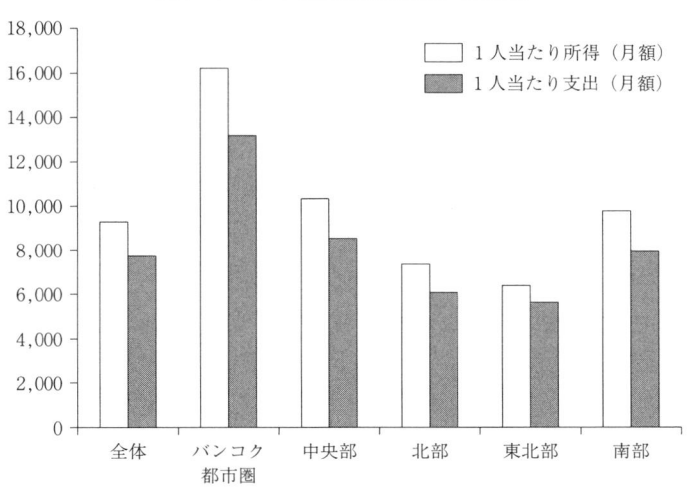

図1-1 タイの地域別所得額・支出額

資料：National Statistical Office, *Household Socio Economic Survey 2013*.

3．途上国農村の貧困緩和はなぜ進まないか——誰のための開発経済学か——

3.1．タイの政局混乱の背景にある都市・農村地域格差から考える

　タイでは、2014年5月にインラック首相が失職し、軍事クーデターによる軍事政権が誕生した。タイでは、総選挙実施をめざすタクシン派（与党・プアタイ党、農民・低所得層）と、選挙を経ない形で政権交代をめざす反タクシン派（野党・民主党、都市部の中高所得層・特権階級）との間の政権争いで、こうした政治の混乱が繰り返されているが、その背景には、都市と農村部との地域間の所得格差の問題があることがしばしば指摘されている。

　タイ国家統計局の示すデータによると、地域別の1人当たり所得（月額）は、バンコク都市圏と東北部では約2.5倍もの開きがある（図1-1）。加えて、都

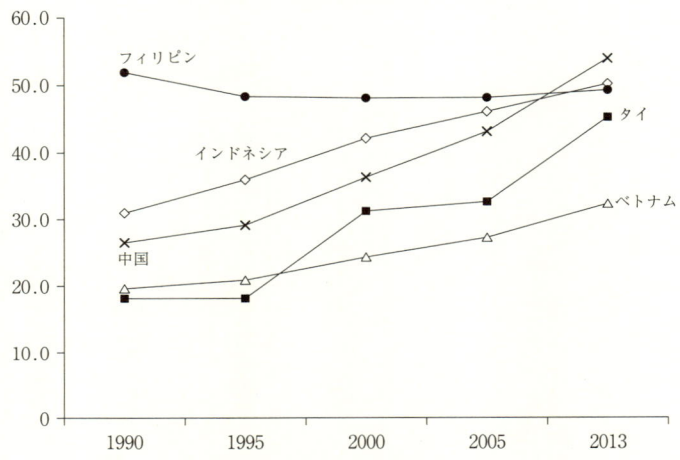

図 1-2 アジア新興国の都市化率

注：フィリピンの1990年は1993年時点のデータで代用。また、フィリピン、タイの2013年は2012年時点のデータで代用している。
出所：アジア開発銀行、*Key Indicators for Asia and the Pacific 2014*.

市化率（人口全体に占める都市人口割合、図1-2）を見ても都市部人口はやや少数であることから、手厚い低所得者対策で農村部の支持を受けるタクシン派が総選挙を行えば有利といえる。

3.2. 開発経済学の処方箋——規制緩和——

そして、最も貧しい東北部と北部で、タイのコメ生産の71％が行われているのである（図1-3参照）。このため、コメ農家の所得向上政策が極めて有効な政策手段となる。それに対して、しばしば行われる批判は、タクシン派が農村部への手厚いバラマキ政策で支持を集め、国家財政危機を招いているというものである。具体的には、コメを担保にした融資制度 (rice pledging scheme) で、仕組みは、タイ政府が質屋さんになって、希望する農家からコメを担保に融資するもので、融資単価は市場価格の47％高である。そのため、農家にとっては、市場に売るよりもコメを担保にして政府からお金を借りて、そのまま返さない（質流れにする）ほうが得になる。つまり、この制度は事実上、政府によるコ

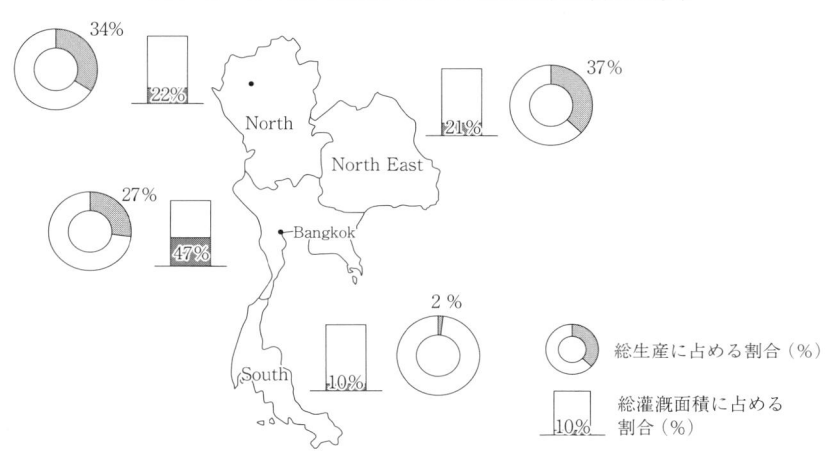

図1-3 タイ国内におけるコメ生産量と灌漑農地の分布

（北部34%、22%／東北部37%、21%／中部27%、47%／南部2%、10%）

○ 総生産に占める割合（%）
□ 総灌漑面積に占める割合（%）

資料：Kaittisak Kumse氏（東大・修士）作成。データソースはOffice of Agricultural Economics。

メの高値買取りである。タイ産米は価格上昇で輸出量が激減し、2012年には1981年以来初めてコメ輸出世界一の座から転落した。また、政府がコメの国際価格の上昇を待って売却を遅らせた結果、膨大な在庫が積み上がった（http://www.newsclip.be/article/2014/06/16/22187.html）。

　米国が主導権を握るIMF（国際通貨基金）や世界銀行も、この政策は市場を歪めるとして厳しく批判してきた。ところが、実は、融資単価が高すぎるかどうか、また、これに絡む不正行為が横行しているといった問題は別にして、米国の農業政策を知る人なら、これは米国のコメ政策を模倣したものだとすぐわかる（3.10.以降で詳述）。

　財政から農家所得を補填する本制度は、都市と農村の大きな所得格差を是正する再分配政策として位置づけられる。しかし、「主流」のシカゴ学派の開発経済学の主張するところは、詰まるところ、市場への介入があることが資源の最適配分を歪めているので、とにかく市場に任せれば、すべての資源は最も効率的に調整されるのだから、規制緩和を徹底すればよい、という処方箋である。

3.3. 公平性の概念の欠如

突き詰めれば、政策はいらないのであるから、市場原理の徹底を主張する政治経済学者は、自分もいらないと言っているに等しいことになる。そして、それを徹底すれば、ルールなき競争の結果、一部の人々が巨額の富を得て、大多数が食料も医療も十分に受けられないような生活に陥る格差社会が生まれる可能性がある。それでも、世界全体の富が増えているならいいではないか、と言い続けている。つまり、大多数の貧困が助長されても少数の富のさらなる増加によって世界全体での経済厚生（経済的満足度）の増加があれば改善したとみなすだけで、「所得分配の公平性」という概念が抜け落ちている。したがって、そもそも貧困緩和政策は必要ないということになってしまう。

3.4. トリクルダウンの欺瞞

それに対しては反論もある。巨額の富を持つ者がさらに富めば、その一部が「トリクルダウン」して（滴り落ちて）貧しい者もおこぼれに預かれるから、みんなが幸せになれるのだという主張である。現実に、アジアや世界の国々で、そのようなことは起こっているだろうか。

起こるはずはない。少数の者に利益が集中し始めると、その力を利用して、政治、官僚、マスコミ、研究者を操り、さらなる利益集中に都合の良い制度改変を推進していく「レントシーキング」が起こり、市場が歪められて過度の富の集中が生じる。この行為こそが「1％」（スティグリッツ教授が象徴的にこう呼んだ）による「自由貿易」や「規制緩和」の主張の核心部分である。それが滴り落ちてみんなが潤うといった「トリクルダウン」は起こるわけがない。さらなる富の集中のために「99％」から収奪しようとしている張本人が「トリクルダウン」を主張するのは自己矛盾と言わざるを得ない。TPPは国際条約を利用して米国企業の儲けやすい仕組みを世界に広げるという壮大なレントシーキングである。

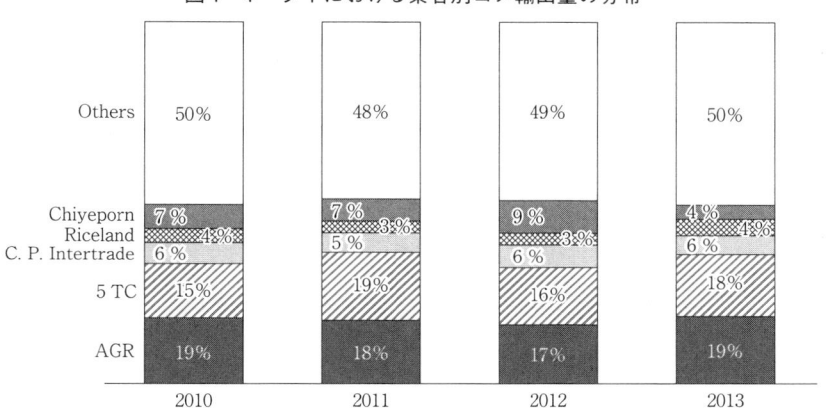

図1-4　タイにおける業者別コメ輸出量の分布

	2010	2011	2012	2013
Others	50%	48%	49%	50%
Chiyeporn	7%	7%	9%	4%
Riceland	4%	3%	3%	4%
C. P. Intertrade	6%	5%	6%	6%
5 TC	15%	19%	16%	18%
AGR	19%	18%	17%	19%

資料：Kaittisak Kumse 氏（東大・修士）作成。データソースは Thai Rice Exporters Association。

3.5. 寡占を考慮すれば市場に任せることで市場は歪む

　つまり、独占、寡占が進むことによる市場の歪みが考慮されていない。シカゴ学派の経済学では、「寡占や独占はやがて解消されるので考慮に値しない」と主張されるが、現実の市場には、不完全競争が広範に広がっている。このため、市場に任せれば資源の最適配分が行われるというのは間違いで、むしろ、少数の者に利益が集中し、その力を利用して、政治、官僚、マスコミ、研究者を操り、さらなる利益集中に都合の良い制度改変を推進していく「レントシーキング」が起こり、市場が歪められて過度の富の集中が生じるのである。

　タイにおいても、輸出業者のトップ5社でコメ輸出の5割が握られている（図1-4）。このような市場構造において、単に市場に委ねることは、市場支配力を持つ買手によるコメの「買いたたき」を助長し、市場の歪みを大きくしてしまうのである。

3.6.「規制緩和」の正体は「富の集中のための制度改変」

　経済成長率、利潤率（≒利子率）の低下の下で、企業の経営陣も、規制緩和

し、equal footing（対等な競争条件）を実現すれば、みんなにチャンスが増えるかのように見せかけて、なりふり構わず、国民の命や健康、豊かな国民生活を守るために頑張っている人々や、助け合い支え合うルールや組織を、「既得権益を守っている」と攻撃して、それを壊して自らの利益のために市場を奪おう、あるいは、人々をもっと自由に「収奪」して儲けしようとする「今だけ、金だけ、自分だけ」の行動が露骨になってきている。

　基本的に制度というのは一部の人々に利益が集中しすぎないように公平・公正を保つために作られているから自分だけが儲けたい人にはじゃまである。そして一部に利益が集中しないように相互扶助で中小業者や生活者の利益・権利を守るのが協同組合だから、「今だけ、金だけ、自分だけ」には最もじゃまな障害物である。世界標準に則るどころか、協同組合潰しは世界標準に反する恥ずべき行為と国際的に批判されている。

　ヘレナ・ノーバーグ＝ホッジさんは、『いよいよローカルの時代——ヘレナさんの「幸せの経済学」』（ヘレナ・ノーバーグ＝ホッジ、辻信一、大月書店、2009年）の中で、概略、次のように述べている。「多国籍企業は全ての障害物を取り除いてビジネスを巨大化させていくために、それぞれの国の政府に向かって、ああしろ、こうしろと命令する。選挙の投票によって私達が物事を決めているかのように見えるけれども、実際にはその選ばれた代表たちが大きなお金と利権によって動かされ、コントロールされている。しかも多国籍企業という大帝国は新聞やテレビなどのメディアと科学や学問といった知の大元を握って私達を洗脳している」やや極端な言い回しではあるが、これはグローバル化や規制改革の「正体」をよく表している。

3.7. さらに見落とされているもの

　こうして、総合的、長期的視点の欠如した「今だけ、金だけ、自分だけ」しか見えない人々が国の将来を危うくしつつある。自己の目先の利益と保身しか見えず、周りのことも、将来のことも見えていない。人々の命、健康、暮らしを犠牲にしても、環境を痛めつけても、短期的な儲けを優先する。TPPやそ

れと表裏一体の規制改革、農業・農協改革が推進されている。これ以上、一握りの人々の利益さえ伸びれば、あとは顧みないという流れが強化されたら、我々が伝統的に大切にしてきた助け合い、支え合う安全・安心な地域社会は、さらに崩壊していく。

　長期的・総合的な利益と費用を考慮せずに、食料などの国内生産が縮小しても貿易自由化を推進すべきとする「自由貿易の利益」を語るのは間違っている。まず、各国が国内の食料生産を維持することは、短期的には輸入農産物より高コストであっても、目先の安さのみしか見ていなかった原子力発電の取り返しのつかない大事故でも思い知らされたように、輸出規制が数年間も続くような「お金をだしても食料が買えない」不測の事態のコストを考慮すれば、実は、国内生産を維持するほうが長期的なコストは低いのである。

　そして、狭い視野の経済効率だけで、市場競争に任せることは、人の命や健康にかかわる安全性のためのコストが切り詰められてしまうという重大な危険をもたらす。特に、日本のように、食料自給率がすでに39％まで低下して、食料の量的確保についての安全保障が崩れてしまうと、安全性に不安があっても輸入に頼らざるを得なくなる。つまり、量の安全保障と同時に質の安全保障も崩される事態を招いてしまうのである。

　環境からの大きなしっぺ返しが襲ってくるコストも考慮されていない。環境負荷のコストを無視した経済効率の追求で地球温暖化が進み、異常気象が頻発し、ゲリラ豪雨が増えた。狭い視野の経済効率の追求で、林業や農業が衰退し、山が荒れ、耕作放棄地が増えたため、ゲリラ豪雨に耐えられず、洪水が起きやすくなっている。全国に広がる鳥獣害もこれに起因する。すべて「人災」なのである。

　そして、農林水産業の衰退は、伝統文化も含む地域コミュニティの崩壊・消滅に繋がる。一部の人々の儲けが大幅に増大したとしても、地域の大多数の人々の生活は崩壊し、所得格差が拡大し、失業も増える。

　見落とされているのは、「分配の公平性」の問題に加え、失業者が増えることによる社会的コスト、価格競争で安全性が疎かになるコスト、環境にダメー

ジを与えるコスト、不測の事態に備えるコスト、地域社会が失われるコストなどである。総合的・長期的な損失を考慮しない「今だけ、金だけ、自分だけ」の視点で突き進んでくのは、結局、みなが「泥船」に乗って沈んでいくようなものである。目先の利益を得たつもりの者も、自分たちも持続できなくなることを気づくべきである。

　「安全性を疎かにしたり、従業員を酷使したり、周囲に迷惑をかけ、環境に負担をかけて利益を追求する企業活動は社会全体の利益を損ね、企業自身の持続性も保てないから、そういう社会的コスト（外部費用）をしっかり認識して負担する経営をしなくてはならない」というのが経済学的に見たCSR（企業の社会的責任の履行）の解釈といえる。CSRが強調されながら、実は、それは見せかけで、現実はそれに完全に逆行している。しかも、TPPでは、企業に本来負担すべき社会的費用の負担（命、健康、環境、生活を毀損しないこと）の遵守を求めると、逆に利益を損ねたとして損害賠償請求をされてしまう（ISDS条項）というのだから、信じがたい異常な事態と言わざるを得ない。

3.8. 自らの保護は温存し途上国に撤廃を求める米国

　途上国に対しても、農産物関税の撤廃などの規制緩和を迫る世界銀行やIMF（国際通貨基金）は、米国の影響力が極めて強いが、その米国は手厚い農業支援を温存し、相手国には徹底した規制緩和を要求する。実は、米国は、自由貿易とか、level the playing fieldとしばしば言うが、彼らが求めるのは、「米国が自由に利益を得られる仕組み」なのである。「関税を撤廃させた国の農業を補助金漬けの米国農産物で駆逐していく」という実態がある。

　象徴的によく話題に上るのは、ハイチの例である。ハイチでは、IMFの融資条件（conditionality）として、1995年に米国からコメ関税の3％までの引き下げを約束させられ、コメ生産が大幅に減少し、コメ輸入に頼る構造になっていた（Kicking Down the Door：http://www.oxfam.org/eng/pdfs/bp72_rice.pdf）ところに、2008年のコメ輸出規制で、死者まで出ることになった。フィリピンでも死者が出た。米国の勝手な都合で世界の人々の命が振り回されたと

言っても過言ではない。

　米国は、いわば、「安く売ってあげるから非効率な農業はやめたほうがよい」といって世界の農産物貿易自由化を進めてきた。それによって、基礎食料の生産国が減り、米国等の少数国に依存する市場構造になったため、需給にショックが生じると、価格が上がりやすく、それを見て、高値期待から投機マネーが入りやすく、不安心理から輸出規制が起きやすくなり、価格高騰が増幅されやすくなってきたことが、2008年の危機を大きくしたという事実である。

　我々の国際トウモロコシ需給モデル（東大・修士高木英彰君構築）によるシミュレーション分析でも、需給要因で説明可能な2008年6月時点のトウモロコシ価格は約3ドル/ブッシェルで、実測値の6ドルよりも3ドルも低い。需給要因以外の要因によって残りの3ドルの暴騰が生じた可能性が示唆されている。

　つまり、米国の世界食料戦略の結果として今回の危機は発生し、増幅されたのである。米国は、トウモロコシなどの穀物農家の手取りを確保しつつ世界に安く輸出するための手厚い差額補てん制度があり、それによって、穀物への米国依存を強め、ひとたび需給要因にショックが加わったときに、その影響が「バブル」によって増幅されやすい市場構造を作り出しておきながら、その財政負担が苦しくなってきたので、何か穀物価格高騰につなげられるキッカケはないかと材料を探していた。そうした中、国際的なテロ事件や原油高騰が相次いだのを受け、原油の中東依存を低め、エネルギー自給率を向上させる必要がある、そして、環境に優しいエネルギーが重要であるとの大義名分（名目）を掲げ、トウモロコシをはじめとするバイオ燃料推進政策を開始したのである。その結果、見事に穀物価格のつり上げへとつなげた。

　トウモロコシの価格の高騰で、日本の畜産も非常に苦しい状況に追い込まれたが、トウモロコシを主食とするメキシコなどでは、暴動なども起こる非常事態となった。メキシコでは、NAFTA（北米自由貿易協定）によってトウモロコシ関税を撤廃したので米国からの輸入が増大し、国内生産が激減してしまっていたところ、価格暴騰が起きて買えなくなってしまった。つまり、米国の世界食料戦略の結果として2008年の食料危機は発生し、増幅されたという「人災」

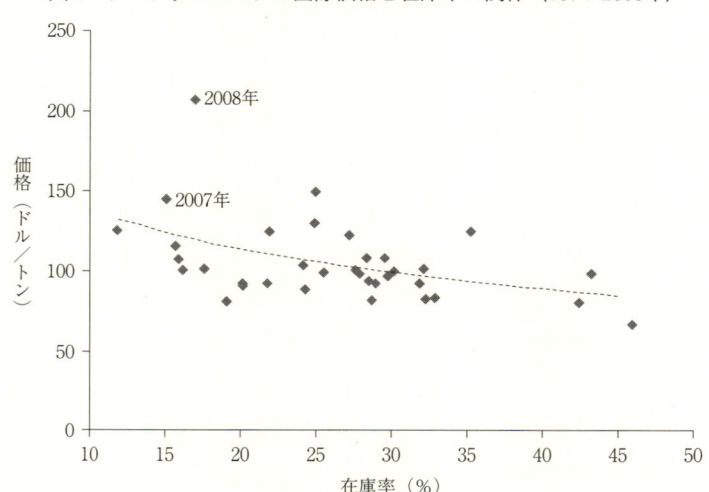

図1-5　トウモロコシの国際価格と在庫率の関係 (1974-2008年)

注：在庫率（＝期末在庫量/需要量）は、主要生産国毎の穀物年度末における在庫量の平均値を用いて算出しており、特定時点の世界の在庫率を示すものではない。価格は月別価格（第1金曜日セツルメント価格）の単純平均値である。
出所：在庫率はUSDA、価格はReuters Economic News Serviceによる。いずれも農林水産省食料安全保障課からの提供。
　　　木下順子コーネル大学客員研究員（当時）作成。

の側面を見逃してはならない。

「輸出規制を規制すればよいだけだ」との見解もあるが、国際ルールに、仮に何らかの条項ができたとしても、いざというときに自国民の食料をさておいて海外に供給してくれる国があるとは思えない。

したがって、需給逼迫が続き、価格高騰が避けられないという悲観的な見方をする必要はないが、需給逼迫時の価格暴騰が起きやすい市場構造を踏まえ、数年間、高価格が続くような状況に耐えられるだけの備えが必要なのである。

米国などが主導する貿易自由化の進展が、少数の輸出国への依存を強め、価格高騰を増幅し、食料安全保障に不安を生じさせると考えると、「2008年のような国際的な食料価格高騰が起きるのは、農産物の貿易量が小さいからであり、貿易自由化を徹底して、貿易量を増やすことが食料価格の安定化と食料安全保

障に繋がる」という見解には無理がある。前橋弘明君の卒論による検証では、「世界的には市場開放度と価格の安定性には相関関係が見られない」との結果が得られている。

3.9. 農協組織の解体も要求したIMF・世銀のconditionality──FAOを骨抜きにした経緯──

FAO（国連食料農業機関）は途上国の農業発展と栄養水準・生活水準の向上のために設立されたので、各国の小農の生活を守り、豊かにするinclusiveな（あまねく社会全体に行きわたる）経済成長が必要と考えたが、米国が余剰農産物のはけ口が必要で、また米国発の多国籍企業などが途上国の農地を集め大規模規模農業を推進し、流通・輸出事業を展開する利益とはバッティングする。そして、FAOは1国1票で途上国の発言力が強いため、米国発の穀物メジャーに都合がよい「援助」政策を遂行できないことがわかってきた。

そこで、米国主導のIMF（国際通貨基金）や世銀に、FAOから開発援助の主導権を移行させ、「政策介入による歪みさえ取り除けば市場は効率的に機能する」という都合のいい名目を掲げて、援助・投資と引き換え条件（conditionality）に、関税撤廃や市場の規制撤廃（補助金撤廃、最低賃金の撤廃、教育無料制の廃止、食料増産政策の廃止、農業技術普及組織の解体、農民組織の解体など）を徹底して進め、穀物は輸入に頼らせる一方、商品作物の大規模プランテーションなどを、思うがままに推進しやすくした。FAOは弱体化され、真に途上国の立場に立った主張を続け、地道に現場での技術支援活動などを続けてはいるが、基本的には、食料サミットなどを主催して、「ガス抜き」する場になってしまっている。

今でも、飢餓・貧困人口が圧倒的に集中しているのはサハラ以南のアフリカ諸国であり、この地域がIMFと世銀のconditionalityにより、最も徹底した規制撤廃政策にさらされた地域であることからも、「政策介入による歪みさえ取り除けば市場は効率的に機能する」という新古典派開発経済学の誤謬は証明されている。そもそも、貧困緩和ではなく、大多数の人々から「収奪」し、大企

業の利益を最大化するのが目的だったのだから、当然の帰結なのである。

　こうした米国の穀物メジャーによる自己利益のための開発政策から脱却し、真に途上国の貧困削減に繋がる開発援助政策を回復するには、IMF や世銀の conditionality に対抗して、真に途上国のための投資が行えるように、中国、ロシア、インドの新興国が中心となって AIIB（アジアインフラ投資銀行）を立ち上げたような動きに FAO などが連携して、米国・穀物メジャー主導に対する対抗軸を形成していく必要があるとの指摘は一定の妥当性を持つように思われる。

　IMF・世銀の conditionality で農民組織の解体も指示されたことからも明らかなとおり、「介入による市場の歪みを取り除く」という名目で、大企業の市場支配力による農産物の「買いたたき」と生産資材価格の「つり上げ」という市場の歪みを是正しようとする協同組合による拮抗力の形成を否定することは、市場の歪みを是正するどころか、大企業に有利に市場をさらに歪めてしまうことが意図されたということである。

3.10．コストの高い米国のコメ生産の半分以上が輸出できるのはなぜか

　具体的に、米国の保護の実態を見てみよう。実は、米国のコメに対する補助政策は、批判されているタイのタクシン派の補助政策よりも、さらに何倍も手厚い。

　重要なことは、米国はタイのコメ政策を批判するが、タイがなぜ、そのような政策をせざるを得なくなっているかというと、米国の巨額の実質的輸出補助金によって国際米価が引き下げられているためである。つまり、米国の政策がタイのコメ政策を不可避にする原因になっているということである。

　そもそも、米国のコメ生産費は、労賃の安いタイやベトナムよりもかなり高い。だから、競争力からすれば、米国はコメの輸入国になるはずなのに、コメ生産の半分以上を輸出している。なぜ、このようなことが可能なのか。

　米国のコメの価格形成システムを、日本のコメ価格水準を使って説明しよう（図1-6）。例えば、コメ1俵当たりのローンレート1万2,000円、固定支払い

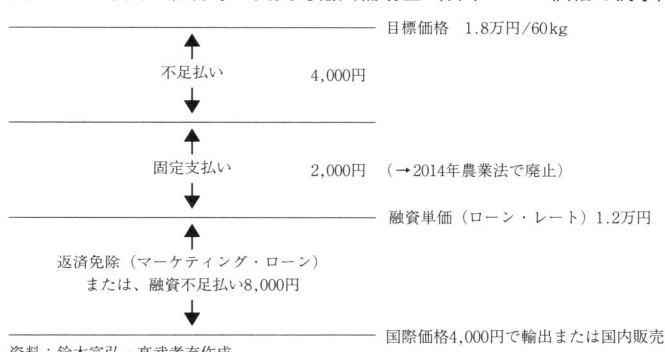

図1-6　米国の穀物等の実質的輸出補助金（日本のコメ価格で例示）

```
────────────────────────── 目標価格　1.8万円/60kg
       ↑
   不足払い       4,000円
       ↓
──────────────────────────
       ↑
   固定支払い     2,000円　（→2014年農業法で廃止）
       ↓
────────────────────────── 融資単価（ローン・レート）1.2万円
       ↑
   返済免除（マーケティング・ローン）
   または、融資不足払い8,000円
       ↓
────────────────────────── 国際価格4,000円で輸出または国内販売
```

資料：鈴木宣弘・高武孝充作成。

2,000円、目標価格1万8,000円とする。生産者が政府（CCC）にコメ1俵を質入れして1万2,000円借り入れ、国際価格水準4,000円で販売すれば、その4,000円だけを返済すればよい（マーケティング・ローンと呼ばれる）。

1万2,000円借りて、4,000円で売って、4,000円だけ返せばよいので、8,000円の借金は棒引きされて、結局、1万2,000円が農家に入る。これに加えて、常に上乗せされる固定支払いとして2,000円が支払われる（ただし、固定支払いは2014年農業法で廃止された）。

これで1万4,000円だが、これでも目標価格1万8,000円には4,000円届かないので、その4,000円も「不足払い」として政府から支給される。このローンレート制度を使わない場合でも、1俵4,000円で市場で販売すれば、ローンレートとの差額8,000円が政府から支給される。つまり、生産費を保証する目標価格と、輸出可能な価格水準との差（ここでは1万4,000円）が、3段階の手段で全額補填される仕組みなのである。

安く売っても増産していけるだけの所得補填があるから、どんどん増産可能で、いくら増産しても、販売価格は安いから、海外に向けて安く販売していく「はけ口」が確保されている。まさに、「攻撃的な保護」（荏開津 [1987]）である。

この仕組みは、コメだけでなく、小麦、とうもろこし、大豆、綿花等にも使

われている。これが、米国の食料戦略なのである。

3.11. 輸出補助金の全廃は本当ではない

　しかも、この米国の穀物等への不足払い制度は、輸出向けについては、明らかに実質的な輸出補助金と考えられるが、WTOの規則上は、「お咎めなし」なのである。

　実は、世界の農産物輸出は「隠れた」輸出補助金に満ち満ちており、WTOにおいて2013年までにすべての輸出補助金を廃止することが決定されたというのは事実ではない。2013年までに全廃される予定だった輸出補助金は「氷山の一角」というべきである。

　2013年までに全廃すると約束した輸出補助金は、図1-7でみると、Aの薄い四角形の部分である。国内では100円で売り、輸出には50円で売るが、輸出向け販売量については、国内販売価格100円と輸出価格50円との差額を、あとから政府が生産者ないし輸出業者に補填する。これは止めることになっている。

　しかし、米国の「不足払い」は、国内でも輸出でも50円で売って、そのすべてについて、あとから100円との差が補填されるので、図のA+Bを補填していることになる。誰が見ても、明らかにAを含んでいるから、Aの部分は輸出補助金になりそうなのに、これがOKなのである。

　これは、輸出補助金は、「輸出を特定した（export contingent）」支払いであるから、この場合は、輸出を特定せずに、国内向けにも輸出向けにも支払っているので輸出補助金にならないというのである。

　さらに、世界的にも最も農業保護が少ないとされるオーストラリアも実質的な輸出補助金を活用してきた。しかも、これは、日本の消費者がうどんを食べるために支払っている金額が、オーストラリア政府から支払われる輸出補助金の代わりをしているというものである。

　図1-7で見ると、日本（外国1）はオーストラリアからASWといううどん用の小麦を、150円で買っているが、同じ品質の小麦をオーストラリアは50円で韓国等（外国2）に販売している。そして、平均価格の100円がオースト

図1-7 さまざまな輸出補助金の形態と輸出補助金相当額（ESE）

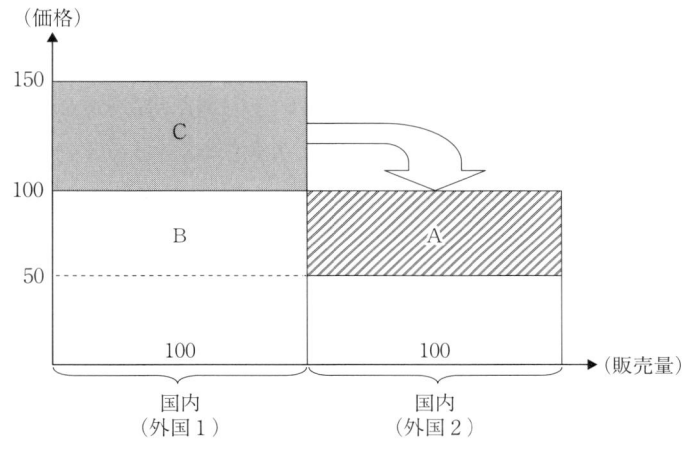

A＝撤廃対象の「通常の」輸出補助金（政府＝納税者負担）
A＋B＝米国の穀物、大豆、綿花（全販売への直接支払い）
B＋C＝EUの砂糖（国内販売のみへの直接支払い）
C＝カナダの乳製品、豪州の小麦、NZの乳製品等
（国内販売または一部輸出の価格つり上げ、消費者負担）
いずれも輸出補助金相当額（ESE）＝5,000。

資料：鈴木宣弘作成。

ラリアの生産者に支払われる。これは、輸出市場間におけるダンピングである。輸出補助金にあたるAは、オーストラリア政府からは支払われないが、日本の消費者が高く買うことで生じた黒いCの部分がAを埋めている。これも経済学的には、消費者負担型の輸出補助金となる。

　この点は、筆者も英文のペーパーをジュネーブに提出して問題を指摘したが、オーストラリア政府は、この「価格差別」を行っているAWB（独占的な小麦輸出機関）は民営化されたので、データがないとして、データの提出を拒否しても、こうした措置を輸出補助金としてカウントすることを阻止する姿勢を示した。

　この消費者負担型の隠れた輸出補助金は、カナダのように国内市場と海外市場でのダンピングの場合は問題視され、カナダは廃止する方向で対応しているのに対して、海外市場間でのダンピングは、オーストラリアの抵抗もあり、灰

色のままである。

さらに、このような実質的な輸出補助金額は、米国では、多い年では、コメ、トウモロコシ、小麦の3品目だけの合計で約4,000億円に達している。加えて、十分な規律がない輸出信用（焦げ付くのが明らかな相手国に米国政府が保証人になって食料を信用売りし、結局、焦げ付いて米国政府が輸出代金を負担する仕組み）でも4,000億円、食料援助（全額補助の究極の輸出補助金）で1,200億円と、これらを足しただけでも、約1兆円の実質的輸出補助金を使っている。

わが国は、価格が高いが品質がよいことを武器に、輸出補助金ゼロで農産物輸出振興を図るとしているが、輸出国は、価格はもともと日本より安いのに、さらに輸出補助金を多用して世界に売りさばいているのだから、この点でも、日本の農産物輸出振興はなかなか前途多難である。

3.12. 貿易自由化の徹底と途上国の食料増産は両立するか？

「2008年のような国際的な食料価格高騰が起きるのは、農産物の貿易量が小さいからであり、貿易自由化を徹底して、貿易量を増やすことが食料価格の安定化と食料安全保障に繋がる」という見解と関連して、説明が困難な見解のもう一つが、「貿易自由化の徹底が各国の食料増産に繋がり、食料安全保障が強化される」という論理である。

2008年の「食料危機」を受けて開催された洞爺湖サミットの宣言では、飢餓と貧困からの脱却に向けて、一方で、それぞれの国が自国で食料生産を確保する重要性を認識し、世界の食料安全保障のために、途上国の食料増産を支援する必要性を強調した。しかし、もう一方で、WTO等による自由貿易を推進するとした。この二つは両立するだろうか。貿易自由化の徹底は、高コストな農業生産は縮小し、食料輸入を増やすという国際分業を推進するから、日本や途上国の生産は縮小する。途上国に農業生産増大の支援をしても、貿易自由化で安い輸入品が流入すれば、国産は振興できない。つまり、「貿易自由化の徹底が各国の食料増産に繋がり、食料安全保障が強化される」という論理には無理があるのではないか。

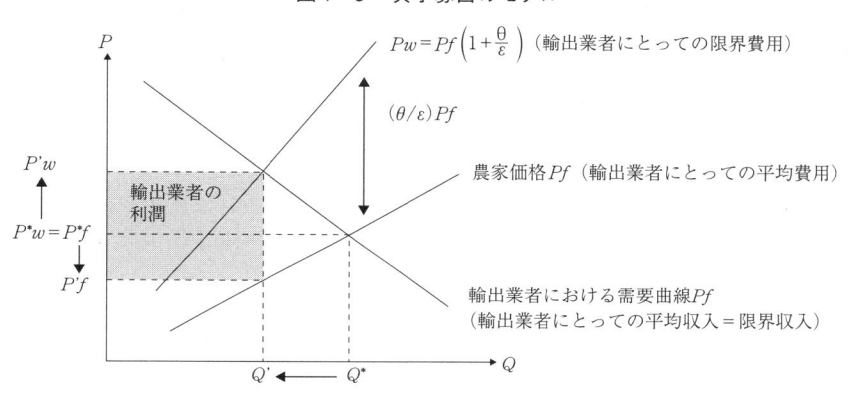

第1章 「自由貿易」と「規制改革」の本質　31

図1-8　買手寡占のモデル

$Pw = Pf\left(1 + \frac{\theta}{\varepsilon}\right)$（輸出業者にとっての限界費用）

$(\theta/\varepsilon)Pf$

農家価格Pf（輸出業者にとっての平均費用）

輸出業者の利潤

輸出業者における需要曲線Pf
（輸出業者にとっての平均収入＝限界収入）

解説：簡略化のため輸出業者の費用を無視すると、完全競争条件下では輸出業者は農家から購入した価格で輸出市場に供給する（$P^*w = P^*f$）。しかし輸出業者がコメの買取について市場支配力を持つとき、取扱量の抑制（$Q^* \rightarrow Q'$）を通じて農家からの買取価格を$P'f$に抑え、輸出市場における販売価格を$P'w$まで引き上げて利益を拡大できる。

資料：H. C. Chamrong and N. Suzuki.

3.13. 「価格高騰で農家は潤った」?——農産物の「買手寡占」、生産資材の「売手寡占」の弊害——

　貿易自由化（関税および輸出補助金の削減）は、輸入需要を増加させ、輸出供給を減らすので、国際需給を引き締め、国際価格を上昇させる効果がある。そして、価格上昇は生産者にはプラスだという議論がある。しかし、これは、関税や輸出補助金、そして、その他の国内農業保護政策を講じていなかった国、つまり、国際価格が農業者の手取りに連動している場合のことである。

　さらには、政策的な要因とは別に、市場構造のために、輸出価格が上昇しても、生産者の手取価格に十分に反映されないという問題も認識する必要がある。これは、今回の「食料危機」に際して、しばしば指摘される「2008年のような穀物高騰は途上国の消費者には問題だが、生産者にはメリットだということを忘れてはいけない」という見解には、見落とされている点があるということを意味する。

　日経新聞（「アジアで農業支援相次ぐ」平成20年7月18日、6面）でも指摘

表1-1 タイの鶏肉における市場支配力係数と価格伝達性の推移

年次	市場支配力係数	価格伝達性
1991	0.800	0.467
1992	0.876	0.444
1993	0.756	0.481
1994	0.794	0.469
1995	0.440	0.614
1996	0.395	0.639
1997	0.507	0.580
1998	0.379	0.649
1999	0.380	0.648
2000	0.400	0.637
2001	0.456	0.605

注：$Pw = Pf(1+\theta/e)$ から $\theta = e(Pw-Pf)/Pf$。
理論的には、完全競争で0、買手独占で1。
価格伝達性 $dPf/dPw = 1/(1+\theta/e)$。
資料：今橋朋樹君の九大卒論研究。

表1-2 タイのコメにおける市場支配力係数と価格伝達性の推移

年次	市場支配力係数	価格伝達性
1991	0.048	0.893
1992	0.078	0.836
1993	0.134	0.749
1994	0.144	0.735
1995	0.094	0.810
1996	0.050	0.889
1997	0.177	0.693
1998	0.121	0.768
1999	0.103	0.796
2000	0.179	0.691
2001	0.129	0.756
2002	0.161	0.712

注：表1-1に同じ。

されているように、東南アジア諸国やインドで、肥料・燃料・飼料等の高騰で生産コストが上昇したのに比較して農家の販売価格の上昇は小さく、むしろ政府は農家支援に乗り出さなくてはならなかったのが実態である。輸出価格が上がっても農家の手取りに反映されにくいという輸出業者や中間業者の「買手寡占」（農産物の買いたたき）と「売手寡占」（生産資材の価格つり上げ）の問題が、価格上昇の利益を減衰させている点を見逃してはならない。

　農産物の輸出価格が上昇しても、その利益の大部分を輸出業者や仲介業者、プランテーション経営者等が受け取り、末端の農民まで還元されにくいという実態を定量的に検証した先駆的取り組みとして、タイのコメ市場と鶏肉市場に関する今橋朋樹君の卒論研究がある。

　タイの推計結果は、鶏肉については、「買いたたき」の程度が極めて高いが、2002年にかけて、緩和してきている。タイの鶏肉については、1997年における主な輸出業者の輸出数量は、CPグループが6,348トン（輸出シェア15.5％）、ベタグロが5,839トン（同14.3％）、サハ・ファームが5,499トン（同13.4％）、ゴールデン・ポルトリーが3,716トン（同8.7％）であり、上位4社で輸出シェ

表1-3　カンボジアのコメ市場における買手独占度の推計

1996年	1997年	1998年	1999年	2000年	2001年	2002年
−0.053	0.296	0.101	0.233	0.827	0.837	1.168

注：$Pw = Pf(1+\theta/e)$ から $\theta = e(Pw-Pf)/Pf$。理論的には、完全競争で0、買手独占で1。
　　価格伝達性 $dPf/dPw = 1/(1+\theta/e)$。
出所：鈴木とH. C. Chamrongによる推計結果。

表1-4　カンボジアのコメ市場における価格伝達性の推計

1996年	1997年	1998年	1999年	2000年	2001年	2002年
1.073	0.725	0.886	0.771	0.486	0.483	0.401

注：この場合の価格伝達性 $dPf/dPw = 1/(1+\theta/e)$ は、輸出価格が1単位上昇したときに、農家受取価格がどれだけ上昇するかを示す。完全競争市場なら1単位に対して1単位上昇するところ、近年は0.4しか上がっていない。0.4というのは、ほぼ「買手独占」(0.439)状態を示す。
出所：鈴木とH. C. Chamrongによる推計結果。

アの50％以上を占めていた。一方、コメについては、「買いたたき」の程度は鶏肉ほど高くないが、近年、強まってきていることが読み取れる。

次に、カンボジアのコメ市場を対象とした筆者とH. C. Chamrongによる分析を示す。

表1-3と表1-4に示したその計測結果によると、1996年には、コメ輸出価格が1リエル上昇すると、農家庭先価格もほぼ1リエル上昇する関係（完全競争市場）が見られたが、この価格伝達性は年を追って低下し、2002年には、輸出価格1リエルの上昇に対して、農家庭先価格の上昇は0.4リエル（ほぼ完全な独占市場）に縮小している。この分析では、データの制約のため、仲買人が受け取る取引費用が考慮されておらず、農家搾取の度合いが過大に評価されている可能性は否めないが、仲買人の取り分が以前よりもかなり増えていることが明らかになった点は注目される。

図1-9には、ほぼ同様の実態がベトナムについても言えることが、東大大学院の安田尭彦君（当時）の推定結果で示されている。特に、ベトナムの分析では、2008年の「食料危機」の価格高騰時に、ほぼ買手独占状態にまで不完全競争度が高まり、価格上昇にもかかわらず、農家の庭先価格が低く抑えられた

図1－9　ベトナムのコメ市場の買手寡占度の推計結果

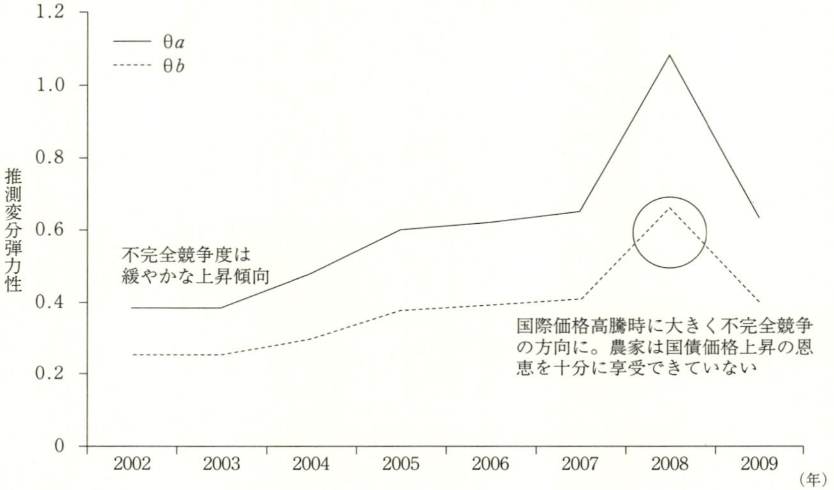
1.2
1.0
0.8
0.6
0.4
0.2
0
推測変分弾力性
θa
θb
不完全競争度は
緩やかな上昇傾向
国際価格高騰時に大きく不完全競争
の方向に。農家は国債価格上昇の恩
恵を十分に享受できていない
2002
2003
2004
2005
2006
2007
2008
2009
（年）

注：価格弾力性は、メコンデルタにおけるものと、全国で測ったものの二つを用い、結果としての弾力性をθa、θbとした。
資料：安田尭彦君の東大・修論研究。

表1－5　ベトナムの肥料市場における売手寡占度の推計結果

	2000	2006	2008
肥料需要の価格弾力性	1.13	1.13	1.13
国際価格（ドル/トン）	101	223	493
農家価格（ドル/トン）	143	304	662
限界費用（ドル/トン）	3.2	7.5	10.0
売手寡占度	0.31	0.28	0.27

資料：安田尭彦君の東大・修論研究。

ことがわかる。

さらに、表1－5は、生産資材の肥料についても、コメの販売市場よりは競争的であるものの、買手寡占の不完全競争下にあり、肥料価格が完全競争市場よりもつり上げられていることを示している。ただし、2008年の「食料危機」時に、売手寡占度が高まって、より高くつり上げられたわけではないこともわかる。

いずれにせよ、ベトナムのコメ農家が、農産物の「買手寡占」、生産資材の「売手寡占」の双方により、コメを安く買いたたかれ、生産資材は高く売りつけられる構造にあることが実証された。

3.14. 処方箋

　以上からわかるように、途上国の農村における所得向上のための重要な処方箋は、農産物の「買手寡占」と生産資材の「売手寡占」を改善することである。まさに、シカゴ学派が「不完全競争は一時的なもので、放置しておけば、やがて完全競争市場になる」あるいは「独占であっても潜在的な競争にさらされているから問題ない」と位置づけてきた市場の競争性の改善が、実は、極めて重要な問題なのである。

　その方法は、
　①市場支配力の排除によって市場の競争性を高める
　②買手に対するカウンターベイリング・パワー（拮抗力）の形成を可能とする相互扶助組織・協同組合を育成する

がある。つまり、①のように、市場を完全競争に近づける措置を考えるか、②のように、農産物の買手と生産資材の売手の市場支配力に対抗できるだけの農家側の取引交渉力の強化を図るか、ということであろう。②の場合には、そのために、農家が農産物を共同販売し、生産資材を共同購入することを独占禁止法の適用除外とすることが求められる。

3.15. カンボジアでの実践

　カンボジアでは、筆者とH. C. Chamrongの分析結果のように、多くの農家は、買手の提示する価格を受け入れるよりほかにない状況を改善すべく、独立行政法人国際協力機構（JICA）が、籾の公正な価格形成等を目的とした「カンボジア国公開籾市場整備計画調査」を実施し、同国内2カ所において2004年12月～2006年3月の間にパイロット事業を行った。

　プレイベン州プレイベン郡スバイアントール（公開籾市場）では、公平・公正な籾取引を促す環境整備を目的として、既存倉庫改修、機材調達を経て、2004年12月に開始し、計量サービスや品質格付けなどを支援した。プレイベン州カンチリエ郡では、農家グループによる籾共同出荷を推進し、共同出荷を通

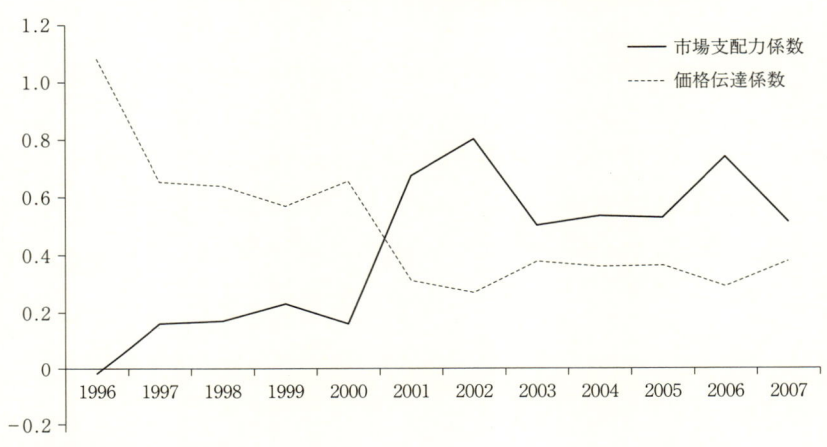

図1-10　カンボジアのコメ市場の買手寡占度の推計結果

(市場支配力係数／価格伝達係数のグラフ、横軸1996〜2007年)

資料：奥田翔君の東大・修論研究。

じた農家の収入向上および籾取引の公正化を図った。正確な計量と品質による価格の違いを経験させ、農家の価格交渉力強化をめざした。つまり、上記の①②の両面を睨んだ取り組みである。

　しかし、JICA はプロジェクトが終了した2006年を最後にプロジェクトの事後評価を行っておらず、公開籾市場の設置が実際に籾価格の上昇に寄与したか否かは、定量的に評価されていない。そこで、奥田翔君の修士論文が、それを行った。本研究では、米市場の不完全競争度がどれだけ改善されたかを検証するとともに、プロジェクトの帰結として籾価格が上昇したかどうかを明らかにした。

　限られた地点でのパイロット事業であるから、全国規模でみた市場の競争性の改善ははっきりとはしない（図1-10）。一方、カンボジア統計局と世界銀行が共同で実施した Cambodia Socio-Economic Survey 2003-04、Household Survey 2004および同2009から得られた世帯ごとのデータを用いた分析を行った。プロジェクトの対象となった2郡（処置群）と、農家1戸当たりの生産量や携帯電話の普及率など、先行研究において農家の籾の販売価格に影響をもつとさ

れている他の指標それぞれについて最も近い10郡（対照群）とで、籾価格の変化を検定し、公開籾市場の設置が籾価格の上昇に寄与したか否かを検定した結果、例えば、携帯電話の普及率が処置群の平均に最も近い10郡（対照群）と処置群では、プロジェクト前後の籾価格差の平均が、それぞれ279.0リエル、427.7リエルとなり、有意に差があった。その他の指標についても処置群のほうで大きく価格が上昇していることから、公開籾市場は籾価格の上昇に多少なりとも寄与したのではないかと考えられる。

4．英国・カナダの経験に学ぶ

不完全競争市場における規制緩和によって何が起きるかを検討する上で、参考になるのは、独禁法の適用除外組織として英国の生乳流通に大きな役割を果たしてきた英国のMMB（ミルク・マーケティング・ボード）解体後の英国の生乳市場における酪農生産者組織、多国籍乳業、大手スーパーなどの動向である。MMBが解体された後、それを引き継ぐ形で、任意組織である酪農協が結成されたが、その酪農協は酪農家を結集できず、大手スーパーと連携した多国籍乳業メーカーとの直接契約により酪農家は分断されていった。

4.1．MMBの果たした役割

1933年に創設され、1994年に解体されたMMBは、英国内の生乳生産を一元的に集荷・販売する権限を法的に付与された生産者組織であり、強い独占力を形成していた。また、MMBは営農指導、研究開発、乳製品加工、消費者普及事業等を含む総合的な生乳マーケティング事業も展開し、第一次世界大戦後の約60年間にわたって、英国の生乳取引と酪農産業全体の成り行きに多大な影響をもたらした。

1920～30年代の世界的大恐慌と農業危機から脱するために、英国政府はそれまでの経済政策の基本であった「自由放任の原則」を転換し、農業を始めとする国内産業の保護政策に乗り出した。その大きな柱の一つが、農産物販売ボー

ドの設立を認めた農産物販売法の制定（1931年）であった。この法律は、寡占化した加工・流通資本による買いたたきなどの問題を農家が自主的に改善できるように、競争法の縛りを超えて生産者組織が販売カルテルを形成することに法的根拠を与えたものである。これを受けて酪農部門では1933年にMMBが設立された。

つまり、MMBの独占力は英国の法律によって保証された機能であった。まず、英国内のすべての酪農家は生乳の集荷販売をMMBに全量委託することを義務づけられており、乳業メーカー側もMMBを通さない生乳調達ルートを政府の許可なしに利用することは罰則をもって禁止されていた。また、MMBの乳価は、最終用途によって乳価差を設けて独占利潤を創出する「価格差別」によって形成されることになっていた。その効率的な運営を可能ならしめるために必要な生乳転売禁止ルールや乳製品の輸入管理等も、国の法律や制度運営の中で担保されていた。かかるMMB体制の下で、英国の酪農生産は第一次世界大戦後の農業不況から比較的早期に回復するとともに、さらなる成長と生乳自給基盤の安定化を果たすことができた。

4.2. MMB解体

だが一方、1973年における英国のEC加盟、次いで78年の共通農業政策（CAP）との整合性の問題、サッチャー政権以降の徹底した規制緩和路線などの影響を受けて、MMBの独占的地位はEC委員会や世論から厳しい批判にさらされるようになる。また、英国のCAP参加に伴い、MMBの法的権限は一部縛りをかけられた。これがMMBの独占力の実質的な低下、ひいては高乳価維持機能の低下をもたらし、生産者のMMBへの求心力を弱化させる要因となっていった。

苦しい立場に追い込まれたMMBは、1994年、ついに自らの組織解体を実施し、生乳取引制度の抜本的改革を英国政府の指導に基づいて計画策定することに同意した。これをもってMMB体制は廃止され、後継組織として任意加入の酪農協（独占禁止法上の例外規定も有しない）が創設されて新体制がス

図1-11 EU主要国の生産者乳価の比較

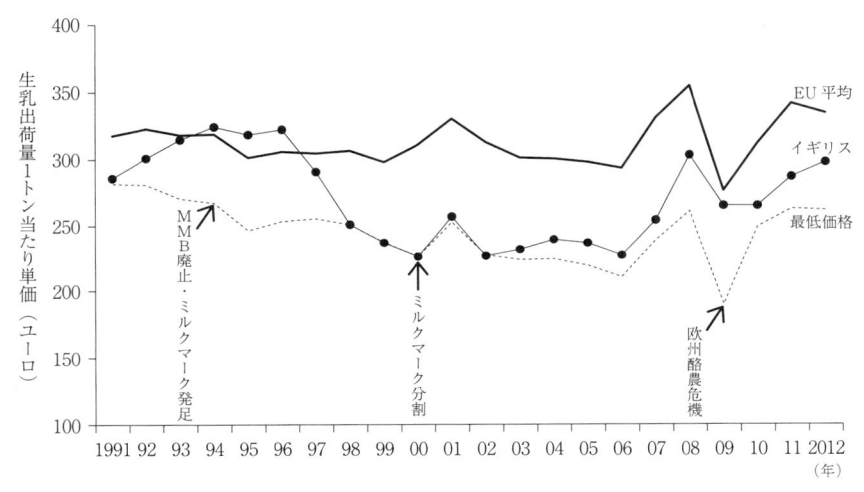

縦軸：生乳出荷量1トン当たり単価（ユーロ）
横軸：1991～2012年

凡例：EU平均、イギリス、最低価格

矢印注記：
- MMB廃止・ミルクマーク発足
- ミルクマーク分割
- 欧州酪農危機

注：「単価」は、生産者価格ベース出荷額を購買力基準（Purchasing Power Standard：PPS）で実質化し、出荷量で割った加重平均値。ただし、「EU平均」は、1991年にすでに加盟国であった12カ国から出荷量が非常に少なく異常データをもつギリシャとルクセンブルグを除く10カ国（ベルギー・デンマーク・ドイツ・アイルランド・スペイン・フランス・イタリア・オランダ・ポルトガル・イギリス）の加重平均値である。
資料：Eurostat.
出所：農林水産政策研究所木下順子主任研究員作成。

タートした。用途別乳価システムも消滅し、各々の取引主体がそれぞれの手法によって乳価を模索する時代が始まった。こうして、MMB体制下の約60年間にわたって競争とはほぼ無縁であった英国の生乳市場が、MMB解体後は一転して、EUでも最先鋭の自由化・規制緩和への道をまい進するようになった。これは、世界的に最も規制が多い食品部門の一つである生乳の市場において、長年にわたる価格・流通統制から徹底した自由取引へ、180度の制度転換をごく短期間で実施するという希代の社会実験だったと言ってよい。

4.3. 後継組織MMも解体され、「草刈り場」と化した英国生乳市場

MMBの解体後、それを引き継いだ酪農協MM（ミルクマーク）は、MMB時代の独占的地歩を利用した差別価格方式である用途別乳価体系を、サービス形態別の乳価体系に代えて維持しようとしたが、メーカーには受け入れられな

表1-6　英国のMMB解体後数年間の生産者乳価

(単位：ペンス/ℓ)

	1995年	1996年	1997年	1998年	1999年	2000年
1月	24.41	25.01	24.16	20.13	19.31	16.79
2月	24.20	25.03	23.79	19.94	19.03	16.62
3月	24.32	25.34	23.74	19.86	18.98	16.64
4月	22.91	23.63	20.55	17.66	17.56	15.26
5月	22.53	22.73	19.71	16.69	16.42	14.62
6月	24.01	23.89	20.86	17.74	17.23	15.34
7月	26.45	26.57	24.03	20.74	19.79	17.62
8月	26.48	26.82	23.85	20.87	19.83	17.92
9月	26.52	26.52	22.95	20.06	19.17	
10月	26.77	25.61	20.98	20.22	18.12	
11月	25.57	24.63	20.56	19.68	17.69	
12月	25.49	24.49	20.14	19.30	17.36	
平均	24.94	25.02	22.12	19.37	18.35	
前年比	—	+0.3%	-11.6%	-12.4%	-5.3%	
MM価格	24.9	24.2	20.9	18.3	16.3	
平均比	100%	97%	95%	95%	89%	

資料：英国MAFFの月次公式発表。

かった。メーカーは、個別酪農家や酪農家グループとの直接取引を拡大して必要量を確保した後、公正取引委員会の命令により改定されたMMの販売方式をうまく利用し、MMからはスポット的に、余乳の下限下支え価格であるIMPE（EUのバター、脱脂粉乳介入価格見合い原料乳価）水準で購入するようになった。したがって、MMの受取乳価はIMPEにほぼ張り付くようになった。

それでも、MMによる不当な乳価操作があると公正取引委員会が認定し、MMは政府の命令に従って解体された。MMが解体されて3つの酪農協に分割・再編された後も同様、IMPE水準の低価格に甘んじることになった。さらに酪農協からの脱退と分裂が進んで市場が競争的になっていく中で、英国の乳価全体がIMPEに収斂する傾向が生じた。

2000年に欧州大陸の乳製品価格が高騰した当時でも、英国の乳価のみが下落を続けた（図1-11、表1-6）。そのため、ついに「紳士的な」英国酪農家の怒りが爆発し、乳業工場やスーパーに対するバリケード封鎖やデモなど、フラ

表1-7 英国（イングランドおよびウェールズ地域）における生産者組織の集乳量シェアの推移

	最大手の生産者組織名と集乳量シェア		乳業メーカー直接取引の集乳量シェアの合計
1993年	イングランド・ウェールズMMB	80%	15%
1994年	ミルクマーク	70%	30%
2000年	ゼニス アクシス ミルクリンク	10% 10% 10%	50%
2009年	ファーストミルク ミルクリンク	15% 10%	70%

資料：Dairy Industry Newsletter編、UK Milk Report（各年版）からのデータを用いて木下順子氏作成。

ンス農民も顔負けの混乱へと発展した。これは「Farmers For Action」と呼ばれた。

4.4. 大手スーパー、多国籍乳業の市場支配力の助長

この Farmers For Action と並んで、「直接供給契約解約キャンペーン」も起こった。これは、多くの酪農家が酪農協を離れてメーカーと直接契約するようになったため、取引交渉力が弱まり、買手市場となって乳価が下落したとの認識に基づいている。したがって、乳価の回復のためには酪農家の再結集が必要だとの判断から、生乳生産者連盟（Federation of Milk Producers）が設立され、メーカーと直接取引を行う酪農家グループに対して、直接供給契約を解約して既存の大規模酪農協に再加入するよう呼びかけが行われた。

当時、酪農家のバリケード封鎖等の直接行動と、直接取引解約の「威嚇」効果で、英国の乳価は急上昇し、短期的にはこれらの運動は大きな成果を挙げたかに見えた。また、実際にかなりの酪農家グループがメーカーとの直接契約を解約し、いずれかの大規模酪農協に復帰することを決めたとの報告もあった。

だが、2001年4月時点におけるメーカー直接取引量は、英国の全生乳の50%を占めていたが、2009年現在のそれは70%を超えるほどに増えている（表1-7、表1-8）。また、酪農協の再編や解体も多発して不安定である。MM

表 1-8　英国（北アイルランドを除く）における生乳買い手別の取引酪農家数と取引量（2008/09年度）

	酪農家数 （戸）	取引量 （百万ℓ）	1経営当たり取引量 （百万ℓ）
Arla Foods UK	1,400	1,600	1.1
Dairy Crest	1,400	1,500	1.1
First Milk	2,600	1,750	0.7
Meadow Foods (Holdings) Limited	520	430	0.8
Milk Link	1,600	1,000	0.6
Muller	150	200	1.3
Robert Wiseman and Sons	830	970	1.2
英国計	13,041	10,979	0.8

資料：Shakeel A hm ed B hatti, *Development of Dairy Co-operatives in the UK*, LA P Lam bert A cadem ic Publishing, 2011.

は2000年に解体され、その後継組織として、アクシス（Axis）、ミルクリンク（Milk Link）、ゼニス（Zenith）の3つの酪農協が設立されたが、そのうちゼニスは、老舗の大規模酪農協であるミルクグループ（Milk Group）と合併して2002年に Dairy Farmers of Britain（DFOB）を形成したものの、2009年に崩壊した。アクシスは、スコットランドの酪農協スコティッシュミルク（Scottish Milk）と合併して2001年にファーストミルク（First Milk）を形成して存続しており、ミルクリンクも存続している。しかし、英国最大の酪農協であるファーストミルクとミルクリンクの集乳量を合わせても2,750百万ℓで、英国全体の25％にしかならない。MMB 時代のほぼ100％のシェアから、ここまで転落したということである。

この原因としては、大手スーパーのさらなる寡占化の進行と、それらと独占的な供給契約を結んでいる多国籍乳業メーカーの市場支配力の増大がある。その連携関係は表1-9のようになっている。表1-9中のアーラフーズ（Arla Foods）は、そもそもはスウェーデンのアーラフーズと、ほぼ1国1農協のデンマークの MD フーズとの合併で2000年に形成された2国1農協で、デンマーク、スウェーデン、英国で原料乳を調達しているし、英国のアーラフーズ UK は、フォンテラ（Fonterra）からの出資も受けて国境を越えて活動している。

表1-9 英国における牛乳の主な小売業者とその供給元

小売業者名	主な供給元
Tesco	45%：Robert Wiseman Dairies 55%：Arla Foods UK
ASDA	100%：Arla Foods UK
Sainsbury's	50%：Robert Wiseman Dairies 50%：Dairy Crest
Morrison's	50%：Dairy Crest 50%：Arla Foods UK
The Co-op (including Somerfield)	69%：Robert Wiseman Dairies 16%：Dairy Crest 15%：Arla Foods UK
Waitrose	100%：Dairy Crest
Marks & Spencer	100%：Dairy Crest

資料：表1-8に同じ。

フォンテラとは、ニュージーランドの2大酪農協とデーリィボードとが統合して2001年に形成された巨大乳業メーカーであり、オーストラリアの2大組合系乳業メーカーのひとつであるボンラックフーズ（Bonlac Foods）との業務提携を始めとして世界各国に展開している。このように、もともとは酪農協から出発して多国籍乳業資本に発展したものも多いことは注目される。スーパーマーケットの集中度上昇にも拍車がかかり、2006年における上位5社が占める合計シェアは英国では56.3%と、米国の47.7%よりも高水準である。

4.5. 得られる示唆

　MMBの独占性を問題視して解体したが、その結果、大手スーパーと多国籍乳業の独占的地位の拡大を許し、結果的に、酪農家の手取り乳価の低迷に拍車をかけたことは競争政策の側面からも再検討すべきと思われる。つまり、一方の市場支配力の形成を著しく弱めたことにより、ガルブレイス（ハーバード大学名誉教授、1908～2006年）の言う「カウンターベイリング・パワー」（拮抗力）を失わせ、パワーバランスを極端に崩してしまったのである。このような政策は著しく公平性を欠くと言わざるを得ない。大手スーパーと多国籍乳業の独占

的地位の濫用にメスを入れずに、生産者サイドの独占を許さないとしてMMBを解体し、独占禁止法上の例外規定も有しない協同組合に委ねたことが、大手スーパーと多国籍乳業の独壇場に繋がった。「対等な競争条件」にして市場の競争性を高めるというのは単なる名目で、実際には、まったく逆に、生産者と小売・乳業資本との間の取引交渉力のアンバランスの拡大による市場の歪みをもたらしたのである。

　わが国では、こうした生処販のパワーバランスに対応して生産者の所得を増加させる観点から、生産サイド（1次産業）が、加工・流通・販売（2次・3次産業）を自らの経営に取り込んでいこうという「6次産業化」の必要性も指摘されている。酪農における「6次産業化」を促進するには、

①個別酪農家レベルで牛乳・乳製品を加工・販売しやすくするための衛生基準の規制緩和

②指定団体制度の枠組みの中で、個別酪農家の牛乳・乳製品の加工・販売をしやすくするような制度のさらなる柔軟化

も検討される必要があるのは確かだ。酪農における規制緩和の議論の中でも指摘された点である。ただし、個別の販売ルートを確立し、販売力を高めることは重要だが、全体の組織的結集力を軽視してしまうと、価格交渉力を弱めてしまうことは英国の経験からも示唆される。「私の顧客づくり」なくしてはブランド力の強化はできないが、「カウンターベイリング・パワー」（拮抗力）の形成なくしては小売の市場支配力には対抗できない。つまり、組織力の強化と個別の「私の顧客づくり」とを矛盾させるのではなく、最高の形で融合させていくことが求められる。

　なお、多国籍乳業の行動について、英国での動向から次の点も示唆される。まず、わが国でも、TPP交渉などの進展を先取りし、酪農家への技術協力などの支援から始まり、酪農家をグループ化していくという、将来的な直接契約を視野に入れた動きが出てくると予想される。乳製品は本国から輸入しつつ、飲用乳については、日本国内の生産でビジネスが成立するからである。また、国内の既存の乳業メーカーへの資本参加や買収といった動きも起こりうるだろ

う。

4.6. 驚くべきカナダの乳価形成システム

一方、小売部門の市場支配力に対して、加工部門や生産者団体が組織力を強化して、パワーバランスを保つことの重要性を検討する上で、参考になるのはカナダの乳価形成システムである。

カナダは消費量の数％の輸入枠と200～300％の高い枠外関税で輸入を最小限に抑制した下で、酪農家の生産費をカバーする水準として政府機関のCDC（カナダ酪農委員会）の乳製品（バター・脱粉）支持価格（買上価格）とそれに見合うメーカー支払い可能乳代（バター・脱粉向け）がセットで設定され、CDC支持価格水準での需要に見合うように個人別クオータに基づく生乳供給管理（生産調整）が行われているので、バター・脱粉の実際の取引価格（卸値）はほぼCDC支持価格水準で推移し、CDC買上量も少ない。

しかも、支持価格に見合うメーカー支払い可能乳代算定値（バター・脱粉向け）が各州のミルク・マーケティング・ボード（MMB、独占禁止法の適用除外法に基づいた州の全生乳の独占的集乳・販売機関）とメーカー間の取引乳価（バター・脱粉向け）として適用され、それ以外の用途の取引乳価も価格算定公式に基づいて連動して決定される。つまり、支持価格の変動分だけすべての用途（輸入代替および輸出向けのスペシャル・クラスを除く）の取引乳価を連動して自動的に改訂することで生処が合意している。実際の取引価格は政府の支持価格で実質的に規定されているのである。

2001年8月26日に、オタワ中心部のスーパー店頭の全乳1ℓ紙パック乳価は1.99ドルで、1997年12月にトロント近郊とオタワで小売段階の飲用乳価を調べた調査とほぼ同水準であった。また、日本ともほぼ同水準であった。日本と比較して、メーカーのMMBへの支払飲用乳価（0.674ドル）と小売価格との差は、小売価格が生産者乳価の3倍と大きい点も変わっていなかった。これを見るかぎり、スーパーの安売りでMMBとメーカー間の取引乳価の維持が困難になるという状況も生じにくいと考えられた。

さらに、2014年9月現在では、バンクーバー近郊のスーパー店頭の全乳1ℓ紙パック乳価は3ドルに上昇しており、日本より大幅に高くなっている。日本と比較して、メーカーのMMBへの支払飲用乳価（1ドル）と小売価格との差は、小売価格が生産者乳価の3倍と大きい点も変わっていない。これを見るかぎり、2014年現在においても、生産者乳価の上昇が小売価格に十二分に転嫁されて、スーパーの安売りでMMBとメーカー間の取引乳価の維持が困難になるという状況も生じないことがわかる。

　また、小売における寡占度も高く、1店当たりのブランド数はせいぜい1～2で非常に少ないことにも示されるように、乳業メーカーの数も少なく寡占的であることが、マージンの大きさ、また、MMBとの間の乳価協定が維持できる構造に繋がっていると考えられる。

　カナダでは、政府の支持価格の変化に基づいて物価スライド的に全取引乳価が機械的に変更されるのは、政府の指示ではなく、あくまで「州唯一の独占集乳・販売ボード（MMB）、寡占的メーカー、寡占的スーパー」という市場構造の下で、政府算定値を参考価格（reference price）として「自主的に」行われているのだと説明される。しかし、MMBは独占禁止の適用除外法に基づき、メーカーへの乳価の通告、プラントへの配乳権を付与されており、メーカーは法律に基づく手続きで不服申し立てはできるとはいえ、政府が酪農家の生産費をカバーするよう設定した支持価格が取引価格になるように制度的に仕組まれている点は見逃せない。

　制度的支えの下での「州唯一の独占集乳・販売ボード（MMB）、寡占的メーカー、寡占的スーパー」という市場構造に基づくパワーバランスによって、生処販のそれぞれの段階が十分な利益を得た上で、最終的には消費者に高い価格を負担してもらい、消費者も安全・安心な国産牛乳・乳製品の確保のために、それに不満を持っていないのである。つまり、「売り手よし、買手よし、世間よし」の「三方よし」の価格形成が実現されているのである。

5．おわりに

ヘレナ・ノーバーグ＝ホッジさんは、『いよいよローカルの時代——ヘレナさんの「幸せの経済学」』（ヘレナ・ノーバーグ＝ホッジ、辻信一、大月書店、2009年）の中で次のように述べている。

　現代の大きなゲームには、社会、政府、そして今や空中大帝国のように君臨し相互に連携する多国籍企業、という3人のプレイヤーがいます。ゲームのルールは、すべての障害物を取りのぞいて、ビジネスを巨大化させていくということ。多国籍企業は巨大化していくために、それぞれの国の政府に向かって、「ああしろ」、「こうしろ」と命令する。住民たちがなんと言おうと、スーパーマーケットを超えたハイパーマーケットをつくるためには、もっともっと巨大で速いスピードの流通網をつくっていく。こういう全体図を描いてみれば、私たちの民主主義がいかに空っぽなものになってしまっているかがわかると思います。選挙の投票によって私たちがものごとを決めているかのように見えるけど、実際にはその選ばれた代表たちが、さらに大きなお金と利権によって動かされ、コントロールされているわけだから。しかも多国籍企業という大帝国が、新聞やテレビなどのメディアと、科学や学問といった知の大元を握って、私たちを洗脳している。私たちはとても不利な状況の中に、完全に巻きこまれてしまっている。恐ろしいことに、この多国籍企業には富が集中しすぎていて、ひとつの国よりも資金をもっているほど。（156-157頁）

やや極端な言い回しではあるが、グローバル化の正体をよく表している。日本でも、総合的、長期的視点の欠如した「今だけ、金だけ、自分だけ」しか見えない人々が国の将来を危うくしつつある。自己の目先の利益と保身しか見えず、周りのことも、将来のことも見えていない。人々の命、健康、暮らしを犠

牲にしても、環境を痛めつけても、短期的な儲けを優先する。TPP（環太平洋連携協定）やそれと表裏一体の規制改革、超法規的に風穴を開ける国家戦略特区などを推進している。これ以上、一握りの人々の利益さえ伸びれば、あとは顧みないという政治が強化されたら、日本が伝統的に大切にしてきた助け合い、支え合う安全・安心な地域社会は、さらに崩壊していく。

「1％」ムラが、国民の大多数を欺いて、「今だけ、金だけ、自分だけ」で事を運んでいく力は極めて強力で、一方的な流れを阻止することの困難さを痛感させられる。それでも、我々は、このような流れに飲み込まれないように踏ん張って、自分たちの食料と暮らしを守っていかねばならない。その方策を考えなくてはならない。

そのための一つの方向性は、グローバリズムに巻き込まれないで、自分たちの食と農と地域は自分たちの力で守っていくことである。先述のスイスの卵の話に象徴されるような生産者から消費者がホンモノの価値で結ばれた強固なネットワークを形成することが重要である。また、地域生活の柱となる食料とエネルギーを可能な限り自給できるシステムを構築し、自分たちの地域を自分たちの力で守っていく方向性も選択肢になりうるだろう。農林水産業とエネルギー生産を一体的に取り組めば、地域資源を最大限に循環させつつ、地産地消・旬産旬消＋再生可能エネルギーによって、環境に優しく持続的な地域社会を守ることができる。

そうしたことも含めて、強力なグローバリズムによる一部の露骨な利益追求に対抗して、「小さき人々」がいかに豊かな生活を守っていくかを、さまざまな形で検討したのが本書である。

【参考文献】

原洋之介［1992］『アジア経済論の構図』リブロポート。

新山陽子［2008］「国内農業の存続と食品企業の社会的責任——生鮮食品の価格設定行動」『農業と経済』第74巻第8号。

鈴木宣弘［2002］『寡占的フードシステムへの計量的接近』農林統計協会。

Kaiser, H. M. and Nobuhiro Suzuki [2006] (ed.), New Empirical Industrial Organiza-

tion and Food System, Peter Lang.
荏開津典生［1987］『農政の論理をただす』農林統計協会。

第2章　TPP大筋合意と農業分野における譲歩の特徴
——日豪EPAとの比較を中心に——

東山　寛

1．はじめに

　2015年10月5日、米国・アトランタで行われていた12カ国の閣僚会合が閉幕し、TPP交渉の妥結（大筋合意）が発表された。この大筋合意後の日本政府の対応は、農業分野を中心に、①「影響分析」の公表（2015年10月29日および11月4日）、②「TPP対策大綱」の策定（11月25日）、③「影響試算」の公表（12月24日）と進み、2016年2月4日の12カ国閣僚による署名を経て、今や批准に向けた国内手続き（国会承認）を開始しようとする段階にある。
　日本はTPP以前に15EPAに署名しており（発効は14EPA）、TPPは16番目となる。しかし、すでに明らかになっているように、TPPは品目数ベースの関税撤廃率が95％、農林水産品でも81％であり、きわめて自由化レベルの高い協定である。日本がTPP交渉に参加した2013年7月以前、既存の13EPAの中で最も「自由化率」が高いとされてきたのは日フィリピン協定（2008年12月発効）であり、その自由化率は88.4％であった。そして、同協定の農林水産品の自由化率は59.1％である[1]。TPPの農林水産品の自由化率を政府資料から算出すると78.8％であり[2]、ここでようやく比較可能となる。つまり、既存のEPAと比較した場合、農林水産品の自由化率を59％から79％へと大幅に引き上げたのがTPPの何よりの特徴である。
　ところで、既存EPAのうち、農業分野への影響が最も大きいと考えられて

いるのは日豪EPAである。日豪EPAは、TPP交渉の渦中にあった2014年4月に大筋合意し、同年7月の署名を経て2015年1月に発効した。この日豪EPAの自由化率は全品目で88.4％であり、関税撤廃率は89％とされている[3]。この限りでは日フィリピン協定とほぼ同レベルであるが、大きく異なるのは日豪EPAは日本が農産物輸出大国と締結した初めてのEPAである、という点である。周知のように、日本は農林水産品の重要品目を抱えながらEPAの締結を進めてきたのであり、その扱いの基本は「除外」か「再協議」であった。そして、日本がTPP交渉参加に先立って整理した「農林水産物の重要品目」は、まさに日豪EPA以前の既存13EPAで関税撤廃したことのない834品目（タリフライン）だったのである。

　2014年4月に大筋合意した日豪EPAは、この「除外」か「再協議」という原則を崩し、牛肉を大幅な関税削減の扱いとした。牛肉以外では、コメを「除外」、小麦（食糧用）を「再協議」としたものの、砂糖・乳製品では部分的な譲歩を行っている[4]。TPP交渉の渦中に行われた日豪EPAの譲歩は、2014年4月11日の自民党「今後のTPP交渉に関する決議」において「ぎりぎりの越えられない一線（レッドライン）」と位置づけられた[5]。この「レッドライン決議」があったにもかかわらず、TPPはさらに踏み込んだ譲歩を行ったと言わざるを得ない。それが前記の「81％」という数値にあらわれている。また、関税を残した品目についても「除外」か「再協議」という扱いを獲得することができたわけではなく、関税削減・関税割当の設定などを余儀なくされている[6]。

　以下では、日豪EPAとTPPの農業分野における譲歩を比較検討し、TPPがもっている「日豪EPAプラス」の内容を確認しておくこととしたい。そのことを通じて、TPPにおける農業分野の譲歩の特徴が、より鮮明になると考えるからである。対象とする品目は、日豪EPAでも最大の譲歩を行った牛肉に限定する。

2．牛肉の扱いと合意内容

　TPP・日米交渉における重要品目の扱いは、2014年4月24日の日米首脳会談（オバマ訪日）を経て「方程式合意」（米国側は「パラメーター合意」）と称する方式が確立された。これは、アメリカ側の最大の関心品目であった牛肉・豚肉についても「関税全廃ではない」ことを前提に、重要品目の扱いをルール化したものである。具体的には、①関税削減の水準、②関税削減にかける期間、③セーフガードの発動要件といった要素を組み合わせ、最終的な着地点を探るというものである。

　そして、この直前に日豪EPAの大筋合意が両国から発表されていた（4月7日）。日豪EPAはタイミング的には先行しているが、牛肉の扱い（日本側）はまさにこの「方程式合意」のルールと重なっている。まず、この点を検討しておくこととしたい。

2.1．日豪EPAにおける牛肉の扱い

　日豪EPAにおける牛肉の扱いは、①関税は現行の38.5％から19.5％（冷凍）、23.5％（冷蔵）まで削減、②長期間の段階的削減期間を設定し、冷凍牛肉は18年目、冷蔵牛肉は15年目に最終水準に到達、③直近の輸入量を基準に数量セーフガードを導入し、セーフガード税率は38.5％とする、というものである。

　この日豪EPAにおける牛肉の「決着」は、これまでにないいくつかの「新規性」をもっている。

　第1に、関税削減幅の大きさである。

　日豪EPA以前、日本が牛肉の扱いで譲歩したEPAがなかったわけではなく、日メキシコ協定（2005年4月発効、2012年4月改正議定書発効）および日チリ協定（2007年9月発効）では、関税割当を導入している。両協定は、牛肉の一部のタリフラインについて関税割当を設定し、枠内税率を2割削減する30.8％までの譲歩を行っている。割当数量は、日メキシコ協定の最終年（11年目）で

1万5,000トン（調製品を含む）、日チリ協定の最終年（5年目）で4,000トンに設定されている。

しかし、日豪 EPA の関税削減幅はこのレベルをはるかに越えている。日豪EPA では、よりセンシティブな冷蔵（生鮮）牛肉の削減幅を抑えたとはいえ、冷凍牛肉ではほぼ半減、冷蔵牛肉でも4割の引き下げである。

第2に、数量セーフガードの導入である。

特定の農産品（牛肉）にかかわる特別セーフガード措置は、日本の EPA 史上初めて導入したものである[7]。発動基準（トリガーレベル）は、冷凍牛肉が初年度19.5万トンであり、これは直近5年間（2008～2012年度）の輸入量の平均値を基準にしている。この発動基準は徐々に引き上げられ、10年目は21万トンとなる。冷蔵牛肉は初年度が13万トンであり、直近の輸入実績である2012年度の12.7万トンを基準に設定されている。これも徐々に引き上げられ、10年目に14.5万トンとなる。

第3に、実質的な低関税輸入枠の大幅な拡大である。

数量セーフガードの導入は、関税割当と同じ効果をもつものと説明する向きもある。ただし、先行する日メキシコ・日チリ協定と比べると、低関税枠が適用される数量ははるかに大きい。最終年の水準は、冷蔵・冷凍を合わせると35.5万トンに達する。これはもはや通常の関税割当のレベルを越えている。

2.2. 既存のセーフガードとの関係

日豪 EPA が牛肉セーフガード措置を導入したことにより、既存の WTO 上の「全世界向け」牛肉セーフガードとの関係も整理された。

周知のように、この「全世界向け」牛肉セーフガードは、税率を38.5％から50％に引き上げる（スナップ・バックする）仕組みであり、毎年度4月からの四半期ごとの累計輸入量が前年比117％を超えたときに発動する。

日豪 EPA は、この「全世界向け」牛肉セーフガードを豪州産牛肉に適用しないことを規定した。したがって、豪州産牛肉が有利な EPA 枠で輸入され続け、それが全体の輸入量を前年比117％超に押し上げたとしても、豪州産牛肉に適

用される税率は最大38.5％のままである。

　他方、そのままでは豪州産以外の牛肉に50％の税率が適用されることとなるため、「全世界向け」牛肉セーフガードの発動基準もあわせて改正された[8]。具体的には、①豪州産（およびメキシコ・チリの割当量）を除いた輸入量が前年比117％超、であるが、その場合でも仮に豪州産を欠けば全体の輸入増が生じないケースもあり得るため、②全世界からの輸入量が前年比117％超、という2つの条件を満たした場合に発動する仕組みとした。

　このセーフガードの仕組みの下では、繰り返しになるが、輸入量の如何にかかわらず豪州産に適用される税率は最大38.5％のままである。そして、このセーフガード税率の問題は、TPPの「方程式」における主要な要素のひとつとして前面に出てくるのである（後述）。

2.3. 関税削減の比較

　表2-1は、日豪EPAとTPPにおける牛肉の扱いを比較するかたちで示したものである。まず、表頭の項目に沿って補足的な説明を加えておくこととしたい。

　日豪EPAは2015年1月15日に発効しており、ここからが「1年目」となる。ただし、協定の年次の数え方は毎年4月1日を基準にしているため、同年4月1日から「2年目」に入っている。

　この表では関税の引き下げ幅が大きい冷凍牛肉のみを示しているが、関税は2015年1月の発効と同時に38.5％から30.5％に引き下げられている。さらに、「2年目」の同年4月1日から28.5％となり、発効から3カ月弱で10ポイント引き下げられることになる。日豪EPAは発効3年目（ほぼ1年間）までの引き下げ幅が大きく、均等（直線的）な引き下げ方式はとっていない。2016年4月からは27.5％となる。実は、この水準がTPPのスタートラインとなっているのである（後述）。

　日豪EPAの牛肉関税は、3年目の27.5％から12年目の25.0％までは直線的な引き下げとなり、さらに、最終年にあたる18年目（2031年4月）の19.5％ま

表2-1 日豪EPA・TPPにおける牛肉の扱い

(単位:％、万トン)

年目年度	適用年月	日豪EPA（冷凍） 関税率	セーフガード 発動基準	SG税率	TPP 関税率	セーフガード 発動基準	SG税率
(締結前)		38.5			38.5		
1	15/01	30.5	19.5	38.5	27.5	59.0	38.5
2	15/04	28.5	↓	｜	↓	↓	｜
3	16/04	27.5	↓	｜	↓	↓	｜
4	17/04	↓	↓	｜	↓	↓	30.0
5	18/04	↓	↓	｜	↓	↓	｜
6	19/04	↓	↓	｜	↓	↓	｜
7	20/04	↓	↓	｜	↓	↓	｜
8	21/04	↓	↓	｜	↓	↓	｜
9	22/04	↓	↓	｜	↓	↓	｜
10	23/04	↓	21.0	38.5	20.0	69.6	｜
11	24/04	↓	(10年目に再協議)		↓	↓	20.0
12	25/04	25.0			↓	↓	｜
13	26/04	↓			↓	↓	｜
14	27/04	↓			↓	↓	｜
15	28/04	↓			↓	72.6	｜
16	29/04	↓			9.0	73.8	18.0
17	30/04	↓			(4年間の発動なしで廃止)		
18	31/04	19.5					

資料：政府公表資料によって作成。

でも同様である。ただし、同じ直線的な引き下げといっても、1年当たりの削減率は前者が1％、後者が4％であり、12年目以降は再び急テンポの削減となる。

これに対して、TPPの牛肉関税は最終的に9％であり、日豪EPAをはるかに上回る引き下げ幅をもっている。

表示した日豪EPAの冷凍牛肉は18年目に19.5％まで引き下げるが、TPPは16年目に9％まで大幅削減する。TPPの関税削減は、1年目の27.5％から10年目の20％までの期間と、20％から16年目（最終年）の9％までのふたつの期間に分けて、直線的な引き下げ方式をとっている。ただし、1年当たりの削減

率は前者が3％、後者が9％であり、10年目以降の削減テンポはきわめて大きい。その過程で、日豪EPAの最終水準である19.5％は、発効すればほぼ11年目に達成されるだろう。

前後するが、TPPは発効と同時に38.5％の関税を27.5％まで引き下げる。これは先述したように日豪EPAの「3年目」の水準である（2016年4月）。現時点で、TPPがこの時期に発効することはあり得ないが、先行した日豪EPAと「スタートライン」を合わせようとする作為が感じられる。事実、TPPが日豪EPAの「4年目」にあたる2017年4月以降に発効した場合、日豪EPAの税率がTPPの「1年目」を下回ることになる。その場合、TPPも日豪EPAの税率を採用することとなっているのである。

このことからしても、TPPにおける牛肉関税の扱いは日豪EPAとの連動性をもち、それが「スタートライン」になっていることが明らかである。先の「レッドライン決議」は、ほとんど意味を失っていると言わざるを得ない。

2.4. セーフガード措置の比較

日豪EPAの牛肉セーフガードの発動基準は、表示した冷凍牛肉の場合、初年度の19.5万トンから10年目の21.0万トンまで段階的に引き上げられる（前述）。セーフガード税率は、現行の38.5％のまま変わらない。なお、11年目以降の発動基準は、10年目に再協議することとなっている。

これに対して、TPPの牛肉セーフガードは、大幅な輸入増を認めるような発動基準を設定している点に特徴がある。

TPPのセーフガードは、日豪EPAと同様の「数量セーフガード」である。そして、1年目の59万トンは、近年の輸入実績である53.6万トン（2013年度）を基準にとると、最初から10％増の水準である。この点も、直近の輸入量を上限とした日豪EPAとはまったく異なる。この発動基準（数量）は年々引き上げられ、最終年の73.8万トンは現状の輸入量対比で実に20万トン超、4割近い輸入増を認める水準となっている。

この73.8万トンには「根拠」があり、過去最大の牛肉輸入量を記録した2000

年度（BSE発生前年）と同レベルに合わせたとされている。それは同時に、米国産牛肉の輸入量が過去最大であった年でもある。米国産牛肉の輸入量は、2013年度が20.1万トンであるが、2000年度は35.9万トンに達していた。このピークと比べると現状は44％減であり、ほぼ半減に近いレベルとなっている。

しかし、国産牛肉も含めた牛肉の総供給量は2013年度で89万トンであり、最終年の73.8万トンはその83％に達する[9]。日豪EPAとは異なり、TPPのセーフガードは大幅な輸入増を認めるものであり、かつ、きわめて発動しにくい仕組みになっていると見て間違いない。

加えて、発動時のセーフガード税率がきめ細かく設定されていることである。具体的には、38.5％にスナップ・バックするのは3年目までであり、4年目から10年目までは30％、11年目から15年目までは20％、最終年の16年目は18％である。つまり、TPPのセーフガード税率は、段階的に引き下げられていく仕組みをもっている。この点も日豪EPAにはなく、「方程式」を構成している要素のひとつだろう。

さらに、16年目以降はセーフガード税率を毎年1％ずつ削減するとしており、4年間発動しなければ廃止することも定められている。前述したように、現状の輸入量の4割増（73.8万トン）は想定し難いため、21年目から自動的に廃止されるだろう。この時点で、日豪EPAのセーフガードだけが存続している状況も考え難い。輸出国にとってみれば、TPPの方が関税削減・セーフガード措置の両面で、有利な条件を獲得しているからである。

他方、TPPの発効と同時に「全世界向け」セーフガード措置は廃止されることになっている。2013年度をとれば、牛肉輸入量は53.6万トンであり（前述）、輸入先国は豪州・米国・NZの3カ国で95％を占めている[10]。いずれもTPP参加国である。最終的に、日本は牛肉セーフガードにかかわるすべての仕組みを失うことになるだろう。TPPの牛肉セーフガードは「恒久セーフガード」ではなく、「時限付き」措置である点に特徴がある。最終的に残されるのは、9％の関税のみである。

3．牛肉関税の削減による影響と対策

3.1．関税収入

　関税削減は、関税収入の減収に直結することになる。まずは、この点から見ておくこととしたい。

　農水省畜産部によれば、2014年度の牛肉等関税収入は1,214億円である[11]。前年の2013年度は1,047億円であり、2015年度は1,110億円を見込んでいるとしている。これは関税収入であるが、これが原資となり「肉用子牛生産者補給金制度」「肉用牛繁殖経営支援事業」「肉用牛肥育経営安定特別対策事業（牛マルキン）」「養豚経営安定対策事業（豚マルキン）」などの経営安定対策が実施されている。後述するように、牛マルキン・豚マルキンはTPP関連対策として、その拡充が計画されている。

　日豪EPA大筋合意に際し、農水省が作成した「日豪EPAに関するQ&A」（2014年6月27日時点）によれば、機械的な試算とことわりながらも、日豪EPAの関税削減により「最終年度で200億円程度の減収」との見通しが示されている。先の1,214億円との対比では16％が失われる計算である。これは、38.5％の関税がほぼ半減した場合の試算である。

　それに対して「9％」のTPPの場合はどうか。TPP影響試算（TPPの経済効果分析）の付属資料によれば、2014年度のTPP11カ国からの農産品の関税収入（決算ベース）は約2,570億円であり、そのうち牛肉関税収入は約1,210億円を占めている[12]。ほぼ半分が牛肉関税である。そして、最終年度における減少額は、農産品の総額で1,650億円、牛肉関税は680億円の減収になると試算している。TPPは農産品の関税収入の64％を失わせることになる。牛肉関税についても、56％の減収である。日豪EPAと比べると減収額は3.4倍に膨らんでいる[13]。

3.2. 影響分析

日豪 EPA の場合は、特段の影響分析や影響試算は行われていない。先の Q & A も「大筋合意の内容は、（中略）、国内農畜産業の存立及び健全な発展を図っていけるようなものである」としている。

ただし、直接に関連づけられてはいないものの、平成26（2014）年度補正予算により「畜産クラスター事業」（畜産収益力強化対策）が措置された。内容は「畜産競争力強化緊急整備事業」（施設整備）と「畜産収益力強化緊急支援事業」（機械リース）であり、予算総額は201億円、いずれも2分の1補助である。この畜産クラスター事業は、TPP になると「関連対策」として位置づけ直され、「体質強化策」として前面に押し出されることになる（後述）。

TPP では、農林水産省による「影響分析」が公表されている。対象は農林水産品の計40品目である。農水省がまとめた「品目毎の農林水産物への影響について（総括表）」によれば、多くの品目が「特段の影響は見込み難い」「影響は限定的」「輸入の増大は見込み難い」に分類されているが、畜産物（牛肉・豚肉・乳製品）だけは「当面、輸入の急増は見込み難いが、長期的には、関税引下げの影響の懸念」に分類された。牛肉については「長期的には、米国・豪州等からの輸入牛肉と競合する乳用種を中心に国内産牛肉全体の価格の下落も懸念」と述べられているが、関税削減が価格の下落をもたらすと素直に受け止めて良いであろう。この定性的な分析は、影響試算に反映される一方、「TPP 対策大綱」を準備することになる。

3.3. 影響試算

TPP では、2015年12月24日に3度目の影響試算（TPP の経済効果分析）が公表されている。その付属資料である「農林水産物の生産額への影響について（試算）」は、農産物19品目を取り上げている。

試算の枠組みは、①輸入品と「競合するもの」と「競合しないもの」に2区分、②「競合するもの」は関税削減分の価格低下、③「競合しないもの」は②

の価格低下率の2分の1の割合で価格低下、④ただし、国内対策により品質向上や高付加価値化が進められるため、「競合するもの」は関税削減分の2分の1の価格低下に留まる場合も想定、「競合しないもの」も同じくその2分の1の価格低下率、という4つの前提を置いている。

そして、関税削減分の価格低下がストレートに作用する②③で試算した場合を「下限値」、④で試算した場合を「上限値」とし、幅のある試算結果を示した。ここでは「下限値」を用いることにする。

農産物19品目の影響額は合計1,516億円であり、最も影響額が大きい品目は牛肉の625億円である。次いで、豚肉の332億円、牛乳乳製品の291億円であり、この畜産3品で全体の82％を占めている。政府試算の限りでも、畜産に被害が集中する格好である。牛肉だけでも影響額の41％を占めている。

牛肉の試算結果を子細に見ていくと、まず「競合するもの」（1、2等級）の価格は1kg当たり883円（部分肉）、輸入品（世界総計CIF価格）は同508円であり、この限りで内外価格差は1.7倍である。輸入品に関税9％を加えると554円となるが、内外価格差は1.6倍であり、ほとんど縮まらない。もし関税が38.5％であれば輸入品は704円となり、内外価格差は1.25倍になる。日豪EPAの最終水準である23.5％では、かろうじて1.4倍である。いずれにしても、関税の削減がいかに輸入品を割安なものとしているかがわかる。

試算は、牛肉の関税削減分の価格低下を1kg当たり150円としている。これにより、国産品の価格は733円に低下する。価格低下率は17％である。

3.4. TPP対策

現在、打ち出されているTPP対策の柱はふたつあり、ひとつは「体質強化策」、もうひとつは「経営安定対策」である。先行したのは前者であり、平成27（2015）年度の農林水産関係補正予算（4,008億円、2016年1月20日成立）に「TPP関連対策」として3,122億円が盛り込まれた。

この「TPP関連対策」として計上されたのが、畜産クラスター事業（610億円）と産地パワーアップ事業（505億円）であり、「体質強化策」の2本柱を構

成する。畜産クラスター事業は平成27（2015）年当初予算でも措置されたが、予算額は75億円に留まった。「26補正」の210億円と合わせると276億円である。したがって、「27補正」はその2.2倍の水準にあたる。畜産クラスター事業は今回から基金化され、平成28（2016）年当初予算には計上されなかった。今後も補正予算で措置していくことになると見込まれる。

　もうひとつの「経営安定対策」については「TPP対策大綱」において、先述した「牛マルキン」「豚マルキン」の法制化と、補填率の引き上げが打ち出された[14]。法制化を行うひとつの背景は、先述したようにこのままでは財源不足に陥るからであると思われる[15]。牛マルキンは、生産者と国（農畜産業振興機構）の拠出（生産者：国＝1：3）により基金を造成し、肥育牛1頭当たりの平均粗収益が平均生産費を下回った場合に（四半期単位）、その差額分の8割を補填する仕組みである。今回はそれを9割に引き上げることが予定されている。

　ただし、この事業の仕組みからいっても「コスト割れ」を100％補填するものではなく、生産者の拠出分も勘案すると「0.75×0.9＝0.675」が実質的な補填率となる。残る「0.325」分はどうするのかといえば、コスト削減で吸収するしかないであろう。したがって、TPP対策は「体質強化策」と「経営安定対策」の2本柱にならざるを得ない。畜産クラスター事業が重視されているのも、こうしたことが背景にあるからであろう。

4．おわりに

　本章では、日本がTPP交渉の農業分野において行った譲歩の特徴を鮮明にするために、あえて牛肉を題材にとって日豪EPAとの比較検討を行った。得られた知見は以下の3点である。

　第1に、日豪EPAとTPPは、譲歩のレベルにはひらきがあるものの、とっている手法はひじょうに似通っていることである。長期間をかけた関税の大幅削減と、発動しにくいセーフガードの組み合わせであり、そのセーフガード

も基本的には時限措置である。日豪EPAにおける牛肉の譲歩は、日本の重要農産物がこうした「土俵」で扱い得ることを示した初めてのケースであり、その意味ではエポック・メーキングをなす。TPPでは牛肉以外にも品目を拡大して、さらなる譲歩に踏み込んでいくのである。もはや関税割当で小幅な譲歩を重ねることが許されなかったのが日豪EPAであり、TPPである。「レッドライン決議」はこのような本質的事態を見失っていたように思われる。

第2に、いったんこのような譲歩を行えば、それが次のFTAの「スタートライン」になることである。日豪EPAとTPPの関係が、まさしくそうである。TPPは「生きている協定」と称しており、発効後も参加国の追加が見込まれている。さらに、日本はEUとのFTAも同時並行で進めており、特に豚肉・乳製品ではTPPが「スタートライン」になる可能性も否定できない。将来的にはEUや中国との交渉もあり得ることを想定し、今いちど譲歩の内容を総点検すべきである。

第3に、TPPを批准してしまえば、もはや国境措置が十全に機能しないことは明らかであり、新たな農政対応が求められることである。TPP体制下ではいっそうの価格低下を免れることはできず、それを補填する財源を関税等に求める道も残されていないだろう。その場合、国内助成は従来の「消費者負担型」ではなく、文字通りの「納税者負担型」の直接支払いを基本に据えるしかない。最も厳しいシチュエーションに置かれる牛肉の場合、現行の仕組みでは価格低下分をコスト削減で吸収せざるを得ず、対策は「体質強化」と「経営安定」の両面を追求することになる。しかし、そうした「二兎を追う」余力が日本の経済・財政にあるとは思えない。重点は後者の「経営安定」にあるのであり、そこにもてる限りのリソースを投入して、農政を抜本的に組み換えるべきである。余計な「構造改革」など、もはや必要ない。

注
1) 作山巧『日本のTPP交渉参加の真実』文眞堂、2015年、9頁。
2) 内閣官房TPP政府対策本部「TPPにおける関税交渉の結果」2015年10月20日

（2頁）による。「自由化率」は10年以内（＝発効11年目まで）の関税撤廃をあらわす数値であり、上記資料掲載の「即時撤廃」51.3％と「2〜11年目まで撤廃」27.5％を足し合わせるとこの数値になる。TPP は「関税撤廃率」をベースに数値を整理しているが、10年を超えて関税撤廃するものも含めて「自由化扱い」とするよう、共通のルールを設定したと思われる。

3） 日豪 EPA の自由化率は、2014年8月5日開催の関税・外国為替等審議会関税分科会資料「経済上の連携に関する日本国とオーストラリアとの間の協定の概要」（5頁）、関税撤廃率は、前出「TPP における関税交渉の結果」（1頁）による。なお、日豪 EPA の農林水産品の自由化率・関税撤廃率は不明である。

4） 日豪 EPA と TPP における砂糖の譲歩内容の比較については、拙稿「増産・増反機運に逆行する TPP 大筋合意——ビートを中心に——」『農村と都市をむすぶ』2016年2月号、30〜31頁を参照されたい。乳製品のうちチーズについて補足しておけば、日豪 EPA ではいわゆる「抱合せ無税」の仕組みを維持し、ナチュラルチーズのうち「プロセスチーズ原料用」では国産：輸入＝1：2.5を1：3.5に引き上げる特別枠（最終年2万トン）を設けた。同様に「シュレッドチーズ原料用」でも5,000トン（最終年）の特別枠を設けている。これに対して TPP は、プロセスチーズ原料用の抱合せ比率は変えなかったものの、主要原料であるゴーダ・チェダーを16年目に関税撤廃することとしており（関税率29.8％）、段階的引き下げの過程で「抱合せ」は意味を失うだろう。また、シュレッドチーズ原料用の抱合せ比率は同様に1：3.5に引き上げているものの（数量設定なし）、シュレッドチーズを16年目に関税撤廃することとしており（関税率22.4％）、これも機能するかどうかは疑問である。

5） この決議を行ったのは、自民党農林関係合同会議（農林部会・農林水産戦略調査会・農林水産貿易対策委員会）と「TPP 交渉における国益を守り抜く会」（議連）である。

6） 農林水産品の関税撤廃の全体像については、拙稿「TPP の関税撤廃構造——農林水産品を中心に——」『農業と経済』2016年3月号、を参照されたい。

7） 2014年10月1日開催の関税・外国為替等審議会関税分科会資料「日豪経済連携協定発効に伴う法令整備（企画部会取りまとめ）」（2頁）による。

8） 前掲「日豪経済連携協定発効に伴う法令整備（企画部会取りまとめ）」（7-8頁）による。

9） 実は、こうした発動基準（数量）の設定の仕方は、米韓 FTA とまったく同じである（韓国側）。品川優『FTA 戦略下の韓国農業』筑波書房、2014年、106頁。

10） 農林水産省「農林水産物　品目別参考資料」2015年11月（62頁）による。

11) 農林水産省畜産部サイト掲載「牛肉等関税収入と肉用子牛等対策費について」による。
12) 内閣官房 TPP 政府対策本部サイト掲載「関税収入減少額及び関税支払減少額の試算について」による。
13) このような財源の喪失に対して、政府の対応は「必要な予算を確保する」という回答に尽きる。日豪 EPA の Q & A では「畜産関連の対策のための予算については、これまでも牛肉等関税財源のほか、一般の財源も活用してきたところであり、今後とも必要な予算を確保していく考えです」との回答を掲載し、「TPP 対策大綱」は「農林水産分野の対策の財源については、TPP 協定が発効し関税削減プロセスが実施されていく中で将来的に麦のマークアップや牛肉の関税が減少することにも鑑み、既存の農林水産予算に支障を来さないよう政府全体で責任を持って毎年の予算編成過程で確保するものとする」と明記した（10頁）。この中でも、牛肉関税の減収は特記されている。
14) 豚マルキンでは国庫負担率の引き上げも行われる。現在は生産者：国＝1：1であるが、牛マルキンと同じ1：3に引き上げられる。
15) 法制化は畜安法（畜産物の価格安定等に関する法律）の改正として行われる見通しであり、糖価調整法の改正と並んで「TPP 関連法案」のひとつにカウントされている。

第Ⅱ部

農業構造(農地)政策と集落営農の展開

第1章　農地政策の変遷と農村社会

髙 木　賢

1．はじめに

　農地政策の根幹を定めているのは、農地法とこれに関連する若干の法律である。本章は、農地法と関連法律の制定・改正の経緯と内容の概略を述べるとともに、農地改革以後各農家の農地所有が農村社会の基盤の一つとなっていたのではないかという視点のもとに、それらの法律制定・改正の経緯と農地所有・農村社会との間のかかわり・せめぎ合いについての流れを概観するものである。

2．農地法制定の意義とその骨格

　農地法は、昭和27年、戦後間もなく実施された農地改革の成果を連合国の占領終結後も恒久的に維持していくことを目的として、制定されたものと理解される。一方、農地に関する法制度という面からみると、農地法は、戦前から戦後にかけてその都度の必要から制定されてきた諸法律を集大成し、体系化したものであった。
　制定当時の農地法の骨格となっていた考え方は、耕作という労働に従事している者が農地の所有者であるべきである、という一般に「自作農主義」と言われる理念であった。その理念は、端的に第1条の法の目的規定に表現された。「農地は、その耕作をする者が所有することを最も適当であると認めて」とい

うのがそれである。これは、逆に、耕作に従事しない者には農地の所有を認めないということであり、再び地主が発生することを防止しようとするものであった。具体的には、農地の農業的利用のための権利移動につき許可制を導入し、耕作を行う保証のない者には権利取得を認めないこととする、という仕組みを採用したのであった。残存した小作地については、耕作権の保護措置として、賃貸借契約の法定更新、解約の制限などの規定が設けられた。

また、目的規定には明示されていなかったが、優良農地の確保のため、農地を農地以外の目的に転用する場合について、許可制を導入し、優良農地がみだりに転用されないようにした。

爾来60年余、農地法は、その時々の政策的要請に対応しつつ、改正されてきた。しかし、一貫して変わっていないのは、我が国の農地を合理的理由のない潰廃から守るとともに、農地の権利を取得できる者を真に農地を利用すると認められる者に限定してきたことであった。その規制の根拠は、一般的にいって農地という土地については、商工業など他産業に利用した場合に比べて農業的に利用した場合のほうが収益性が低いという事実がある一方、食料の生産基盤という人間の生存にかかわる重要な意義を有しているため、農地の他用途転用を抑制するとともに、農地の権利を有する者には実際に農業に従事して農業生産の実を上げてもらわなければならないというところにある。農地については、特別なものとして一般の土地とは別扱いをせざるを得ないのである。加えて、我が国は、人口に比べて賦存する農地の量がきわめて少ないという、世界でも数少ない国の一つである。このように考えれば、農地について特別の規制を課する農地法というものは、その内容に変化が避けられないとしても、農業の経済的地位が変わらない限り、恒久的存在意義を有するものであることがわかる。

2.1. 農地改革と農村社会

農地改革は、不在村地主を全く認めず、在村地主には1町歩に限って小作地の所有を認めただけだった。これによって、小作地は、昭和20年の46%から昭和25年には10%となり、地主という存在はほぼ消滅した。反面、昭和20年に

31％であった自作農は昭和25年には62％に、20％であった自小作農は26％になり、大部分が自作主体の農家となった。逆に小作農は、28％から5％に減少した。そして、経営耕地規模は、75％が1町歩以下の農家となった（以上の数値は「農業センサス」による）。これにより、農村社会は、自作地の所有を基本とした小規模で均質な農家で構成されるようになった。農地の所有権の取得ということは、単に法律上の権利の取得ということにとどまらず、農村における社会的「地位」を獲得したもので、その意義は極めて大きい。戦後の農村社会の原型ともいうべきものができ上がったと言えよう。

　農地法は、制定当初そのような農村社会を維持する機能を有していたものと考えられる。

3．農地法改正と関連法の制定に関する主要な流れ

　農地法制定後数年間は、まさに制定目的に沿った運用が行われてきたが、やがて我が国経済社会の発展の中で、制定当初の厳格な法律構成とその運用は、改正されざるを得ない状況が生ずるに至った。昭和37年以降、50年余にわたってさまざまな改正と関連法律の制定・改正が行われてきたが、大きな流れとしては、三つのものがあったと考えられる。

　第1の流れは、経営規模拡大を志向する農業者に対して、農地の権利移動を容易にする措置の拡充強化の流れである。

　昭和30年代から始まった高度経済成長は、農業の世界にも変革を迫ってきた。すなわち、他産業部門の生産性が向上するにつれ、農業部門に対しても生産性向上と農業経営の強化の要請が強まり、昭和36年に制定された農業基本法においては、自立経営の育成＝農業経営の規模拡大＝農業構造の改善の路線が打ち出された。しかし、農地の権利移動特に所有権の移動は、土地価格高騰の影響を受けて農地価格が上昇したことが主因となって、北海道以外には進展しなかった。

　そこで、借地による規模拡大にも途を拓くべきという意見が強まり、昭和45

年、農地法が経営規模の拡大の妨害にならないよう、ひいては経営規模の拡大に資するよう、農地の権利取得の上限の撤廃、賃貸借終了の容易化措置などの改正が行われたのである。なお、農地法改正に至るまでの前史として、農地の権利移動の方向付けを業務とする農地管理事業団法案の国会提出・廃案の動きがあった。

また、昭和50年からは農用地利用増進事業など農地の権利移動に関する特別の誘導措置が講じられるようになったが、それらの措置は農地法以外の法律において、許可不要など農地法の適用除外を規定するというやり方で進められ、これが農地の権利移動の主流となった。これらのことについては、4および5で詳述する。

第2の流れは、法人特に株式会社に農地の権利取得を認めるという流れである。

農地法自体には法人による農地の権利取得を禁じる規定はなかったが、耕作をする者が農地の所有者であるべきであるという農地法の理念からすれば、法人自身としては「耕作」という物理的労働を行うことができないので、農地の権利取得は認められないというのが制定時の自然な解釈であった。しかし、農業経営を法人形態で行う者が出現するに至り、それに税金問題も絡んで、法人による権利取得を、「農業生産法人」という厳格な要件に該当する法人に限って認めたのが昭和37年の改正であった。以後、農業生産法人に関する要件の緩和がその時々の現実実態と要望を踏まえて累次行われるに至る。

さらには平成に入って、株式会社に農地の権利取得を認めるべきとの論議が強くなり、最初は農業生産法人の一形態として、次いで株式会社一般について逐次農地の権利取得の範囲が拡大していくのであるが、これらのことについては、6以下で詳述する。

そして、第3の流れが、農地の確保措置の改正に関する流れである。

農地のスプロール的潰廃や混住化の流れに対処するため、昭和44年、農業振興地域の整備に関する法律（略称「農振法」。以下同じ）が成立し、市町村長が農用地区域を設定して（いわゆる線引き）、農用地区域内の農地は転用を認

めないこととして、集団的優良農地の確保を図った。

　その後地方分権の流れの中で、農地転用許可権限の委譲も俎上に上り、平成12年、4ヘクタールまでの農地転用許可権限は都道府県知事に委譲された（2～4ヘクタールは農林水産大臣との協議が必要）。また、これに伴い、それまで事務次官通達で示されていた農地転用許可基準が農地法上明定された。

　一方、平成21年、農地の確保の要請の強まりを受けて、これまで許可除外とされてきた都道府県等の行う農地転用について都道府県農地転用許可担当部局との協議制が導入されるなど農地転用抑制措置が強化された。

　しかし、農地転用許可権限の委譲は、平成27年地方分権一括法による農地法改正においてさらに進み、許可権限はすべて委任（ただし、4ヘクタール以上は農林水産大臣との協議が必要）されるに至った。

4．昭和45年までの農地法の改正等

　農地法は、農地改革の成果の定着ということに主眼を置き、併せて残存した小作地に対する小作人の強い耕作権保護を規定していた。しかし、昭和36年の農業基本法の制定以来、自立経営をめざした経営規模の拡大や協業の助長などの政策が推進されるにしたがって、農地法がその障害になっているという意識が顕在化し、望ましい農業者によって農地の利用が行われるような権利移動を促進するための法改正が幾たびか企てられてきた。しかし、地主制復活阻止や小農切捨て反対を標榜する団体や政党の運動も根強く、簡単には成立しなかった。当時は農業経営や農村社会のあり方をめぐって、かなり大きな対立軸があったと言えよう。

4.1. 昭和37年の農地法改正

　農業経営主体として法人形態も認めよ、という声に応え、また、昭和36年に制定された農業基本法において協業の助長が規定されたことをも受けて、昭和37年、限定的ではあるが、法人が農地の権利主体として認められるに至った。

農地の権利主体として認めてよい法人として、「農業生産法人」という範疇を定立し、その農業生産法人の要件として、株式会社以外の会社で自然人たる「耕作者」に近い厳格な形を備えるものを定めたのであった。すなわち、法人の構成員資格を有する者について、農地を提供した個人と法人の事業に常時従事する者に限定した。また、構成員のうち常時従事者である者が議決権の過半数を保持することも要件とされた。さらに、経営面積の過半が構成員の提供した農地であること、労働力の過半が構成員の労働力であることも要件とされた。

法人について、「耕作者」たり得ることを認めたことは、法人に農地所有者としての途を拓くことになり、戦後の農地制度史において一つのエポックを画することとなった。

また、地主の発生防止という観点から、農地の権利取得につき、北海道12ヘクタール、都府県3ヘクタールという上限が設けられていたが、自家労力による場合には上限を超えてもよいこととした。

4.2. 農地管理事業団法案の国会提出と廃案

農地改革後、農村社会は静止していたわけではなく、その後経営規模を拡大する農家と縮小する農家など農家の間で、農地の売買はある程度行われていた。農地管理事業団の構想は、そのような農地の売買実績を踏まえ、「農地の権利移動の方向付け」をするため、農地管理事業団が農地売買に関する優先的協議権の下に、農地を買い入れ、その農地を規模拡大を志向する農業者に売り渡すというもので、農地管理事業団法案が昭和40年国会に提出された。衆議院は通過したものの参議院で審議未了、廃案になり、昭和41年、同法案は再び国会に提出されたが、前年と同様廃案になった。

廃案になったのは、同法案に対する反対が強かったためであるが、その主たる理由は、公的介入による選別政策が小農切捨てに繋がるというものであった。小農切捨て論は、そもそも農業構造の改善をうたった農業基本法の制定の頃から強かった。農業基本法は、賛成多数で成立したが、構造政策に対する反対論は、根強く存在していたのであった。経営規模の拡大をする者がいれば、その

反面として縮小する者がいることになるが、その者に対して別の生活の方途が用意されていなければ抵抗にあうのは必至であった。高度経済成長が始まり、兼業機会は拡大していったが、兼業の方がまだ十分安定的な状態ではなかったことの現れでもあろう。また、そもそも農地所有が、農業だけでなく、農村で生活を続けていく上での基盤ともいうべき資産であるという意識が根底にあったとみるべきであろう。農業構造の変化において、挙家離村型の離農が進み、離農跡地が残った者の規模拡大へと進んだ北海道と、兼業は進行しても農地は保有し続けた都府県とは異なるタイプの進展を示したが、共通していることは、離村しないままに農地を手放すという選択はとられなかったということである。都府県において農地の所有権移動を促進することは、農地価格の面からも農地の所有者の在村意識の上からも難しい課題であったと考えられる。

4.3. 昭和44年の「農振法」の制定

昭和43年、農業振興地域の整備に関する法律案が国会に提出された。地価が相対的に低いことによる農地のスプロール的潰廃から農地を守り、また、農村社会のいわゆる混住化に対応するため、農業振興地域を指定し、農業振興地域整備計画を作成することを内容とするものであった。農業振興地域整備計画は、市町村が策定し、その中に農用地区域を設定して（いわゆる線引き）、集団的優良農用地を確保するというのが最大の眼目であった。農用地区域内の農地は、転用を認めないこととし、農地法との整合性が図られた。農振法は、農業側ないし農地の所有者の側から積極的に農村地域の土地利用計画を提示する仕組みでもあったことが特筆される。

農振法は、同時期に提出された農地法改正案に先立ち、昭和44年に成立した。

4.4. 昭和45年の農地法の改正

農地管理事業団法案が廃案になった後、昭和42年、農林省で省議決定された「構造政策の基本方針」において、農地法自体を改正するということが決定された。その内容は、北海道などの一部の地域を除き、高度経済成長に伴う農地

価格の高騰によって、農地を買い入れて規模拡大するということが困難になってきたことを踏まえ、借地による規模拡大ということを追求したものであった。昭和43年、農地法改正案が国会提出されたが、成立したのは2年後の昭和45年になってからであった。その主な改正内容は、次のとおりであった。
① 目的規定に、「土地の農業上の効率的な利用を図るため」を追加した。
農地法の目的が自作農をつくるだけでなく、借地による農地の有効利用を許容するものであることを明確にしたものであった。
② 農地の権利取得の上限を撤廃した。
規模拡大を制限しないようにしたものである。
③ 書面に基づく合意による解約および10年以上の期間の賃貸借の期間満了による賃貸借終了については、都道府県知事の許可を不要とした。
農地の所有者が貸しやすいよう、許可不要の範囲を広げたものである。
④ 統制小作料制度の廃止、標準小作料制度の新設
当事者が自由に契約内容を決められるようにし、農地の所有者が貸しやすい条件づくりをしたものである。
⑤ 農地保有合理化法人制度の新設（昭和44年国会に再提出したときに追加された）
経営規模拡大の支援措置として、都道府県等が農地の買入れ、売渡しを行う農地保有合理化法人を設立できるものとした。
⑥ 農業生産法人制度の改正
農業生産法人の要件は厳格すぎるということで、構成員のうち常時従事者である者が議決権の過半数を保持すること、経営面積の過半が構成員が提供した農地であること、労働力の過半が構成員の労働力であること、という要件のすべてが廃止された。代わりに、業務執行役員に関する要件が設けられ、業務執行役員の過半数は、農地を提供し、かつ、法人の業務に常時従事する構成員で農作業に従事する者でなければならないこととされた。つまり、構成員というレベルではなく、役員＝経営者というレベルで実質的に法人が「耕作者」であることを担保しようとしたものであった。

農地法の改正は、昭和45年、最初に提出してから4国会目になってようやく実現したが、それだけ反対論が強かったということであった。従来からの小農切捨て論に加え、自作農主義を放棄するのではないか、地主制の復活に繋がるのではないか、との論議が行われた。農村社会では農地改革以来の各農家の農地所有を保持しようとする意識がかなり強かったと言えよう。

5．農地法を適用除外とする制度を設ける関係法律の登場

　前記の農地法改正によっても農地の貸借は必ずしも進まなかった。兼業化が進展し、農業への依存度が小さくなっている農家は徐々に増加していたが、農地の所有者という立場から見ると、農地を一旦貸すと、農地法の耕作権保護の下ではなかなか返してもらえない、返してもらうには離作料の支払いを余儀なくされるという不安があり、貸付に踏み切れなかったからである。そこでその不安を払拭すべく登場したのが、農地法が適用されない「農用地利用増進事業」の仕組みであった。

5.1.「農用地利用増進事業」の発足（昭和50年の「農振法」の改正）

　農用地利用増進事業という名称がつけられているが、その実質は、利用権設定契約の集合と評すべきもので、市町村がたくさんの契約案を集合的に取りまとめ、農用地利用増進計画として公示することによって利用権設定の効力が発生するという仕組みである。そのポイントは、事業は市町村が行うこと、事業により設定された利用権は契約期間の終了により当然に消滅することにある。宅地の定期賃貸借の仕組みを先取りしたものであった。この事業による借地の場合は、農地法は適用されないこととされた。農地法の適用除外を規定するものであることから、この事業制度は農振法に規定されたのである。市町村が介入し、地域の合意をもとに農地の利用権設定を行い、期間終了とともに返還されるというこの制度は、農地の所有者の意識と農村社会の実態を考慮し、これを制度の中に取り込むという画期的なもので、その導入によって農地の貸借は

かなり進むようになった。

5.2. 昭和55年の農用地利用増進法の制定

「農用地利用増進事業」は農地所有者の地位を確保したまま賃借を進めるものとして農村社会の現場にヒットし、農地の貸借による権利移動、いわゆる農地の流動化方策の主流になった。さらに昭和55年には、農振法から農用地利用増進事業を抜き出し、これを拡充発展させた内容で農用地利用増進法という単独法が制定されるに至った。同法には、農用地に関する権利者の団体によって農用地の有効利用を促進する仕組みの導入や、作業受委託や所有権の移転を事業内容に含めることなど拡充された事業内容が規定された。

この背景となった考え方としては、昭和55年、農政審議会から答申された「80年代の農政の基本方向」において、構造政策の方針として、「地域ぐるみの対応」という考え方が提示されていたことが注目される。すなわち、「構造政策の推進に当たっては、中核農家（筆者注：農業基本法の自立経営に代わって農業の担い手として期待される農家を政策対象として捉えた、その当時の概念）が自ら技術や経営力を高め、規模拡大、資本装備の拡充等を進めることにより、地域農業振興の主役になることが基本である。しかし、分散零細な農地所有という条件の下で、農地の有効利用を図り、農業構造の改善を進めるためには、地域ぐるみの対応が必要である。（中略）地域ぐるみの対応の中で、高齢者農家や第二種兼業農家の保有する農地の有効利用が図られ、地域全体としての農業生産力が向上するとともに、中核農家の経営規模拡大を進める気運が次第に醸成されることになる」と記述された。兼業農家などを敵視するのではなく、農村社会の構成員として認めた上で、徐々に中核農家に農地利用をゆだねていくというビジョンが明確にされ、「所有」を前提とした上でその貸付け等を促進していくという考え方が明確にされたのである。

また、同時に農地法が改正され、農業生産法人の要件が緩和された。業務執行役員の過半数は、農地を提供し、かつ、法人の業務に常時従事する構成員で農作業に従事する者でなければならない、という要件のうち、農地を提供する

という要件が削除され、業務執行役員の過半数は法人の業務に常時従事する構成員で農作業に従事する者でなければならないことに改められた。農地の出資より耕作労働への従事を耕作者の要件として重視したものと言えよう。

6．農業の担い手に方向を定めた農地の利用の集積

　農用地利用増進法制定から10年余を経て、農用地利用増進事業は農村の現場に定着した。しかし、平成に入ってから新規学卒就農者が2,000人以下に激減し、魅力のある農業経営の育成ということが喫緊の政策課題として浮上してきた。ほかに国際化、内に担い手問題に対処するため、平成4年、農林水産省は、「新しい食料・農業・農村政策の方向（通称「新政策」)」を取りまとめた。

6.1．平成5年の「農業経営基盤強化促進法」の制定等

　「新政策」においては、担い手対策として注目すべき方針が盛り込まれていた。それはプロの農業経営を育てるため、経営改善につき意欲のある農業者を市町村が認定し、その認定農業者に長期低利融資、農地の利用権の集積などの政策支援を集中するという方針である。これは、これまでの農地だけに着目した流動化政策から、担い手たるべき者を明確にするとともに、その者に方向を定めて農地の権利の移動を図るというもので、人と農地の結合を明確に制度化しようとした画期的な考えであった。この方針を受けて制定されたのが、平成5年の農業経営基盤強化促進法である。

　この法案作成の前段階として、農政審議会に小委員会が設けられ、所要の検討が行われた。小委員会の取りまとめにおいては、「農業構造・経営改善の目標の明確化と農地流動化の促進」という項目が立てられ、その中で「経営感覚に優れた効率的・安定的な経営体の育成とこれらの経営体が地域の農業生産の太宗を担うような農業構造を確立していくため、地域における農業経営及び農業構造の目標を明確化する仕組みを導入する」こと、そして「集落段階での農家等の話し合いによる合意形成を通じて、育成すべき経営体への農地利用集積

の方策を策定し、農用地利用増進事業により、これら経営体に農地の集中を図る」ことが明記された。育成すべき経営体への農地利用集積の方策を集落段階での農家等の話し合いによる合意形成を通じて行うという考え方が示されていたのであった。農地の「所有」ではなく地域の合意をもとに「利用」を集積していくという、昭和55年の「80年代の農政の基本方向」の考え方は引き継がれていた。

　この認定農業者制度については、一部に選別政策であると批判する向きがあったが、我が国全体としても、各地域においても、農業の担い手の減少・劣弱化は覆いがたいものがあった。そういう中で、何としても地域農業の担い手を育成確保しなければならないという農業存亡の危機感から発した政策であったため、かつてのような抵抗感はなく、比較的スムーズに法律は成立した。この認定農業者制度は、地域農業の中核的担い手の育成策として農村社会に定着し、20余年後の現在、全国で20万人以上の認定農業者が存在するに至っている。

　「新政策」においては、もう一つの担い手対策として、法人化の推進がうたわれた。国際化の進展等により農業経営をめぐる環境が厳しくなっていく状況の下で、経営合理化のための経営の選択肢の一つとして法人化が提起されたのであった。株式会社一般に農地取得を認めるべきとの論は不適当とされ、農業生産法人の一形態としての株式会社については、さらに検討することとされた。

　同時に農地法の改正が行われ、農業生産法人制度について、法人化を容易にし、支援体制を強化する等の観点からの改正が行われた。

① 構成員資格者の範囲の拡大

　　農業者以外に、農地保有合理化法人、農業協同組合、「法人から物資の提供又は役務の提供を受ける個人」、「法人の事業の円滑化に寄与する者についても、構成員資格が認められた。ただし、これらの者の有する議決権については、個々の者については総議決権数の十分の一以下、これらの者の合計で総議決権数の四分の一以下という制限が課せられた。

　　農業生産法人の支援者の参加の途を開いたものである。

② 事業範囲の拡大

農業生産法人の生産した農畜産物を原料とする製造加工の事業が追加された。

法人事業の多角化の進展という現実実態が考慮されたものである。

7．株式会社の農地の権利取得の容認

7.1．平成12年の農地法改正

　株式会社の農地の権利取得の要望はさらに強くなっていった。特に、平成11年の食料・農業・農村基本法の制定の前段階として「食料・農業・農村基本問題調査会」が設置されたが、そこでは株式会社による農地の権利の取得の是非をめぐって激論が戦わされた。論議の結果として採用されたのは、株式会社のうち株式譲渡制限のあるものだけを農業生産法人として認めるということであった。基本法においては、政策の方向だけを規定する法律なので、「農業経営の法人化を推進するために必要な施策を講ずるものとする」という抽象的な規定がおかれただけであったが、平成12年の農地法の改正により、その点を含めて農業生産法人に関する要件緩和が行われた。

① 法人形態の拡大

　株式会社のうち株式譲渡制限のあるものが農業生産法人の法人形態の一つとして認められた。

② 事業範囲の拡大

　農業の関連産業を農業に含めた上で、農業が法人の主とする事業であれば足りることとされた。

　法人の事業の更なる多角化に対応したものであった。

③ 構成員資格者の範囲の拡大

　地方公共団体、「法人に物資の提供又は役務の提供をする者」が追加された。また、「法人から物資の提供又は役務の提供を受ける個人」が「法人から物資の提供又は役務の提供を受ける者」に改められ、法人も含まれ

ることとなった。
④　業務執行役員の要件改正
　　業務執行役員の要件について、関連産業を含め農業に常時従事する構成員が役員の過半数を占めること、そしてその中の過半数は農作業に60日以上従事する者であること、に改められた。

7.2. 構造改革特区制度および農業経営基盤強化促進法における株式会社による利用権取得の容認

　前記7.1のような改正が行われたにもかかわらず、農業生産法人としてではなく株式会社一般に農地の権利取得を認めるべしとの論は、規制緩和論者などを中心に主張され論議は続いていた。背景には、依然として続いていた農業への新規参入者の不足、耕作放棄地の増加などがあった。この背景のもとに、株式会社の新規参入と権利取得という新たな問題が提起されたのである。農村社会とは異質なものとして当初は例外的な参入として位置付けられた。すなわち、平成15年、規制緩和策の一環として「構造改革特区」制度が導入されたが、「構造改革特区」においてのみ、農業生産法人の要件を満たさなくても、一定の条件の下で、株式会社一般に農地の利用権の取得が認められる途が開かれたのであった。その一定の条件は以下のとおりであった。
①　株式会社が取得できる利用権を提供する相手方は、市町村又は農地保有合理化法人に限定されること。農地の所有者から直接借りるのではなく、市町村又は農地保有合理化法人からの転借によることになる。
②　株式会社が利用権を取得できる地域は、耕作放棄地や耕作放棄地になりそうな農地が相当程度存在する地域に限られること。
③　株式会社は、契約当事者である市町村又は農地保有合理化法人と「事業の適正かつ円滑な実施を確保するための協定」を締結すべきこと。
④　株式会社の業務執行役員のうち１人以上の者が耕作又は養畜の事業に常時従事すべきこと。
　株式会社一般の権利取得については、さらに平成17年の農業経営基盤強化促

進法の改正において、「特定法人貸付事業」として、利用権取得の条件を前記の特区制度における4条件と全く同一としつつ、構造改革特区のみに認められた農地の利用権取得が、全国的に認められることになったのであった。

　株式会社の農業参入の当否の問題は、農地政策と農村社会との間の緊張関係をもたらした。前記の特定法人貸付事業において貸付者を市町村や農地保有合理化法人に限り、かつ、協定を締結させるようにしたことは、これら貸付者をコントロール力のある者とすることによって、農村社会の側の不安に対処したものと評価できる。しかし、株式会社の側からは権利取得の対象地域が耕作放棄地の多い地域に限られるなど限定と縛りがきつすぎるという不満が表明され、容易に参入できるようにすべしとの意向が強くなっていった。

7.3. 株式会社に対する農地の所有者からの直接の利用権設定の容認（平成21年の農地法の改正）

　平成21年の農地法改正において最大の改正事項は、株式会社であっても、農地を利用しないときは解約する旨を定めた利用権設定契約を締結した場合には、全国いかなる地域においても、農地の所有者から直接借り入れることができることとしたことである。利用権取得の根拠規定も農地法という一般法の中に置かれた（農業経営基盤強化促進法の従来条文は削除）。つまり、農地法第3条の農業的利用を前提としての権利移動の許可を受けるという枠組みの中で株式会社の権利取得を容認するという措置であった。その中で、許可要件として、国会での修正の結果ではあったが、「権利を取得しようとする者が地域の農業における他の農業者との適切な役割分担の下に継続的かつ安定的に農業経営を行うと見込まれること」が加えられたことの意義は大きい。また、所有者が契約の解除を行わない場合には、農業委員会が許可の取り消しをすることができることも規定された。

　平成21年の農地法改正は、前記のほか、「所有」より「利用」を重視するという考え方に転換し、農地改革当時の自作農主義の考え方から脱却したもので、農地政策のエポックを画するものであった。また、利用重視の考えから、改正

内容も広範囲にわたったが、主な改正事項は次のとおりである。
① 目的規定の改正

　従来規定されていた「農地は耕作者みずからが所有することを最も適当であると認めて」という農地改革の考え方に基づく規定を削除した。これに代えて、「農地を農地以外のものにすることを規制する」ことと、「農地を効率的に利用する耕作者による権利取得を促進し、及び農地の利用関係を調整し、並びに農地の農業上の利用を確保するための措置を講ずる」ことが規定された。

　「所有」よりも「利用」が第一という考え方が貫徹されたものである。
② 農地利用の責務

　農地の権利者は、農地の農業上の利用を確保しなければならない旨の規定が新設された。

　利用第一という考え方を明確に打ち出されたものである。
③ 遊休農地に対する利用促進措置の強化

　農業委員会が、遊休農地である旨の所有者に対する通知、その利用についての勧告、遊休農地の権利移転について都道府県知事と協議すべき旨の通知などを行うことができることと、都道府県知事による利用権設定の裁定が規定された。

　遊休農地の利用促進に関し、法制度面からのアプローチ方法が規定されたものである。
④ 農地の権利取得の下限面積の設定地域等の変更

　農地の権利取得にあたっての下限面積50アール（北海道2ヘクタール）について、農業委員会は、市町村又はその一部において、それを下回る面積を定めることができることとされた。

　小規模な利用でも利用されないよりはよい、という考え方が現れたものである。定住者を確保したいという農村社会の側の要望に応えたものともいえよう。
⑤ 相続税納税猶予措置の改善

従来農地を貸すと打ち切りとなっていた相続税納税猶予措置について、農業経営基盤強化促進法による貸し付けを終身続ければ打ち切られないこととされた。

　利用第一ということであれば、所有者が利用する者に長期間貸すことも認められるということになったものであり、所有者と利用者の調和が図られたものと評価することができる。

⑥　農地利用集積円滑化事業の創設

　農地の分散利用の改善を図るため、市町村、JAなどが貸付けの相手を限定しないで所有者から貸付けの委任を受け、その農地を利用すればよりまとまった利用となる者に貸付けを行う事業が新設された。

　農地の面的な集積のため、貸付けの相手を特定しない形での農地の貸借を推進する方式として考案されたものである。

⑦　国、又は都道府県の行う病院、学校等の公共用の転用について、許可不要とされていたのが、許可権者である都道府県知事との協議が必要とされたこと。

　従来許可不要であったことから安易に転用に流れていたきらいのある公共転用に歯止めをかけたものである。

⑧　違反転用に対する罰則の強化

　改正前の300万円以下であった罰金を1億円以下に引き上げた。

　違反転用の抑止のためである。

⑨　農用地面積確保の目標達成措置の強化

　農林水産大臣の定める「農用地等の確保に関する基本方針」において、「確保すべき農用地等の面積の目標」および「都道府県において確保すべき農用地等の面積の目標の設定の基準に関する事項」を定めるべきこととされた。

　農地の確保について、各都道府県にも責任を分担してもらうためである。

⑩　農地の権利取得をしたことの届出

　農地の権利取得をした者（農地法の許可を受けた者を除く。要すれば、

相続によって権利者になった者）は、権利取得後遅滞なく、農業委員会に届け出なければならないこととされた。

　背景には、相続によって地域外に居住する者が所有する農地が増えているという農村社会の実態がある。しかもその農地の所有者は把握しにくくなっている。農業委員会が相続による権利移動の実態を把握できるようにするためにおかれた規定である。

8．平成25年の「農地中間管理機構事業の推進に関する法律」の制定

　平成21年の改正の結果、その後の5年間で利用権取得による株式会社の参入は大幅に増加した（平成26年12月末現在、5年間で810増えて1,060の株式会社が参入した。株式会社以外のNPO法人なども466増えて、652法人となった。農林水産省経営局調べ）。これらの株式会社などの参入についてトラブルの情報は少なく、おおむね平穏に事態が進んだものとみられる。

　しかし、平成25年には、競争力の強化策として、農業の担い手たる経営に8割の農地を集積することを政府としての目標とすることを決定し、担い手たる経営や新規参入者などへの農地集積の推進組織として「農地中間管理機構」の構想が急浮上した。

8.1．新たな権利移動のルートの新設

　「農地中間管理機構」は、かつての農地管理事業団構想に連なるものであるが、今回の農地中間管理機構は所有権の移転は対象とせず、所有者から転貸自由（所有者の意思とは無関係に転貸者を決定できる）という条件で農地を借り受け、中間管理し（必要に応じて土地改良し）、その農地を貸付希望者に貸し付けるというものである。農地制度内容の実体的改正ではないが、農地の権利移転のルートとして、都道府県知事の作成する「農用地利用配分計画」に基づき機構が配分を行う途を拓くものであった。この計画による権利移転については農地

法第 3 条による許可が不要とされた結果、市町村より高いレベルでの意思決定による権利移転のルートが新たにできたことになる。ただし、利用調整業務については市町村に委託されるから、地域調整が無視されて直ちに上からのルートによる調整が作動するというものではないが、機構は、「農用地利用配分計画」の決定、貸付け希望者の募集などについては他の者には委託できないと法定されているので、法制度上は作動し得る余地を残していると言えよう。

農地中間管理機構構想の最初のものは、平成25年 2 月に農林水産省によって示され、以下 4 月、8 月と具体化案が提示されてきたが、8 月下旬以降、官邸に設置された規制改革会議、産業競争力会議から修正要求、特に「人・農地プラン」という地域段階で作成されたプランに従った農地の貸借の否定と機構が借りた農地の滞留防止が強く出され、当初構想から大きく変容した内容のものとして法案は10月に国会に提出された。国会審議では揺り戻しが起こり、「人・農地プラン」の復活という法案修正が行われた。

8.2. 農地中間管理機構をめぐる諸問題

農地中間管理機構については、制度面からの批判、法案作成過程での官邸主導についての批判などさまざまな批判がある。特に制度面からの批判としては、「日本農業年報61第 3 章農地中間管理機構創設の意義と問題点——制度的見地からの検討——（原田純孝）」が詳細を極めているので、繰り返さない。

ここでは農村社会との関係で留意すべき点について述べておくこととする。

第 1 は、農地中間管理機構の本来事業を貸借に特化したことによって、農地の所有者を単なる地代収受者の地位に転換することを進めることにはなるが、所有者を必ずしも農村社会から排除するというものではない。この点は、従来からの路線は放棄されていないと考えられるが、貸付期間10年以上、貸付け相手の決定にかかわれないということであると、所有者にとってはその地位が相当程度脅かされ、所有権喪失に近いという意識を持たせることになろう。機構側が兼業農家敵視論的な機械的対応でなく、実態を考慮した柔軟な対応を示せないと機構の借受けが進まない可能性がある。機構の活動が始まってまだ日が

浅く、農村社会の対応の動向を注視していく必要がある。

　第2は、農地の借受希望者として、地域社会の外部からの株式会社などを地域の農業者と同等に公募に応じることを認めるものであるから、異質なものが新たなルートによって落下傘的に入ることによって既存の担い手や地域社会との摩擦が生ずる恐れがあることである。この点については、国会修正によって地元でつくる「人・農地プラン」をベースに運用することになり、既存の担い手に影響を及ぼさないようにする方針が明確にされたから、摩擦発生の可能性はかなり減ったとみられるが、制度上その余地が全くないわけではない。農村社会・地域による調整のための実力の発揮と機構側の柔軟な対応が一層重要になると考えられる。この点についても、農村社会の対応の動向を十分注視していく必要がある。

9．平成27年の「農業委員会等に関する法律」および農地法の改正

9.1.「農業委員会等に関する法律」の改正

　平成26年になると、農業協同組合法の改正とともに、農地制度の運用を担う農業委員会の組織の改正までが官邸主導で提起されるようになった。

　農地中間管理機構による新規参入促進措置だけでは不十分と考えられたのか、農地法などの運用組織である農業委員会系統組織のあり方にまで「改革」なるものの手が及んできたのであった。すなわち、その内容およびねらいと考えられることは、次のとおりである。

① 　農業委員の選出について、選挙による選出から議会の同意を必要とするものの市町村長の任命へと改めること。

　　地域の共同体的な運営となることを極力排除する趣旨とみられる。

② 　全国農業会議所及び都道府県農業会議について、農業委員会等に関する法律に設立根拠をおく法人から、民法を根拠とする公益法人に改めること。

　　農業委員会系統組織の法的地位を引き下げる趣旨とみられる。

③　農業委員の数を大幅に減らし、新たに農業委員会に、農地の有効利用、新規参入の促進等を業務とする「農地利用最適化推進委員」をおくこと。

　　「農地利用最適化推進委員」は、農地中間管理機構と連携すべきことが改正法では謳われており、その下部機構としての働きが期待されているものとみられる。

④　原則として農業委員の過半は認定農業者とすること。

　　認定農業者の社会的地位の向上・意見の反映は結構なことであるが、それがストレートに兼業農家敵視論的対応に繋がらないような運用が望まれる。

今回の改正は、農業委員会の行う業務についての改正に大きなものはないが、組織について、いわば縦の関係が強化されるとともに、農業委員の数が大幅に減少したことが注目される。改正法の運用上、市町村長の任命といっても恣意的にはできず地域などからの推薦を要することとされたが、全体的な流れは農業委員会の持つ共同体的性格の側面を弱くするものと評することができる。

「農業委員会等に関する法律」は、平成27年8月に成立し、平成28年4月から施行される。

9.2. 農地法の改正

同時期に農地法の改正も成立した。

「農業生産法人」の名称を「農地所有適格法人」に改めるとともに、その要件が次のとおり緩和された。

ア　農業者以外の者の有する議決権要件を2分の1未満まで認めることとされた。

イ　理事等の農作業従事要件について、法人の理事等または重要な使用人のうち1人以上が農作業に一定日数以上従事すればいいこととされた。

農業生産法人制度がギリギリのところまできたことがわかる。

9.3. 地方分権一括法による農地法の改正

平成27年7月、地方分権一括法による農地法改正において、農地転用許可権限の委譲はさらに進み、許可権限はすべて都道府県知事に委譲（ただし、4ヘクタール以上は国との協議が必要。一方、農林水産省大臣が指定する市町村長に対してさらに委譲できる）されるに至った。

10. おわりに

以上の8および9の流れを見ると、それまでの農地法制自体の改正から、農地の権利移動の方向性についてもある種の意識が強く働き始めてきたことが見てとれる。それは、株式会社を新規参入者の一つとして位置付け、それに対して法制上権利取得の道が開かれたというだけでは足りず、農地中間管理機構の公募のように、実際にも権利取得が容易になるような仕掛けが作られたということと、農地制度の運用にあたる農業委員会の組織についての改正が行われたということに現れている。

株式会社の新規参入は、前述のとおり平穏に進行していたのであり、改正するに足りる十分な理由があるか疑問なしとしないが、いずれにしても、株式会社という補助線を引かなければ理解しにくい改正の動きであったと言えよう。あらためて言うまでもなく、株式会社の農地取得に対する懸念は、経営が厳しくなったらすぐに撤退してしまうのではないか、地域農業や地域社会と不調和な営農方法やビヘイビアーをとるのではないか、というところにある。しかし、これまでの改正において、株式会社は権利取得の法律上の能力を得ただけで、実際に取得できるかどうかは現在の所有者の意思と地域の総意にかかっていると言ってよい。担い手不足基調の地域では、現実問題として、株式会社の農地取得問題に向き合わなくてはならないであろうが、肝心なことは、所有者が了解しなければ権利移動はないということであり、また各地域においては、地域農業との調和と連携の確保のため、地域側の主体的な対応方針のスクリーンを

ろ過させるようにすることである。

　現に株式会社が参入している地域は相当数あるので、そのような地域での株式会社の活動や地域調和の実態がどうなっているのか、つまり地域にとって多少異質な要素があってもそれを飲みこむことができたのかどうか、何らかの折り合いをつけることができたのかどうかなど、許可事務を行っている農業委員会系統組織において、きちんとした調査の上、報告が行われることが期待される。今日の農地政策と農村社会に関する問題の焦点はここにあるからだ。

　いずれにしても、農業は地域を離れては存在し得ないのであるから、農業に参入する以上、株式会社側においては農地の権利取得にあたって地域との調和と連携を前提とする必要があるし、地域側としては、地域農業との連携、地域活動への参加などの地域との調和と連携確保に関する事項について具体的な方針を定めておくことが重要である。

　地域農業をいかに発展させていくべきか、地域社会をいかに維持していくか、これが農地政策の基本的視点であり、原点はここでしかない。

【参考文献】

関谷俊作［2002］『日本の農地制度　新版』農政調査会。
梶井功［1999］『農業構造の変化と農地制度』全国農業会議所。
島本富夫［2003］『日本の農地──所有と制度の略史──』全国農業会議所。
中野和仁［1999］『その時々に』（自費出版）。
日本農業法学会［2015］「農地・農業委員会制度の改変と地域からの検証（農業法研究50）」。
原田純孝［2015］「農地中間管理機構創設の意義と問題点──制度的見地からの検討──」『日本農業年報　61』所載。
玉城　哲［1978］『むら社会と現代』毎日新聞社。
玉城　哲［1982］『日本の社会システム』農村漁村文化協会。

第2章　農地市場と農地集積のデザイン

中嶋　晋作

1．はじめに

　日本の農家の土地所有は、狭小な区画を分散して所有する、零細分散錯圃によって特徴づけられる。分散錯圃は機械利用を妨げ、効率的な生産を阻害する（川崎［2009］）。生産性の向上と農業生産力の維持強化のためにも、担い手に農地を集積する、人への集積と同時に、分散した区画を隣接したひとかたまりの団地に面的に集積する団地化が必要である。

　農業集積は、1961年の農業基本法制定以来、農業政策の中心的な課題であり続けている。しかし、課題の認識から半世紀近くが経とうとしているにも関わらず、農業構造に飛躍的な改善は見られない。『農林業センサス累年統計書』によれば、農家1戸当たりの平均経営耕地面積（総農家）は1960年の0.88ヘクタールから2010年は1.7ヘクタールに上昇しているものの、その零細性は依然として解消されていない。

　本章は、農地市場に関連する論点を整理し、農地集積のデザインおよび今後の研究の方向性を展望したい。

2. 農業経済学は農地市場をどのように捉えてきたのか？

2.1. 完全競争的な農地市場

農地市場の問題は、古くから研究されており相当の研究蓄積がある。では、農業経済学において、どのような農家行動や農地市場を想定しているのだろうか。

Deininger and Jin [2005] の定式化に従い、農家 i は、初期賦存として農地 $\bar{A}$ を所有し、さらに賦存労働量 $\bar{L}$ を農業 (l^a) または農外雇用 ($\bar{L}-l^a$) に振り分けるとする。農家は農業収入と、雇用を農外へ振り分けたことで得られる農外収入を得る。各農家の農業生産量は、通常の性質を満たす共通の生産関数 $f(l^a, A)$ に、個別の生産性 α を乗じたもので決まる。外生的に決まる農産物の販売価格、農外雇用賃金、単位面積当たり小作料を p、w、r とおくと、各農家の利潤最大化問題は、

$$\max_{l^a, A} p\alpha f(l^a, A) + w(\bar{L}-l^a) + r(\bar{A}-A) \tag{1}$$

で表される[1]。

各農家はそれぞれ (1) 式を最大化するよう、最適な農業労働投入 l_i^{a*} と経営規模 A_i^* を決定する。利潤最大化の1階条件は

$$p\alpha f_{l^a}(l^a, A) = w \tag{2}$$
$$p\alpha f_A(l^a, A) = r \tag{3}$$

で表される。こうして決まる適正経営規模 A_i^* と初期賦存の $\bar{A}_i$ との差が、各農家の農地需要（供給）量となる。これら個別農家の農地需要（供給）量を集計すると、その農地市場の総農地需要（供給）が得られる。この需給を均衡させる水準に r^* が決まる。これらを α や w で全微分することで、

$$\frac{\partial A}{\partial \alpha}=\frac{f_{Al'}f_{l'l'}-f_Af_{l'l'}}{\alpha\left[f_{AA}f_{l'l'}-(f_{Al'})^2\right]}>0、\qquad \frac{\partial A}{\partial w}=\frac{f_{Al'}}{p\alpha\left[(f_{Al'})^2-f_{l'l'}f_{AA}\right]}<0$$

が得られる。$\frac{\partial A}{\partial \alpha}>0$ から、生産性が上昇すると、彼らの適正経営規模 A^* も上昇する。これに合わせて、借り入れを増やすため、市場の総需要曲線が上方へシフトする。その結果、r^* も上昇する。生産性の低い農家は自作するよりも小作料を得たほうがより多くの収入が得られるようになるため、農地を貸し出す。したがって、生産性が低い農家から高い農家へ農地が集積する。また、$\frac{\partial A}{\partial w}<0$ という関係から、農外賃金が上がると機会費用が高まるので、最適経営規模が小さくなる、つまり農外で働き（兼業し）農地を貸し出すことを表している。この結果、当該農地市場では、農地の供給が増え、均衡小作料は下がる。

2.2. 現実の「農地市場」

　理論モデルの含意のひとつは、農地は生産性の低い農家から高い農家へと集積するということである。しかし、このような予想に反して、現実には農地集積は意図したほど進んでおらず、非効率的で赤字の零細経営が持続している。こうした現実を説明するように、日本の農業経済学界では理論からはやや離れた立場から、現場の詳細な観察に基づいてさまざまな論点が提示されてきた。ここでは、農地市場の捉え方に直接関連がある論点に限定して整理する。

2.2.1. 農地という財の特性

　具体的な論点に入る前に、農地市場という「市場」で取引される農地の財としての特性を踏まえておきたい。以下で議論するように、農地の財としての特殊性が、市場での効率的な取引を妨げる要因となり得るからである。

　第1に、農地は動かすことができない（場所的不動性）。第2に、等面積であっても集団化した農地のほうが利用効率が高い（集団化の経済）。第3に、特定の位置には農地がひとつしかないという意味において、唯一性を持つ。第4に、農地は（開墾を除いて）容易に増やすことができないため、供給が非弾

力的である。第5に、荒れた農地は病虫獣害を発生させて、近隣の農地に害を及ぼすため外部性を帯びている。また、移動ができないため、特定の位置を占有すると、他の農家はその区画との連坦が阻害される。第6に、村落社会において、農地は単なる生産要素ではなく、いえの社会的序列を規定する象徴財・政治財としての側面も持つ。つまり、農地はイエ規範（家名・家業・家産の継承）やムラ規範（農地を手放すことに対するstigmaや、部外者の参入に対する抵抗感）が大きく影響する財でもある。

2.2.2. 完全競争的な農地市場の市場観と現実の相異

理論モデルには、暗黙に少なくとも次の5つの仮定が置かれている。理論と現実の相異は、これらの仮定が現実には満たされないことから生じる。

第1は、「農家は利潤最大化に基づいて行動する」という仮定である。理論モデルでは、利潤の最大化を仮定しているが、現実には、農地はイエ規範、ムラ規範が大きく影響する財であり、「生産財としての農地」という側面だけでなく、家業・家産の継承や、耕作そのものから効用を得る「消費財としての農地」の側面があることから、必ずしも利潤最大化を目的として行動しているとは限らない。

第2は、「農地市場は競争的である」という仮定である。しかし、そもそも農地は場所的不動性により、取引範囲が地理的に制約される。したがって、農地市場は市場が薄く、必然的に農地の貸し手・借り手双方の寡占化する宿命を帯びている。さらに、近年の農家の高齢化・兼業化に伴い、借り手が少数の担い手しか存在しないような状況では、小作料が競争的に決まらず、そのことが供給を過少にさせる可能性がある。

第3は、「小作料は需給を均衡する水準に決まる」という仮定である。「基準モデル」では、小作料が農地取引の需給のアンバランスを裁定するように機能することを想定している。しかし、現実には、コストの積み上げ（土地残余方式）で決められた標準小作料（参考小作料）を参照点に、借り手と貸し手の相対交渉で小作料は決まっていた。標準小作料が需給均衡水準から乖離していれ

ば、当然、需給は均衡しないことになる。

　第4は、「農地を取り巻く制度的な歪みはない」という仮定である。「基準モデル」では、農地を取り巻く制度的な歪みはないと想定しているが、現実には、農地の転用規制の不完備に起因する転用期待、農地税制の問題（相続税の納税猶予制度など）がある（神門［1998］）。これらは、貸し手の留保需要を増加させることで、農地の供給を減らすことになり、農地集積の進展が遅れることになる。

　第5は「取引費用はない」という仮定である。現実には、農地の取引にあたって、条件に合う相手や農地を探す探索費用、農地条件を確認するための吟味費用、取引条件を取りまとめるための交渉費用、制度上の手続きにかかる時間やコスト（契約費用）など、さまざまな取引費用が生じる。

　以上の5点のほかにも、各種の価格政策、所得政策、生産調整等の政策が農家の行動や農地の需給に影響を与えて、農地集積を阻害する方向に働いたことが指摘されている。

3．農地集積のマーケットデザイン

3.1．なぜ区画交換で団地化ができないのか？

　取引費用の問題は、すでに先行研究（藤栄［2003］、高橋［2010］）でも取り上げられている。ここでは改めて、この問題が農地市場の特徴と市場取引の組み合わせから派生する、「農地市場」に特有の構造的な問題であること、そのため農地集積を農地市場に任せたとしても農地の面的集積（集団化）が進まない要因になっていることを指摘したい。

　まず、農地の2つの特性から、取引可能な範囲が極めて制約されてしまう。具体的には、第1に、土地は動かすことができないため、交換をしたいと思う相手が極めて限定されてしまうことである。次のような状況を考えよう。複数の区画が連坦している団地（母地）と、離れた区画（飛び地）を持つ農家がい

図 2-1　分散錯圃の例

	A	B	C	D	E	F	G	H
1	1	1			1	2	4	4
2	1	1	2				4	4
3	3	4					1	3
4								
5								
6		3				1		
7	2	2				4	3	3
8	2	2					3	3

注：セルは区画を、セル内の数値はその区画を所有する農家の番号を表す。各農家は四隅に母地があり、飛び地を母地に寄せることを希望している。

る。この農家は他の農家と区画を交換することで、飛び地を母地に寄せて連坦したいと考えている。しかし、交換によって飛び地を母地に寄せることが目的なので、この農家が区画の交換を希望する相手は、母地に隣接する区画を持つ農家に限られてしまうのである。例えば図1-1では、農家2は左下の母地に2区画の飛び地（C2とF1）を寄せようとするが、交換を持ちかけられる相手は農家3だけである。

第2に、「欲求の二重一致」が成立しづらいことである。自発的な交換が合意されるには、自分が相手の区画を欲しいと思っていると同時に、相手も自分の区画を欲しいと思っていなければならない。このように、交換の希望が双方で一致していることを「欲求の二重一致」という[2]。しかし、ただでさえ取引の候補者が少ないなかで、これが一致する状況は稀だろう。

場所的不動性から、取引対象となる農地が通作圏内に限定され、さらに集団化の経済を追求するために連坦を条件とするとなると、取引対象は既に耕作している区画に隣接する農地にさらに限定される。このように、市場が薄くなってしまうため、所定の費用（小作料）を払えば欲しいだけの供給が得られるという完全競争的な農地市場の想定からかけ離れてしまう。また、市場取引は、原則として、個人が個別かつ分権的に、自らの自発的な意志に基づいて行うこ

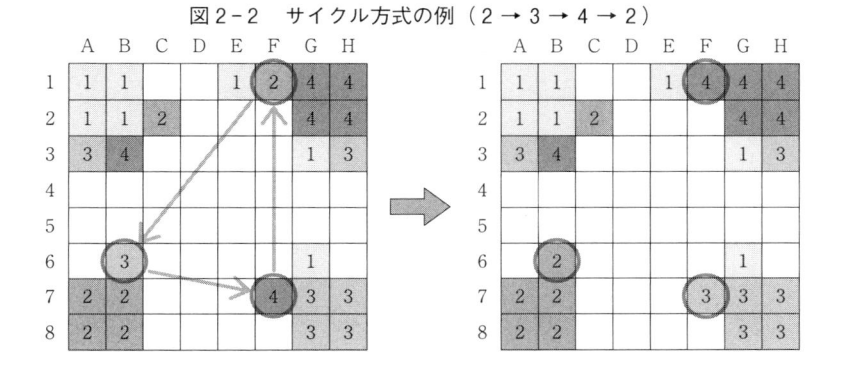

図2-2　サイクル方式の例（2→3→4→2）

とが想定されている。個別かつ分権的というのは、個人間で相談したり協調したりすることなく、価格のみをシグナルとして交換を決めるということである。以上の市場の薄さと個別・分権的な市場取引が組み合わさると、取引機会が極めて制約されることになる。

　以上より、農地市場のように「薄い」市場では、相対・分権的な市場取引を行ったとしても、十分な取引機会が作られず、効率的な資源配分が実現される可能性が低い。これは外部性や情報の非対称性とはやや次元の異なる「市場の失敗」ともいえ、農地市場は宿命的にこの問題を抱えるために、面的集積がレッセ・フェールでは進展しないと考えられる。

3.2. サイクル方式の提案

　では、より集団化率を高める方法はないのだろうか。ポイントは、「欲求の二重一致」の制約を緩めることである。個別・相対交換では、農家が1対1の相対で交換を行うため、「欲求の二重一致」が直接満たされる必要があった。例えば、図2-1の例では、農家2はどの農家とも二重一致が直接成立しないため、交換ができない。

（サイクル方式）

　しかし、多数の農家が同時に交換を行えば、「欲求の二重一致」が直接満た

されなくても、「交換のサイクル」を作ることで、交換が可能となる。図2-1の例では、農家2は農家3の区画B6を、農家3は農家4の区画F7を、農家4は農家2の区画F1を欲しいと思っている。各農家が欲しい区画の所有者を指差すと、というサイクルができている。このサイクルのなか、農家2と3の間でF1とB6を交換し、次に農家3と農家4の間でF1とF7を交換することで、それぞれ望む区画を得られる（図2-2）。一般的に、欲しい区画の所有者を指差した結果サイクルができれば、交換が可能である。これはShapley and Scarf［1974］によるTop Trading Cycle（TTC）と呼ばれるアルゴリズムで利用されているアイデアの援用である[3]。この方式の利点は、「欲求の二重一致」が直接満たされない相手とも、交換ができることである。ポイントは、多数の農家で交換のサイクルを作り、それを一斉交換することで、連坦する区画を他の農家から得られることが保証されることにある。このため、欲求が二重一致していない農家に対して区画を放出することに同意できるのである。

（サイクル方式のシミュレーション）

　有本・中嶋・富田［2014］では、サイクル方式の有効性をシミュレーションで確認している。サイクル方式を模倣するため、各農家が農協等の仲介者に、交換に出す飛び地と農地を団地化する母地を申告し、仲介者が集まった飛び地を新たな所有者に再配分することを考えた。具体的には、各農家が持ち寄った区画のなかから、先の例のように、複数の農家がそれぞれ1区画ずつ参加する交換のサイクルを作り、再配分を行うというステップを繰り返していくものである[4]。なお、交換のサイクルの作成と再配分の決定は、交換に出す飛び地と集団化する母地を最初に申告してもらえば、機械的に行うことができる。シミュレーションでは、個別・相対方式と同様に、無作為に生成した1万とおりの農地の配置パターンそれぞれに対して、農家の参加シナリオや交換のアルゴリズムの組み合わせを変え56とおりの交換を行い、パフォーマンスを比較した。

(サイクル方式のパフォーマンス)

　結果は、個別・相対の交換と同様に、交換への参加率に強く依存した。集落の農家の25％の参加では、集団化率はやはり１％弱である。50％が参加するシナリオではアルゴリズムによって９〜11％の集団化率となった。個別・相対交換の２倍以上の成果ではある。一方、100％の参加率では62％〜97％と、アルゴリズムによってはほぼ完全な集団化を達成できた。

　以上のシミュレーションの結果、サイクル方式は個別・相対の交換よりも飛躍的に集団化率を高めることがわかった。ただし、最終的なパフォーマンスは、交換に参加する農家の戸数に強く依存し、できるだけ多くの参加者を募ることが肝要であることは変わらない。

3.3. サイクル方式の交換をどのように実現するか？

　では、どのようにサイクル方式の交換を実行すればよいだろうか。サイクル方式の肝は、多数の農家が同時に交換を行うことであり、そのような一斉交換の機会を設ける必要がある。農業委員会や農協等の仲介機関が、一斉交換を呼びかけて参加者を募り、寄せられた飛び地を再配分していくという方法が考えられる。

　ただし、サイクル方式の交換を実現するためには、以下の課題を克服する必要がある。

　第１は、区画交換を円滑に行うため、面積、土質、形状、道路隣接状況など各区画の特徴を厳密に金銭評価し、区画の価値の等価性を担保することである。この調整のために、客観的で透明性のある土地評価と清算金制度の導入が必要となる。

　第２は、区画交換を定期的に行うとなると、同じ区画を耕作する期間が短くなるため、農地への投資のインセンティブが阻害されることである（有益費問題）。有益費の範囲や算定方法等について、有益費の償還を容易にする明確なルールづくりが必要であろう。

　第３は、サイクル方式の交換のような集団的な意思決定を伴う組織的な資源

配分は、個別的・分権的な意思決定に基づく市場の資源配分に比べて農家の利害が対立しやすく、合意形成が必ずしも容易ではないことである。これまでは、このような合意形成に対して、ムラ（集落）の調整機能が発揮されていたが、今後それに期待ができないのであれば、外部のファシリテーターの力を借りる必要があろう。そのファシリテーターを誰が担うのか、またどう育成するのかといった点が今後の論点になると思われる。

4．おわりに

　農地集積を巡る農業経済学界の研究は、完全競争的な農地市場を軸に展開した一方で、丹念な現状分析に基づき、より現実的な「農地市場」観に基づいてさまざまな論点の提示もなされてきた。両者の見解の橋渡しをするためにも、市場という観点から日本の農地市場を分析するには、以下の点に留意が必要であろう。(1) そもそも、農家の行動原理が必ずしも利潤最大化とは限らず、イエ規範やムラ規範等を考慮した枠組みで分析する必要があること、(2) 農地の財の特殊性ゆえに、市場が局所化し、寡占的状況が発生しやすいこと、(3) 現実には取引にあたって探索や交渉に取引費用がかかること。このうち (3) の取引費用については理論的にも実証的に研究が蓄積されつつあるが、(1) と (2) については今後の展開が待たれる。

　また、本章では、農地市場は宿命的に「薄い」市場であり、市場的な資源配分を補完する、組織的な資源配分が有効であることを指摘した。しかし、集団的な意思決定を伴う組織的な資源配分は、個別的・分権的な意思決定に基づく市場の資源配分に比べて農家の利害が対立しやすく、合意形成は必ずしも容易ではない。実際、組織的な資源配分の典型である圃場整備事業[5]では、集落内の話し合いによって決定される換地選定に関して、「不透明である」「公平性に欠ける」といった課題が指摘されており（中嶋・有本［2011］）、組織的な資源配分を可能とするための合意形成を如何に図るかということが現実的な課題となっている。その意味で、今後の研究では、組織的な資源配分を円滑に実現

するために、より望ましい制度をデザイン、提案することが求められているように思われる。近年、急速に発展しているマーケットデザインの分析視点は、従来不十分であった農地集積に関する制度設計に新しい発想をもたらすだろう。こうした方向でのエビデンスの蓄積と、それに基づく制度設計を期待したい。

注
1） この定式化では、第2項に農外収入も入っており、兼業農家の収入最大化問題と考えて差し支えない。
2） 「欲求の二重一致」が取引を困難にすることは農地以外の財においても同様である。一般的には、貨幣が取引を媒介することでこの摩擦が解消されている。
3） Top Trading Cycle（TTC）の解説は、坂井・藤中・若山［2008］、坂井［2010］を参照。
4） 集落として集団化率を最も高めるためには、このような逐次的なアルゴリズムではなく、持ち寄った交換可能な区画を一斉に一度で配分する方が望ましい。ただし、そのように最適な配分を探索することが、アルゴリズム上困難であったため、次善策として逐次的アルゴリズムによるシミュレーションを行った。
5） その他の組織的な資源配分として、農地保有合理化法人がある。農地保有合理化法人が農地集積に与えた効果については、高山・正木・中谷・堀部［2015］を参照。

【引用文献】
有本寛・中嶋晋作［2013a］「農地集積と農地市場」『農業経済研究』85（2）、70-79頁。
有本寛・中嶋晋作［2013b］「区画交換のシステム化による農地の面的集積」『農業と経済』79（11）、65-73頁。
有本寛・中嶋晋作・富田康治［2014］「区画の交換による農地の団地化は可能か？——シミュレーションによるアプローチ——」『農業経済研究』86（3）、193-206頁。
Deininger, K. and Jin, S.［2005］"The Potential of Land Rental Markets in the Process of Economic Development: Evidence from China", *Journal of Development Economics*, 78（1）, pp. 241-270.
藤栄剛［2003］「取引費用が農地取引に及ぼす影響に関する一考察——探索と妥協を取り込んだ農地市場モデルの構築——」『農業経済研究』75（1）、9-19頁。
川崎賢太郎［2009］「耕地分散が米生産費および要素投入に及ぼす影響」『農業経済研究』81（1）、14-24頁。
中嶋晋作・有本寛［2011］「換地選定をめぐる利害対立と合意形成——新潟県新発田

北部地区の事例——」『農村計画学会誌』30（1）、65-73頁。
坂井豊貴・藤中裕二・若山琢磨［2008］『メカニズムデザイン——資源配分制度の設計とインセンティブ——』ミネルヴァ書房。
坂井豊貴［2010］『マーケットデザイン入門——オークションとマッチングの経済学——』ミネルヴァ書房。
Shapley, L. and Scarf, H. [1974] "On Cores and Indivisibility", *Journal of Mathematical Economics*, 1 (1), pp. 23-37.
生源寺眞一［1998］「農地取引における市場と組織」『現代農業政策の経済分析』東京大学出版会、35-45頁。
高橋大輔［2010］「農地流動化と取引費用」『農業経済研究』82（3）、172-185頁。
高山大輔・正木卓・中谷朋昭・堀部篤［2015］「農地保有合理化法人の設立は農地の流動化を促すか——北海道における市町村段階の農地保有合理化法人を対象として——」『農村計画学会誌』34（2）、151-159頁。

【追記】
　本研究は、有本・中嶋［2013a］、有本・中嶋［2013b］、有本・中嶋・富田［2014］を加筆・修正したものである。

第3章　集落営農の展開——東北——

柳村　俊介

1．はじめに——東北農業における両極分解傾向——

　東北は北陸とならぶ高単収・良質米生産地域としての地位を占めてきた。今日も稲作を中心に農業が展開している点で両地域は共通する。しかし、農業を取り巻く経済条件には差異が存在し、それが農民層分解に影響しているとの指摘がなされてきた。すなわち、地場産業が発達し労働市場が早期に展開した北陸に比べ、遠隔地的な産業立地特性をもつ東北では工場進出が遅れた。農家兼業は戦後の早い時期には出稼ぎ、その後も土木・建設業や女子雇用の比重が高い企業への就業に偏り、賃金水準の低位性や就業の不安定性を免れなかった。それは農業収益の分配にも反映して低賃金・高地代を結果せしめ、兼業傾斜による農業離脱と農地集積の双方を制約した。中規模稲作農業と不安定兼業が結合する状態が続いたために、農地貸借による両極分解には至らず、農作業受委託にとどまるとされてきた[1]。

　しかし、もはやこうした「農民層分解の停滞性」によって今日の東北農業を語ることは難しい。本論で取り上げる宮城県南部の角田市を取り上げ、宮城県、東北、北陸の統計数値と比較しながらこの点を見てみよう（表3-1）。

　まず、農地の出し手に関わる指標として、2010年農業センサスで示された自給的農家と土地持ち非農家を合計し、その戸数の割合を見ると、角田市は北陸と比べて約10ポイント低いが、宮城県や東北を上回り、北陸の2005年に近い水

表3-1 角田市農業の概況

			角田市	宮城県	東北	北陸
農地の出し手に関わる指標	自給的農家と土地持ち非農家の割合	2005年	41.0%	38.0%	39.5%	50.6%
		2010年	50.4%	49.7%	48.8%	60.7%
	販売農家に占める第2種兼業農家割合	2010年	77.0%	70.4%	62.7%	73.5%
	販売農家に占める専従者なしの農家の割合	2010年	72.5%	59.6%	48.1%	65.6%
農地の受け手に関わる指標	販売農家に占める60歳未満の男子専従者がいる農家の割合	2010年	7.8%	14.4%	16.9%	9.3%
	経営耕地面積3ヘクタール以上の農業経営体の割合	2005年	7.5%	14.3%	15.1%	10.5%
		2010年	10.5%	16.4%	17.3%	14.4%
	経営耕地面積10ヘクタール以上の農業経営体の割合	2005年	1.2%	1.2%	1.4%	1.2%
		2010年	2.1%	2.6%	2.5%	2.5%
	経営耕地面積10ヘクタール以上の農業経営体数の増加率	2010年／2005年	46.4%	65.4%	44.3%	58.7%
農地の借入に関する指標	農業経営体の経営耕地面積に占める借入地の割合	2005年	22.5%	18.9%	19.5%	32.3%
		2010年	29.8%	32.5%	29.6%	42.9%
	農業経営体の田面積に占める借入地の割合	2005年	23.6%	18.5%	23.7%	41.0%
		2010年	30.2%	33.5%	31.1%	44.2%

注：「自給的農家と土地持ち非農家の割合」は自給的農家と土地持ち非農家の合計を総農家と土地持ち非農家の合計で除した値である。
資料：農業センサス。

準にある。また2010年時点で販売農家に占める第2種兼業農家の割合は77％で、宮城県、東北のみならず北陸を上回る。この点について遡ると、角田市の第2種兼業農家割合（総農家）は1970年まで40％未満の水準で、宮城県や東北よりも低かった。しかし、1975年にかけて第2種兼業農家割合が急上昇して北陸と同水準の70％に達し、1990年以降（販売農家）は北陸を上回る80％台で推移していた。2010年センサスで専従者なしの農家が販売農家に占める割合を見ても、北陸を上回る72.5％に達する。潜在的な農地の出し手の厚みは北陸に匹敵するレベルにあるのではないかと推察される。

次に、農地の受け手に関する指標として、販売農家に占める60歳未満の男子専従者がいる農家の割合、経営耕地面積3ヘクタール以上の農業経営体の割合、

同10ヘクタール以上の農業経営体の割合を見る。いずれも宮城県、東北、北陸の数値を下回り、農地の受け手が十分に形成されている状況ではないことがわかる。経営耕地面積10ヘクタール以上の農業経営体の数は、2005年から2010年にかけて46.4％という顕著な増加率を示す。これは東北と同等で、宮城県や北陸を下回る。

　これらを踏まえ、農業経営体の農地借入状況を見ると、角田市における2010年の借入耕地面積割合は29.8％、借入田面積割合は30.2％で、いずれも2005年に比べて大きく上昇している。2005年では北陸よりも低いものの、宮城県と東北を上回る水準にあった。2010年では東北と同程度だが、宮城県を下回る水準にある。

　このように、東北と北陸との間には現在でも地域差が存在するが、東北の特徴をなしていた中規模層の落層によって農地の出し手の厚みが増し、この点で北陸に接近する傾向が認められる。市町村別に見ると、角田市のように北陸を上回る統計数値を示す地域の存在が確認できる。その結果、東北でも両極分解傾向が現れ、10ヘクタール以上の大規模層や農地借入が顕著に増加している。ただし、2005〜2010年の期間に借入耕地面積割合について宮城県が角田市を追い越す動きを示していたように、農地の出し手よりも受け手の存在によって両極分解の進行が規定される状況が生じていると見られる。

　ここで注目したいのは、農地集積を加速する取り組みが東北各地で実施されている点である。本論で取り上げる角田市 A 地区では、担い手育成を目標とする県営圃場整備事業とそれに続く地区的なまとまりをもつ一括利用権設定、そして集落営農によって、農地の面的集積が劇的に進んだ。圃場整備事業を契機として一気に農地集積をはかる取り組みは「圃場整備事業と農地保有合理化事業のパッケージング」[2]と称されるもので、宮城県では1983年から「集合的利用権等調整事業」とともに始まり、以後、圃場整備事業を実施する各地区で推進されている。福島県でも同様の取り組みが進められているが、角田市 A 地区の農地集積は両県のなかで最大の規模であり、東北南部における農地集積についての代表的事例と目されている[3]。

このように、東北農業における両極分解傾向は、中長期の趨勢としてだけではなく短期・局地的な取り組みの結果としても現れている。両極分解傾向が底流をなす中で、圃場整備事業等の取り組みにより農地集積が一気に進行する可能性があり、この点に現段階の東北農業の特徴を見出すことができる。集落営農もしかりである。角田市A地区の事例は圃場整備事業と集落営農を結合することにより農地集積を支える地域農業システムを形成したケースである。

　ところで、東北農業が「農民層分解の停滞性」を脱して両極分解傾向が顕在化したのは事実であるとしても、その点をもって北陸農業への接近あるいは東北農業の独自性喪失と考えるのは早計であろう。というのも、後述するように、急激な農地集積のプロセスのなかに東北農業の構造的特徴と考えられる点が存在するからである。

　以下では、急激な農地集積を支える地域農業システムの形成が東北農業の構造的特徴と密接な関連をもつのではないか、言い換えれば、両極分解傾向の東北的メカニズムを問うという視点から、角田市A地区における集落営農の事例について検討する。

2．農業地域別に見た集落営農の動向

　本題に入る前に、他地域と比較しながら東北における集落営農の動向を確認しておこう。

　都府県における集落営農の数は2000年の9,314から2007年の1万1,771を経て、2015年には1万4,557に増加した。品目横断的経営安定対策が開始された2007年に前年比14％と最大の増加、翌2008年と2011年にも7％台の増加を示した。ただし、2012年以降は横ばいである。

　他方、構成農家数と集積面積について見ると、2011年をピークに停滞ないし微減の傾向が認められる。集落営農の集積面積（経営耕地面積と農作業受託面積の合計）は2011年に43万9,119ヘクタールに達するが、その後は停滞し、2015年では43万3,363ヘクタールである。構成農家数については2005年の40万5,458

表3-2 集落営農の動向（都府県）

(単位：ヘクタール、戸)

	集落営農数	総計 集積面積	総計 構成農家数	平均 集積面積	平均 構成農家数
2005年	9,667	264,776	405,458	27.4	41.9
2006年	10,124	284,137	426,710	28.1	42.1
2007年	11,771	362,755	484,978	30.8	41.2
2008年	12,742	411,082	519,721	32.3	40.8
2009年	13,147	429,374	535,705	32.7	40.7
2010年	13,288	432,237	532,577	32.5	40.1
2011年	14,360	439,119	545,801	30.6	38.0
2012年	14,470	436,106	540,409	30.1	37.3
2013年	14,368	432,090	531,107	30.1	37.0
2014年	14,449	431,282	526,183	29.8	36.4
2015年	14,577	433,363	526,393	29.7	36.1

資料：「集落営農実態調査」による。

戸から2011年の54万5,801戸に増加した後、わずかに減少し、2015年では52万6,393戸である。また、これらの結果、構成農家数と集積面積の平均値で見た集落営農の規模は緩やかに減少している（表3-2）。

集落の総耕地面積に占める集積面積の割合別に見ると、それが60％以上の集落営農は2005年では全体の38％（70％以上では31％）であったが、2015年には36％（同28％）と若干低下した。構成農家数が集落の全農家に占める割合については、それが70％以上の集落営農が同じ期間に71％（80％以上では62％）から53％（同44％）に低下した。また、関係する農業集落が1つの集落営農は2005年に80％を占めていたが、2015年では74％と、少し割合が下がった。いずれも大きな変化ではないが、「集落ぐるみ」の組織が減少する一方、複数の農業集落にまたがる組織が増加することによって都府県全体の集落営農の規模が維持されている様子がうかがえる。

このように近年の集落営農は停滞的な動きを示すが、農業地域別にみると一様ではない。東北に注目しながら農業地域別の動向を把握しよう。

まず、集落営農の展開が微弱な沖縄を除く都府県について、農業地域別に集落営農数の動きを見ると、先発と後発の2つのグループに分けることができる

図3-1 集落営農数の動向

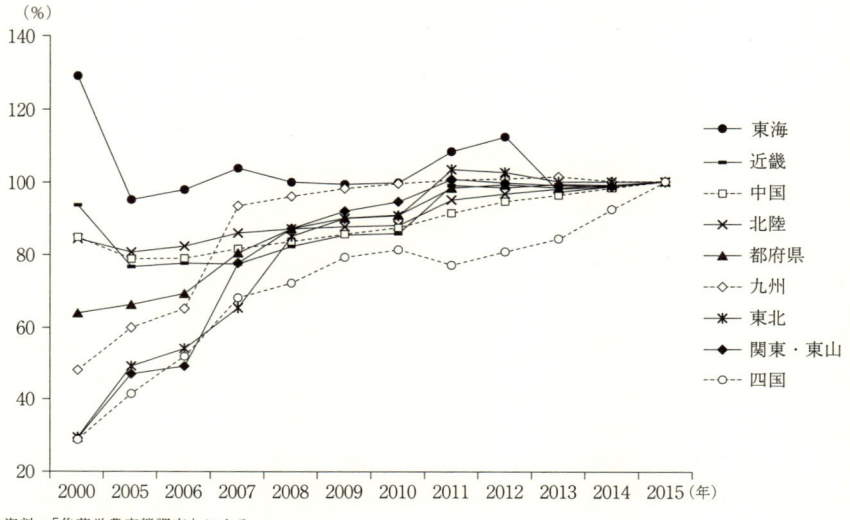

資料:「集落営農実態調査」による。

（図3-1）。先発グループは東海、近畿、北陸、中国で、2015年の集落営農数を100％とすると2000年に80％以上に相当する数の集落営農が存在し、2000～2005年の期間には減少する動きを見せる。後発グループは九州、関東・東山、東北、四国で、2015年対比での2000年の集落営農数が50％を下回り、2011年まで増加傾向を辿る。

集落営農の平均規模（2015年）を示すと、東北では構成農家数が35戸、集積面積（経営耕地面積と農作業受託面積の合計）が40ヘクタールである（図3-2）。都府県平均（36戸、30ヘクタール）と比べると、集積面積がやや大きい点に特徴がある。

集落営農の規模については明瞭ではないが、いくつかの項目について先発グループと後発グループの間で集落営農の属性が異なる。それを一覧にまとめたのが表3-3である。項目ごとにそれぞれのグループの特徴と、その特徴を鮮明に表す農業地域を先発・後発両グループについて示し、あわせて東北の数値も示した。以下に後発グループの特徴をあげる。

第3章 集落営農の展開 111

図3-2 農業地域別に見た集落営農の平均規模

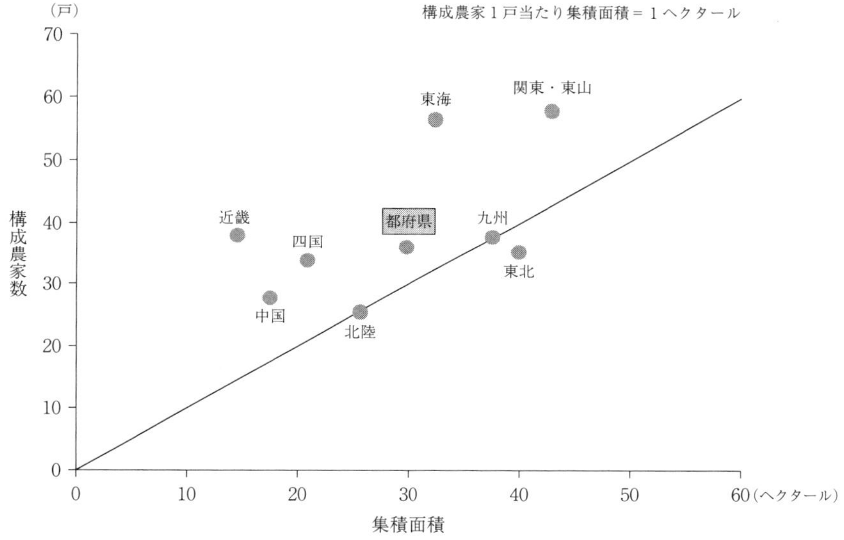

構成農家1戸当たり集積面積＝1ヘクタール

(縦軸：構成農家数（戸）、横軸：集積面積（ヘクタール）)

プロット位置：
- 近畿：集積面積約15、構成農家数約38
- 中国：集積面積約18、構成農家数約28
- 四国：集積面積約21、構成農家数約34
- 北陸：集積面積約26、構成農家数約25
- 都府県：集積面積約30、構成農家数約36
- 東海：集積面積約32、構成農家数約56
- 九州：集積面積約37、構成農家数約37
- 東北：集積面積約40、構成農家数約35
- 関東・東山：集積面積約43、構成農家数約58

資料：「集落営農実態調査」による。

表3-3 先発・後発グループの集落営農の特徴

	都府県平均	先発グループ	後発グループ
設立年次が2004年以後	66%	少；中国49%	多；九州80%（74%）
水田・畑作経営安定対策に加入	46%	少；中国30%	多；東北55%
上のうち2007年から加入	82%	少；中国60%	少；九州91%（85%）
関わる農業集落が1集落	74%	多；近畿93%	少；関東59%（75%）
集積面積が集落内の総耕地面積の50%以上を占める	45%	多；中国57%	少；四国33%（38%）
構成農家が集落内総農家数の70%以上を占める	53%	多；近畿70%	少；関東27%（44%）
構成農家に認定農業者が参加	63%	少；近畿32%	多；東北88%

注：1）数値は2015年の結果で、該当する集落営農の割合を示す。
　　2）後発グループのカッコ内の数値は東北を表す。ただし、東北が後発グループの典型を増す場合は表示を省いた。
資料：「集落営農実態調査」による。

表3-4 構成農家に認定農業者が参加している集落営農の割合

		2005年	2015年
都府県平均		51%	63%
先発グループ	北陸	40%	47%
	東海	44%	53%
	近畿	25%	32%
	中国	32%	39%
後発グループ	東北	84%	88%
	関東・東山	71%	77%
	四国	58%	63%
	九州	75%	86%

資料:「集落営農実態調査」による。

① 2004年以降に設立された比較的新しい集落営農が多い。
② 水田・畑作経営所得安定対策に加入している集落営農が多く、かつ対策がスタートした2007年度から加入したものが多い。
③ 関係する農業集落が1つであるものが少ない。この傾向は関東・東山等で顕著に表れており、東北では都府県平均に近い75%が1つの農業集落の上に設立されている。
④ 集落の総耕地面積に占める集積面積の割合が50%以上の集落営農が少ない。
⑤ 構成農家についても、集落の総農家に占める割合が70%以上の集落営農が少ない。

これらのうち①と②はグループの後発性に直接関わる属性であり、それまで比較的動きが鈍かった集落営農の設立が、水田・畑作経営所得安定対策を契機に進んだことがうかがえる。③④⑤は、先発グループに比べ、後発グループの集落営農が「集落ぐるみ」で設立・展開する傾向が弱いことを表す。その理由は不明だが、「集落ぐるみ」ではなく、集落の一部有志による集落営農や複数集落にまたがる集落営農の設立が多いことが後発性に繋がっている可能性が考えられる。

以上は先発・後発グループの相対的な特徴として指摘されることである。後発グループのなかに四国が含まれ、東北、関東・東山、九州と同じグループに入ることについて違和感をもつ向きは多いであろう。また、③について東北が単一の農業集落の上に設立されるものが多いなど、すべての項目で東北が後発グループの特徴を示すわけではない。

ところで、構成農家の中に認定農業者が参加している集落営農の割合を示したのが表3-4である。先発・後発両グループの差異が明瞭に現れており、後発グループは認定農業者を集落営農の中に含むものが多い。2005年から2015年にかけて都府県全体で認定農業者が参加する集落営農の割合が高まっているが、両年ともに先発グループのすべてが都府県平均を下回り、後発グループのすべてが都府県平均を上回る。特に東北でこの傾向が顕著に認められる。

3．角田市A地区における急激な農地集積と集落営農[4]

3.1．圃場整備事業を通じた農地集積

ここで取り上げる角田市は宮城県南部の内陸部に位置し、国勢調査によれば人口のピークをなすのは1990年の3万5,431人である。その後、人口は緩やかに減少し、2010年では3万1,336人を数える。2010年農業センサスによると農業経営体数は1,948、うち販売農家は1,914戸で、自給的農家645戸を加えた総農家数は2,559戸である。土地持ち非農家数は1,296戸を数える。農地は市内を流れる阿武隈川の両岸に広がる。同センサスによれば販売農家の経営耕地総面積は3,353ヘクタールで、うち田が2,754ヘクタールを占める。基幹作目はコメである。

以下で取り上げるA地区は阿武隈川右岸に位置する旧村で、明治の町村制施行時に村となり、1954年に近隣町村と合併して角田市が誕生した。2010年農業センサスによると販売農家174戸、自給的農家103戸、土地持ち非農家127戸、販売農家の経営耕地総面積は350ヘクタールで、3〜5ヘクタール：9戸、5〜10ヘクタール：4戸、10〜20ヘクタール：5戸、20〜30ヘクタールと30〜50ヘクタールが各1戸という分布を示す。地区内には8つの農業集落が存在する。

角田市はかつて養蚕が盛んで、稲作に養蚕を加えて農家経済が営まれていた。しかし養蚕が衰退、その一方、1960年代後半から自動車部品製造等の工場が次々に進出し、1970年代に一気に兼業化が進んだ。兼業化の波に煽られたため

か、A地区では本格的な農業振興策が講じられてこなかった。1960年代に用排水整備が実施されたものの水田区画は10アールのままであり、圃場整備事業の導入にはいたらなかった。水田転作についても転作団地は形成されず、「バラ転」の状態が続いていた。水稲は維持されたものの、桑園は耕作放棄地と化し、農業従事者の高齢化が進行する中で農業後継者の確保が懸念される状況が生じていた。

　A地区における圃場整備事業はようやく1998年から2008年にかけて実施された。211.4ヘクタールの水田を対象に、50アール（全面積の72％）ないし100アールの区画の造成工事が行われた。地権者は336名を数えるが、このうち農地集積に意欲をもつ11名を担い手として位置付け、彼らを構成員とする集団転作組合が1999年に設立された。工事を挟んで事前・事後の転作対応を行うにあたり、転作組合が大豆と大麦の作業を担当することになった。転作を行う水田は土地改良区が一時利用地の中で団地として設定した。したがって、転作団地の形成は転作組合ではなく土地改良区の手による。また、作業受託の形式をとりつつも実際は借地であり、転作助成金の一部を定額の地代として支払っていた。

　2002年から担い手は13名に増加した。A地区に出作地をもつ農家が隣接地区に多数いるのだが、そのうち2名が出作地の転作を引き受けることになり、転作組合に加わったのである。

　これら13名の担い手が転作組合によって栽培している転作および個別に栽培している水稲の合計面積は1998年の36.2ヘクタールから2003年の132.8ヘクタールと急増し、2008年には139.8ヘクタールに達した。圃場整備事業工区全体の水田面積211.4ヘクタールに占める担い手の耕作農地面積の割合は17％から66％に上昇したことになる。この数字は圃場整備事業工区内の水田に関するものだが、担い手は工区外でも農地の拡大を図った。13名の1997年における経営耕地面積の合計は工区内35.8ヘクタール、工区外65.4ヘクタール、合計101.2ヘクタールだったが、2006年では工区内130.1ヘクタール、工区外101.4ヘクタール、合計231.5ヘクタールとなり、平均面積は7.8ヘクタールから17.8ヘクタールに拡大した。

担い手の中には早い時期から積極的に水田の拡大をはかり、圃場整備事業開始以前においてすでに10ヘクタール以上の水田面積に到達していた者もいた。しかし、半数以上は圃場整備事業の開始前には農外兼業に従事しており、農地集積を期待して担い手として名乗りを上げた。1名は農外兼業従事を継続しているが、この1名を含め、担い手は圃場整備事業の工区内外で水田の拡大をはかり、最大規模の農家の水田面積は36ヘクタールに達している。

したがって、農地集積と言っても、単純に少数の担い手への絞り込みが行われたわけではない。取り組みを開始するにあたり担い手の掘り起こしがなされ、実際、担い手となることを自覚する専業的農業者が増加した。その上で担い手の特定と農地集積が進められたのである。

3.2. 一括利用権設定と農地所有の持分化

A地区の圃場整備事業は工事が完了し、2008年3月に換地を行った。ここで懸念されたのは、一時利用地を利用した農地集積の成果が換地によって水泡に帰すことであり、これに対応すべく実施されたのが「換地と農地集積の一体的取り組み」をうたった一括利用権設定である。

「村ぐるみ手法による農地集積」とも称されており、農地利用集積の完成型とも言いうる内容である。すなわち、農地保有合理化事業によって農地保有合理化法人（角田市では角田市農業振興公社）が当該地区のすべての水田を一括して借り入れ、その後、耕作希望に応じて水田利用権の配分を行うのである。実際に利用権が設定されたのは圃場整備事業で造成された水田面積の88％にあたる185ヘクタールであった。入作農家の一部が応じなかったので、全水田面積には及ばなかったが、「一括利用権設定」の呼称に相応しい内容が保たれたといえる。冒頭に述べたように、宮城県と福島県で行われている類似の取り組み例と比べてもA地区における利用権設定面積の大きさは抜きんでている。

これによって引き続き転作団地が維持されることになったが、A地区ではブロックローテーションではなく3年間、固定団地とし、順次移動させる方針であった（2009年時点）。10アール当たり地代は1万円ないし玄米30kgのいず

れかで、当時の標準小作料よりも低く設定された。地代は稲作か転作かに関わりなく同額である。2008年における A 地区の土地改良区経常賦課金は10アール当たり1万8,350円と高額だが、水田利用権の配分を受けた者がこれを支払う。他方、圃場整備事業に関わる賦課金（10アール当たり1,520円）は農地所有者が負担している[5]。

ところで、A 地区では、圃場整備事業中の一時利用地の設定とそれに引き続く一括利用権設定によって、農地所有は圃場整備事業工区211.4ヘクタール内の「持ち分」として観念されるようになった。換地の計画や実際とは切り離されて利用水田が配分され、あるいは実際の所有地の状態とは関わりなく、所有面積から利用面積を差し引いたものが貸付面積となり、地代単価を乗じた金額が地代所得となる。こうした「農地所有の持分化」が農地移動の流動化を促進する原因のひとつとなり、急激な農地集積に結びついたことは疑いない。

農地所有の持分化はいくつかのステップを踏んで進行したと考えられる。まず、一時利用地の設定と一律の地代支払いという、圃場整備事業の施工に伴う農地問題の処理が最初のステップである。2番目のステップは一律の地価（計画時10アール80万円、実際は60万円）による換地処分、そしてこれに続く3番目のステップとして一律の地代単価に基づく一括利用権設定の取り組みが開始された。これらの意味を考えると、次の諸点があげられる。

① 圃場整備事業前の農地所有を極力維持するために従前地主義の考え方が採られ、それを前提に一律の地価評価による換地処分が行われた。

② 換地処分における一律の地価評価、および地代についても一時貸付地以来の一律の地代が踏襲され、個々の農地に対する経済的評価が回避された。

③ 一律の地代設定は下方平準化を意味し、標準小作料を下回る水準に低下した。これによって借り手の地代負担が軽減された[6]。

④ 上記のことを条件に圃場整備事業工区内の全水田の耕作が担保され、同時に、工区内水田の集団的利用に関するコンセンサスが形成された。具体的には、土地改良区による利用権の配分、担い手に対する利用権集積、転作団地の形成と担い手による転作である。

要するに、農地所有の改変や経済的評価には手をつけずに、地代の下方平準化と面的集積によって工区内全水田の耕作を保証する合意を形成したのである。「農地所有の持ち分化」の内実は以上のように理解される。

3.3. 農地集積に向けた地域システム

上記のように、一括利用権設定における地代水準は標準小作料を下回っており、下方平準化した。このことは、まず借地をめぐる需給関係を反映したものと理解すべきだが、地権者側にもメリットがなければ成立しえない。それは農地貸付によって地権者が10アール当たり18千円に及ぶ土地改良区賦課金の負担を免れたことであり、次に述べる農地集積による圃場整備事業費の負担軽減もあわせて考慮する必要がある。地権者はこれらのバランスの中で地代の抑制を了解しているとみられる。

圃場整備事業費について説明を加えると、工事圃場整備事業費の負担についてA地区で実施された担い手育成基盤整備事業は、担い手（認定農業者や特定農業団体）への農地集積を目標として地元補助率を軽減、また集積目標を達成した場合には農家自己負担分の6分の5について無利子資金の融資を行うという内容である。さらにA地区では水田連担化に関わるソフト事業が加わったので、最終的な受益農家の事業負担割合は3.25％という低率になった。こうした要件を備える事業であるがゆえに、農地集積と連担化の目標達成がA地区の農業展開の方向を規定したのである。

農地集積の実務は圃場整備事業を推進する土地改良区が担当した。そればかりか土地改良区は集団転作組合の事務局として役割も果たした。面工事が終わると、換地および一括利用権設定に向けた調整組織として行政区単位に6つのアグリセンターが設立されたが、アグリセンターは年間2、3回の会合をもつにとどまり、農地利用調整の実務の大半は土地改良区が担当している。

このように土地改良区が積極的にA地区の農地集積に関与してきたが、これは農業経営基盤強化促進法において農協とならび土地改良区が農用地利用集積計画に関わる主体として位置付けられたこと、さらに圃場整備事業が担い手

育成政策の性格を強めたことを反映している。また、圃場整備事業完了後も2007～2011年にかけて土地改良区の農地利用調整活動に対する補助事業（農業経営高度化支援事業）が導入されており、これによって農地利用調整活動に要する費用をカバーすることができた。

　こうして、圃場整備事業費の農家負担軽減、地代抑制、土地改良区の強力な関与による農地集積と利用調整、それを補完するアグリセンターの設置といった要素が関連し合って農地集積に向けた地域システムが形成された。この地域システムの機能を端的に言えば、農地集積コストの最小化である。個別的な農地集積は多数の地権者との交渉が必要であり、集落営農組織による「貸しはがし」のような担い手間の競合問題にも直面する。また、集積後も農地分散化によって営農費用がかさむ。これとは対照的にA地区では、一連の取り組みの結果、担い手の農地集積に関する各種のコストが極めて低い水準に抑えられている。一括利用権設定によって、農地集積に要する取引費用と営農費用の上昇を大幅に軽減することが期待できるのである。

4．担い手経営の組織化の動向

　農地集積を実現した担い手の農業経営の動きをみよう。

　13名の担い手で設立された転作組合は、その後、縮小再編に向かう。A地区全体で一括利用権設定が行われたのとは対照的な動きが現れたのである。

　まず、2004年に3つの作業班、実質的には3つの組合（第1班：5名、第2班：6名、第3班：2名）に再編された。また第1班のうちの1名は翌年脱退し、同じ行政区の非担い手5名とともに別の営農組織を立ち上げた。この動きの背景には、工事の進捗に伴い、比較的小面積で分散した転作団地が設定されるようになったこと、メンバーの規模拡大が進むにつれて出役をめぐる調整が困難になったことがあげられ、より小回りのきく作業組織の編成に向かったのである。

　その後、2007年度に始まる品目横断的経営安定対策への対応を迫られるなか

第3章 集落営農の展開 119

図3-3 A地区における集落営農組織の変化

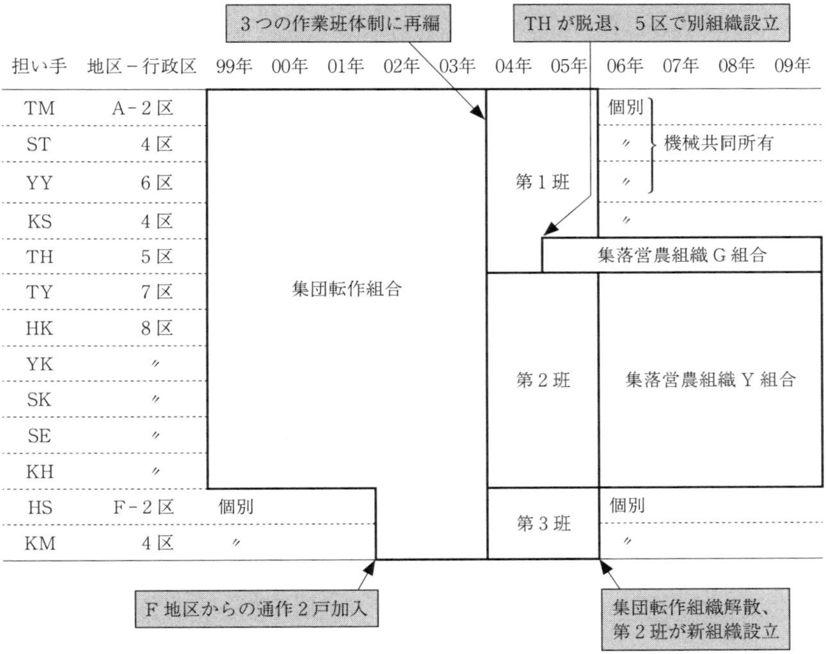

担い手	地区-行政区	99年	00年	01年	02年	03年	04年	05年	06年	07年	08年	09年
TM	A-2区							個別				
ST	4区							〃	機械共同所有			
YY	6区						第1班	〃				
KS	4区							〃				
TH	5区		集団転作組合						集落営農組織 G 組合			
TY	7区											
HK	8区						第2班	集落営農組織 Y 組合				
YK	〃											
SK	〃											
SE	〃											
KH	〃											
HS	F-2区	個別					第3班	個別				
KM	4区	〃						〃				

3つの作業班体制に再編（02→03年）
THが脱退、5区で別組織設立（05→06年）
F地区からの通作2戸加入
集団転作組織解散、第2班が新組織設立

で転作組合は解散することになった。各作業班の方向はまちまちである。第1班は法人化を検討したものの、時期尚早と判断し、農業機械の共同利用を残しながら転作については個別で対応することになった。第2班は集落営農組織として再出発し、法人化を目標にすえた。6名の認定農業者によって構成された集団なので、将来はA地区全体の担うことになると期待された。しかし新法人設立の具体化に向けて足並みがそろわず、3名が個別展開、残る3名が法人化に踏み切った。ただし、法人設立後も稲作は個別で、転作のみの部分協業経営にとどまる。

結局、品目横断的経営安定対策に加入した集落営農組織は、転作の作業受託を行う2組織（第1班の脱退者が設立した組織と第2班を引き継いだ組織）で、その一方（後者）も再編を余儀なくされたのである。

担い手の農業経営は当初から個別展開を指向していたのではなく、第1班、第2班ともに法人経営の設立を検討した。特に第2班は早期の法人化を目標に掲げて集落営農組織を立ち上げた。

法人化が検討された理由の1つは農業後継者問題であり、担い手の中には後継者が就農に向けた決断ができない者や後継者確保の見通しがない者が存在する。法人化によって後継者の就農条件を拡大するとともに、後継者が確保できない場合の対応の幅が拡がると考えられていた。もう1つの理由は農業所得の増大であり、転作物の栽培管理強化による収益向上、農機具などの固定資本投資の負担軽減、野菜の作付け拡大や直売所経営による事業拡大が期待された。

しかし、農地集積コストの抑制を実現したにもかかわらず、これまでのところ担い手農業経営の組織化には成功していない。むしろ、「集団転作＋個別稲作（＋個別野菜・農外兼業）」という枠組みの中で急激な農地集積を実現した結果、集団転作と個別の稲作・野菜作等との間の矛盾が拡大し、転作物に関する作業の出役調整が十分に行えないという問題が生じた。その結果、栽培管理が粗放化し、転作物の低位生産性を脱することができないという状況に陥った[7]。

この点は、北陸等で見るような零細兼業農家による稲作主体の集落営農とは大きく異なっている。第1に、一定の水田規模を有し個別で固定資本装備をした担い手農家が集落営農の中心を担い、第2に、それら担い手農家が稲作ではなく転作で結合しているからである。担い手農家主導の「転作組合」型集落営農ということができよう。

こうした「転作組合」型集落営農が稲作部門を含む経営体に発展する展望を描くことは難しい。というのも、零細稲作を共同化する場合とは異なり、一定の稲作規模をもつ個別経営は稲作のコスト低減をほぼ達成しており、共同による規模の経済を享受しにくいからである。

このような「転作組合」型集落営農は東北各地に広く存在している[8]。品目横断的経営安定対策において稲作の加入割合は低く、たとえ稲作に加入していたとしても「枝番方式」等で形式を整えたにすぎない場合が多い。そしてこれ

らの多くが、法人化に不可欠な稲作共同化の展望を描くことに苦慮している。「転作組合」型集落営農は集団転作から出発していることが多く、さらに集団転作は圃場整備事業を契機にスタートしている場合が多い。この点でもA地区との共通性が指摘される。

5．おわりに──「二階建て方式」の地域農業システムと「転作組合」型集落営農──

ところで東北では、農地の面的集積を推進する行政サイドでしばしば楠本［2010］が提唱する「二階建て方式地域営農システム」の意義が強調される。農家・農地・水・地域資源が「基礎＝土台」となり、その上に農地・労働力・農機具・作業委託の利用調整組織（具体的には農用地利用改善団体等）が「1階」に存在、さらに農作業の実働組織が「2階」を形成するという3層から成るシステムである。「二階建て方式」の要点は「1階」の構築にある。「土台」の村落社会原理と「2階」の経済効率を追求する原理を接合するのが「1階」の役割だからである。

このことの当否はさておき、上述のような「転作組合」型集落営農は「二階建て方式」の形成に繋がりやすいことを指摘しておきたい。零細兼業農家が集落営農を組織し、その外側に個別経営展開をはかる大規模経営が存在するという、北陸等で一般的な状況に比べると、「転作組合」型集落営農は内部に担い手を含んでいることから、農地集積を指向する地域システムと重なり合う。角田市A地区の例は「二階建て方式」をまさに体現するものであった。

「二階建て方式」では土台に村落があり、総有観念に基づく共同性が想定されている。それが1階部分の調整組織を下支えし、さらにその上に2階部分の実働組織が形成されるという構図である。

政策に目を向けると、土台に対し農地・水・環境保全向上対策（現在の多面的機能支払い）、2階に対し経営所得経営安定対策がてこ入れしている。残る1階部分が稼働すると農地利用調整が機能し、農地の面的集積と村落の維持・

表3-5　A地区における地域農業システム

			×	個人	組織	個人	組織	個人	組織	
2階	担い手の形態									
	認定農業者数	0	2	0	2	2	1	1	5
	営農支援	×	×	×	○	×	○	×	○
	安心米生産組合数	2	1	1	1	1	1	1	
1階	圃場整備事業工区	×	×	×	○	○	○	○	○
	アグリセンター								
土台	保全隊	×	×	×	○	×	○	○	○
	行政区	1区	2区	3区	4区	5区	6区	7区	8区
	小学校区	A地区振興協議会・自治センター

資料：聞き取り調査の結果による。

活性化が両立することになる。政策間の関連は土台→1階→2階という脈絡で考えられていると思われるが、現実には、土台部分のムラ作りの延長に農地利用調整の発揮、担い手経営の確立が達成されるというメカニズムは働いておらず、土台・1階・2階のてこ入れをはかる政策が相互関連性を欠いたまま実施されていることが多い。

　たとえば、角田市は「角田市協働のまちづくり推進基本指針」を2006年に策定し、これに基づいて地区単位に自治センターを設置、地区振興協議会による住民自治機能の向上をめざしている。この協議会の中には地区の農業振興をはかるための組織もおかれているが、2009年調査時点では全く機能していなかった。角田市A地区内には8つの行政区があり、圃場整備の実施地区はそのうち5つの行政区にまたがっている。農地・水・環境保全向上対策は行政区単位の保全隊によって取り組まれている。保全隊は4行政区（環境保全型農業を推進する営農支援活動については3行政区）[9]で組織されており、いずれも圃場整備事業の実施地区内の行政区であるが、農地利用調整の役割を担うアグリセンターとの結びつきは特に認められない。

　このように、「二階建て方式」の地域農業システムを構成する要素は存在し、コミュニティ形成に向けた行政、村落レベルの対応も行われているのだが、これらがA地区における農地集積に向けた地域システムを成立させる重要な要

因になっているかと問えば、そうではない。

　A地区における農地利用調整を実現した主な要因をあげると、圃場整備事業・米生産調整政策・経営所得安定対策の3つであろう。農地利用調整は「ムラの農地を守る」という次元とは異なる私権の調整が求められる。農用地利用改善団体のような意識改革に依存した組織強化策では足りず、圃場整備事業・米生産調整政策・経営所得安定対策のような強力な経済的誘導によって農地利用調整への対応を迫り、それに向けた地域体制の構築をはかっているのが実状と思われる。村落社会原理が介在していないというわけではないが、地域農業システムを左右するのは政策の経済的インパクトである。

　急激な農地集積を指向する地域農業システムはこのように複数の政策によって支えられており、「二階建て方式」のイメージとは違って、システムの自立性は低いと言わざるを得ない。したがって、これらの政策の継続性についての懸念が強まると、地域農業システムの安定性を揺るがすことになる。

注
1）　代表的な文献として河相ほか［1985］があげられる。
2）　初期の取り組みを取り上げた文献として矢口ほか［1996］がある。
3）　工藤［2007］は、矢口ほか［1996］が取り上げた宮城県亘理町荒浜地区および角田市A地区の取り組みを、地域に足場を置く「参加型・ボトムアップ型」の面的利用改革として捉え、「テナントビル型」とも呼んでいる。
4）　以下の角田市A地区に関する記述は柳村［2010］に加筆・補正したものであり、特に断りがない限り2009年度までの調査結果に基づく。
5）　豪雨災害が多発した当地域では用排水工事費が嵩み、「全国最高」と揶揄される土地改良区賦課金の負担が生じていた。1998〜2008年の水田10アール当たり土地改良区賦課金を見ると、2000年の2万4,040円が最高で、以後徐々に低下している。2008年の1万8,350円の内訳は排水・経常費3,670円、同償還費6,740円、用水・経常費4,570円、同償還費3,280円である。これに圃場整備事業の受益者負担金が課せられ、2002年の390円から2008年では1,520円に増えている。賦課金合計は徐々に低下しているが、なお2万円近い水準にある。
6）　借り手サイドからの地代引き下げの要求は続いている。2012年頃、地代は一律7,000円、30kgの現物地代の水準は維持するが、新規契約分から現物地代は採用

しないことになった。
7) 2015年現在までの集落営農組織の動きを簡単に記しておく。
　①最も法人化に積極的だった第2班Y組合は3名で法人化したが、転作のみの部分協業で、現在も稲作の共同化は行われていない。
　②第1班を脱退した担い手（TH）が同じ行政区の4名と設立したG組合は、直売所を開設する等の積極的な事業展開を示し、法人化に向けて動いていた。水稲を含む法人経営が設立されたが、これにTHは参加せず、他の4名が構成員となった。
　③F地区からの通い作農家として担い手の1人として位置づけられていたHSは高齢化により、経営の継続を断念した。集積した農地の引き受けを他の担い手に打診したが、実現しなかった。懸念されていた担い手の後継者不在問題が顕在化したのである。HSの農業経営を引き継いだのは新潟県に本社がある企業が出資するK社である。K社は新潟県で農場を開設していたが、2番目の農場を角田市に開設した。当初は水稲、大豆、施設・露地野菜で20ヘクタール余りの農地を耕作する計画であったが、現在は、施設野菜は中止、稲作と大豆の作業受託を中心とした事業を展開している。
　④行政区の中に13名の担い手が不在で、農地の出し手となっていた3区の農業者の中で、定年退職を機に農業専従者となったメンバーが中心となり、新たな集落営農組織を立ち上げた。ふるさと安心米生産組合（2003年設立）を母体に、2005年に集落営農組織を設立して共同作業を開始、2012年には農地・水保全管理支払交付金事業の取り組みに着手、2014年に法人化し、水稲・転作の共同事業を開始した。構成員27名、41.5ヘクタールの規模を有する。
8) 東北におけるこの時期の転作組合の動向に関する文献として澤田［2007］があげられる。
9) 図中の「安心米生産組合」は農協と生協・スーパーの栽培契約に基づく特別栽培米（ふるさと安心米）に取り組む生産者の組織だが、これも農地・水・環境保全向上対策の営農支援とは切り離されている。

【引用文献】

河相一成ほか［1985］『みちのくからの農業再構成』日本経済評論社。
工藤昭彦［2007］「農地保有合理化事業による参加型構造改革の展望」『土地と農業』37、1-26頁。
楠本雅弘［2010］『進化する集落営農——新しい「社会的共同経営体」の役割——』農山漁村文化協会。

澤田守［2007］「経営所得安定対策下における中規模家族経営の再編と地域農業の課題——東北田畑地帯　岩手——」『日本農業年報』53（「農業構造改革の現段階——経営所得安定対策の現実性と可能性——」梶井功編集代表、谷口信和編集担当、農林統計協会）85-98頁。

矢口芳生ほか［1996］『資源管理型農場制農業への挑戦——圃場整備事業と農地保有合理化事業のパッケージング——』農林統計協会。

柳村俊介［2010］「急激な農地集積と集落営農組織の変動」（水田・畑作経営所得安定対策下における集落営農組織等の動向と今後の課題（2）、農林水産政策研究所）、20-27頁。

第4章　北関東における集落営農の展開

安　藤　光　義

1．はじめに

　関東、特に北関東は個別経営の力が強く、集落営農の展開はそれほどみられないという特徴がある[1]。その一方、水田の裏作としての麦作が盛んであり、埼玉北部から群馬南部・栃木南部にかけては個別経営が集まって共同で効率的に麦作を行う営農集団が以前から展開していた。この営農集団は表作の水稲の部分作業を受託することもあったが、賃貸借というかたちで水田を借り受けるまでには至っていなかった。費用負担を減じるため大型機械を共同で導入し、個別経営の独立性を残したまま水田の機械作業を行う機械利用組合と呼ぶべき存在であった。集落営農と一口に言っても、担い手枯渇地域で集落ぐるみで組織された集落営農とは出自や性格が全く異なっている点に注意する必要がある。
　ここではそうした特徴を有する北関東の集落営農の最近の展開状況を把握することにしたい。具体的には裏作麦や転作麦のための営農集団がどこまで表作の水稲を担う存在になっているかが1つの大きな焦点となる。フィールドは北関東だが、むしろ、関東・麦作地帯と呼んだほうがふさわしいので、そこに埼玉北部を加えることにした。以下では、最初に関東の農業構造を概観し、次に農林水産省が2005年以降毎年実施している「集落営農実態調査」によりながら、埼玉を含めた北関東の集落営農の動向や特徴を明らかにした後、その具体的な展開状況を群馬と埼玉の事例を聞き取り調査結果に基づいて記述することにし

表4-1 北関東の農業構造の概要（2010年）

	茨 城	栃 木	群 馬	埼 玉	都府県
農業経営体数（経営体）	71,542	48,463	32,567	45,167	1,632,535
販売農家数（戸）	70,884	47,833	31,914	44,514	1,587,156
経営耕地面積（ヘクタール）	123,900	106,863	48,340	56,872	2,563,335
集落営農集積面積率（％）	4.0	6.9	9.5	9.4	16.9
借入耕地面積率（％）	31.2	25.9	33.5	24.8	32.4
耕作放棄地率（％）	14.7	7.9	22.1	17.4	13.6
大規模農業経営体数割合					
3ヘクタール以上	10.9	18.3	9.4	4.5	9.5
5ヘクタール以上	4.4	7.7	4.8	1.8	4.2
30ヘクタール以上農業経営体数					
2005年	91	31	17	17	1,668
2010年	177	122	40	45	4,039
水田率	62.7	82.4	42.5	63.0	71.2

注：1）耕作放棄地率以外は農業経営体の値を用いた。
2）借入耕地面積率＝借入耕地面積／経営耕地面積。
3）集落営農集積面積率＝集落営農の集積面積（経営耕地面積＋農作業受託面積）／農業経営体の経営耕地面積
4）耕作放棄地率＝耕作放棄地面積（総農家＋土地持ち非農家）／経営耕地面積（総農家）＋耕作放棄地面積
資料：「農業センサス（2010年）」「集落営農実態調査結果（2010年）」。

たい。

2．北関東農業の構造的な特徴

　北関東農業の構造的な特徴は個別経営展開地域という点にある。表4-1を使って確認していこう[2]。農業経営体数に占める販売農家数の割合は都府県平均の97％に比べると各県とも98～99％で1～2ポイント高く（表示は省略）、農事組合法人などの協業経営よりも個別農家の方が都府県よりもわずかながら多くなっている。これは経営耕地面積に占める集落営農への集積面積（集落営農集積面積率）をみるとはっきりする。都府県平均の16.9％に対し、最も高いのは群馬で9.5％、次が埼玉の9.4％、栃木は6.9％、茨城は最も低く4.0％でしかない。集落営農の設立を通じた農業構造変動はそれほど進んでいないのであ

図4-1　借入耕地面積率と5ヘクタール以上層への農地集積率の推移

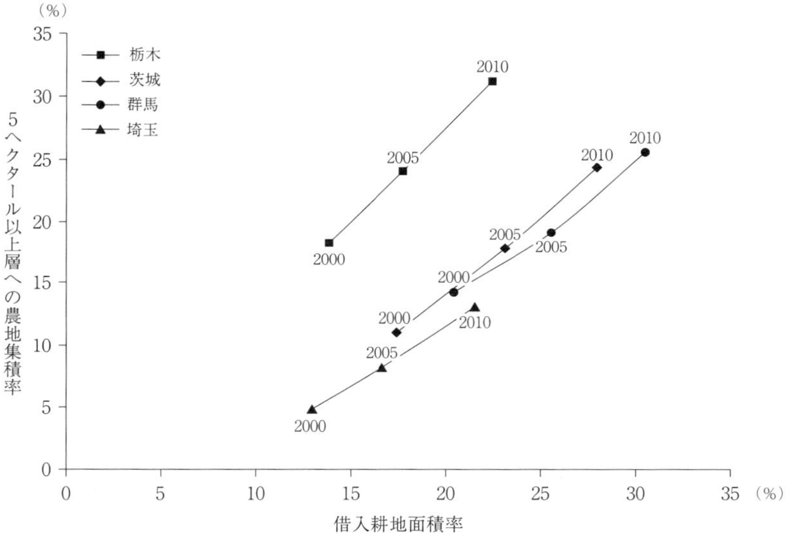

注：借入耕地面積率と5ヘクタール以上層への農地集積率は販売農家の値を用いて算出した。
資料：各年農業センサス。

る。

　また、借入耕地面積率もそれほど高くはない。最も高いのが群馬の33.5％で都府県平均の32.4％を上回っており、茨城も31.2％とほぼ同じ程度だが、栃木は25.9％、埼玉も24.8％と20％台半ばにとどまっている。埼玉の詳細は不明だが、栃木は北部の開田地帯を中心に自作地面積が大きい経営が層をなして存在しており、それが農地流動化の進展の遅れとなってあらわれている。

　しかし、5ヘクタール以上層への農地集積率をとってみると、図4-1に示したように栃木は他の3県と比べると大きく進んでいる。もともと大規模な農家が分厚く存在しているため、農地流動化が進めば上層農への農地集積が急速に進む構造を有しているからである。これは栃木の農業構造の大きな特徴である。

　耕作放棄地率は栃木を除くと都府県平均を上回っており、埼玉、群馬の値が

高くなっている。この耕作放棄地率は水田率と関係しており、栃木の水田率の高さが耕作放棄地の発生を抑えていると考えられる。逆に畑や樹園地では耕作放棄地が発生しやすく、埼玉は都市近郊で農家の農地に対する資産的保有の影響があるのか、水田率がほぼ同じ茨城よりもその値が高くなっている。さらに水田率が4割少しの群馬の耕作放棄地率は22.1%と2割を超える。養蚕が盛んだった群馬は、その衰退によって桑園の耕作放棄地が大きな問題となっている。

　3ヘクタール以上あるいは5ヘクタール以上の大規模な農業経営体が全体に占める割合は栃木が突出して高い。これは先述した開田によって自作地面積の大きな経営が多いことによる。また、埼玉を除けば、5ヘクタール以上の大規模経営が占める割合は都府県平均よりも高い。群馬は3ヘクタール以上層の占める割合は都府県平均を下回っているが、5ヘクタール以上層だと上回り、農地流動化によって大規模経営の形成が進んでいることを伺わせる。図4-1でも4県のなかでは群馬が最も農地流動化が進んでおり、その結果、茨城と遜色のない上層農への農地集積率を実現している。

　以上のように埼玉を含めた北関東は、個別経営の展開を機軸に農業構造の再編が進んでおり、都府県平均水準よりも農地流動化の進展は遅れながらも5ヘクタール以上層への農地集積がかなりの進展をみせているのである。こうした農業構造を有する北関東における集落営農の展開はどのような特徴があるのだろうか。次にこの点をみていくことにしたい。

3．北関東の集落営農の特徴

3.1．旧品目横断的経営安定対策を契機に急増した集落営農

　埼玉も含めた北関東では集落営農の展開はそれほどみられず、その数は非常に少なかった。これは個別経営の力が強く、集落営農を組織する必要がなかったということでもある。表4-2をみるとわかるように、2005年当時の集落営農は茨城が最も多く162あったが、栃木26、群馬29、埼玉31と数えるほどしか

第 4 章　北関東における集落営農の展開

表 4-2　集落営農数と都府県に占める割合の推移

		2005	2006	2007	2008	2009	2010	2011	2012	2013	2014	2015
集落営農数	都府県	9,667	10,124	11,771	12,742	13,147	13,288	14,360	14,470	14,368	14,449	14,577
	茨　城	162	156	162	154	152	153	163	155	158	155	155
	栃　木	26	31	138	170	181	194	219	206	208	202	203
	群　馬	29	34	128	128	124	124	130	132	116	116	116
	埼　玉	31	36	79	93	93	91	96	85	84	82	83
都府県に占める割合（％）	茨　城	1.7	1.5	1.4	1.2	1.2	1.2	1.1	1.1	1.1	1.1	1.1
	栃　木	0.3	0.3	1.2	1.3	1.4	1.5	1.5	1.4	1.4	1.4	1.4
	群　馬	0.3	0.3	1.1	1.0	0.9	0.9	0.9	0.9	0.8	0.8	0.8
	埼　玉	0.3	0.4	0.7	0.7	0.7	0.7	0.7	0.6	0.6	0.6	0.6

資料：農林水産省「集落営農実態調査」。

なく、4県を合わせても248と都府県に占める割合はわずか2.6％にすぎなかった。こうした状況は、その後、集落営農が増えたとはいえ、ほとんど変わっていない。2015年現在、栃木が茨城を抜いて203、茨城は2005年よりも少し減って155、群馬116、埼玉83となり、合計557と倍以上に増加したが、都府県に占める割合は依然として3.9％にとどまっている。

　茨城は他の3県と異なる動きを示しているが、栃木、群馬、埼玉は旧品目横断的経営安定対策の実施が集落営農の組織化を進める大きな契機となっており、2006年から2007年にかけて著しい増加を記録している。栃木は31から138へと4倍以上、群馬は34から128へと4倍近く、埼玉は36から79へと2倍以上の増加となった。旧品目横断的経営安定対策は当初は個別経営で4ヘクタール以上、集落営農で20ヘクタール以上という規模要件を課していたため、これをクリアできないと裏作麦や転作麦が崩壊してしまうという危機的な状況を迎えていた。そこで任意組織であった麦作集団や転作組織を政策に適合するように組織替えを、例えば埼玉県熊谷市では農協の先導の下で進めていくことになったのである。麦作が補助金の交付対象から外れないようにするための集落営農、特定農業団体の急増だったのである。

　旧品目横断的経営安定対策によって集落営農がいかに増えたかは、2005年の数字を100としてその推移を表した図4-2をみれば一目瞭然である。もともと多かった茨城は都府県を下回っており、旧品目横断的経営安定対策による影響

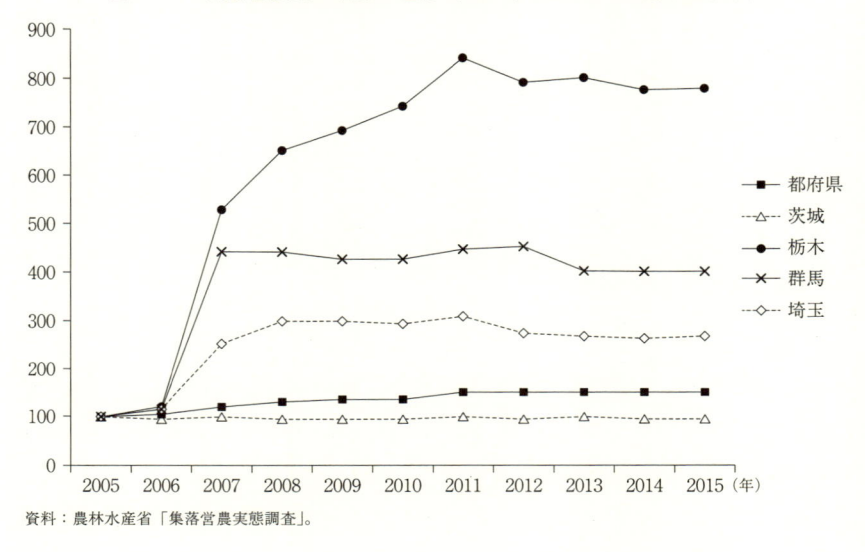

図4-2 集落営農数の増加の趨勢（2005年を100とした指数の推移）

資料：農林水産省「集落営農実態調査」。

は受けていないが、栃木、群馬、埼玉の伸びは著しいものがある。特に栃木では集落営農が急増しており、2005年当時の8倍になった。ただし、この3県とも増加は一時的なもので、現在は息切れがみられる。群馬は2008年以降はほとんど増えず、2012年をピークに減少に転じている。埼玉も同様に2008年以降ほとんど増えないまま、2011年をピークに減少している。栃木は2011年まで増加を続けるが、それ以降はやはり減少している。

　もともと個別経営が地域の農業を支えているため、集落営農の設立が進まないのはある意味で当然のことであり、旧品目横断的経営安定対策が課した規模要件に対応するべく麦作を守るために一時的にその数が増えたにすぎないというのが実情である。担い手が枯渇した集落が一丸となって農地を守っていく動きが全面的に広がっているわけではない。もちろん、中山間地域ではこうした動きも生まれている。

　北関東の集落営農は果たして政策が想定するような農業経営体として発展しているのだろうか。特定農業団体は集落営農が法人化する前の段階として位置

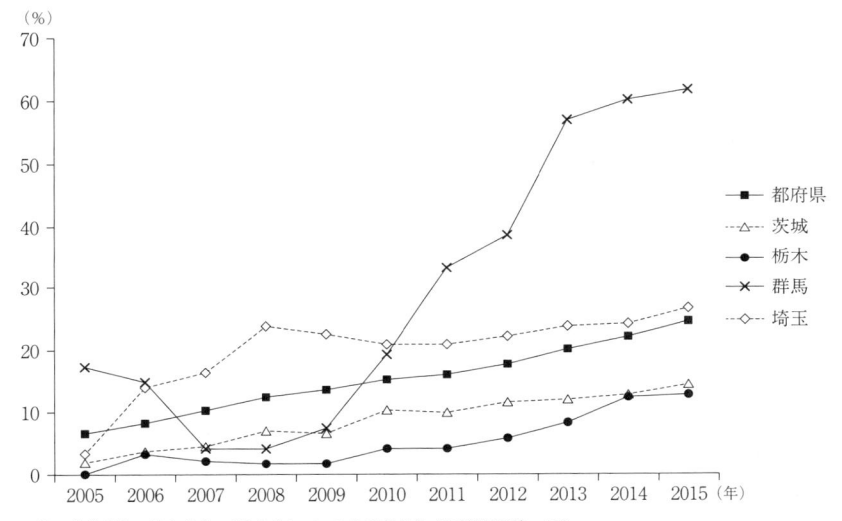

図4-3 集落営農の法人化率の推移

注：集落営農の法人化率＝(法人化している集落営農数／集落営農数)×100
資料：農林水産省「集落営農実態調査」。

づけられ、当初は5年後の法人化が義務づけられていたが、計画どおり法人化は進んだのだろうか。図4-3は集落営農の法人化率の推移を示したものである。これによると栃木は数を大きく増やしてはいるが法人化率は10％を超えた程度にとどまっているのに対し、埼玉は30％が目前で、都府県を上回っている。群馬の法人化率は非常に高く、2009年以降、着実に増加しており、2015年現在、6割を超えている。

問題は法人化の内容である。法人化していたとしても経営の内容がそれに追いついていないことがしばしばあるからである。この点について、群馬と埼玉の事例を取り上げて詳しくみていくことにしたい。

3.2. 麦作に力点を置いた個別性の強い集落営農

その前に2007年6月23日に公表された「集落営農活動実態調査」の結果から、北関東の集落営農の特徴を概観しておく。ただし、公表されているデータは都

表 4-3 生産農産物にみる集落営農の特徴

(単位:%)

	生産農産物別集落営農数割合			生産農産物組合せ別 集落営農数割合	
	主食用米	麦類	野菜類	主食用米のみ	麦類のみ
全国	80.0	42.7	18.2	10.1	2.4
関東・東山	65.9	68.4	13.5	5.3	7.4

資料:農林水産省「集落営農活動実態調査」(2015年)。

道府県別ではなくブロック別であり、かつ、「北関東」という区分はなく「関東・東山」という括りとなっている点に注意する必要がある。全国平均と比べて相対的な違いに注目する程度の内容である。

最初に表4-3をみてみよう。これは集落営農がどのような農産物を生産しているかを示したものである。「全国」と「関東・東山」の違いは主食用米の割合の低さと、麦類の割合の高さにある。主食用米の生産割合は全国平均だと80.0%だが、関東・東山は65.9%と15ポイント近く下回っている一方、関東・東山の麦類の生産割合は68.4%で全国平均の42.7%を逆に15ポイント以上上回っている。関東・東山の集落営農は麦作のための組織としての性格が全国よりも強いのである。また、主食用米のみだと関東・東山は5.3%で全国平均の10.1%の半分近くとなり、米を作るためだけの組織は極端に少ない(ブロック別では最も低い値となっている)。これに対し、麦類のみは7.4%で全国平均2.4%の3倍以上となっている(ブロック別でもトップである)。麦作だけの集落営農が1割弱を占めている点に関東・東山の集落営農の特徴——前史としての麦作のための営農集団としての展開——があらわれている。また、関東・東山の集落営農で野菜類を栽培している割合は13.5%と全国平均を下回っており、複合部門は集落営農としてではなく経営が個別に導入していることが推測される。

この個別性の強さは機械の所有形態にもあらわれている。表4-4は過去1年間に使用した農業用機械の所有形態別台数割合を示したものである。比較の

表4-4 過去1年間に使用した農業用機械の所有形態別台数割合

(単位：％)

	組織で機械を所有している割合			
	農業用機械	動力田植機	トラクター	コンバイン
全国	18.8	16.3	16.5	25.4
東北	9.5	7.8	8.9	12.7
関東・東山	13.8	10.0	11.9	22.0

資料：農林水産省「集落営農活動実態調査」(2015年)。

ため全国だけでなく東北の数字も掲げることにした。東北も旧品目横断的経営安定対策の実施を契機に「政策対応型集落営農」が急増しており、個別経営を形式上1つに束ねた「枝番管理方式」と呼ばれるような集落営農が多いという特徴がある。当然のことながら、農業用機械は集落営農の所有ではなく集落営農の構成員農家が所有している割合が高くなっている。この表4-4からわかるのは、東北ほどではないが、組織で機械を所有している割合が全国平均よりも低いことである。農業用機械全体だと13.8％（全国平均18.8％、東北9.5％）、動力田植機10.0％（全国平均16.3％、東北7.8％）、トラクター11.9％（全国平均16.5％、東北8.9％）、コンバイン22.0％（全国平均25.4％、東北12.7％）となっている。コンバインについては集落営農の所有割合が高いが、これは麦作の営農集団が組織として汎用コンバインを導入していたことや稲作作業受託組織としてコンバインを導入していたことなどを反映した結果だと考えることができる。

以上のように、関東・東山という区分ではあるが、麦作のための営農集団としての性格が相対的に強く、機械は構成員農家の所有が多いがコンバインについては組織としての導入が進んでいるという特徴を確認することができるだろう。こうした性格を有する集落営農がどのような展開をみせているのか、その具体的な事例を次でみることにしたい。

4. 群馬県における集落営農の展開——JA佐波伊勢崎管内の動向——

4.1. 農協主導による麦作を守るための集落営農の設立

　集落営農の法人化が急速に進んだのが群馬県である[3]。その典型がJA佐波伊勢崎管内である。群馬県では旧品目横断的経営安定対策の実施を契機に2007年に一気に111の集落営農が設立された。JA佐波伊勢崎管内には26の集落営農があるが、そのうち19が法人化されている（2014年8月の調査時点の数字）。農協は法人化支援チームを組織して集落営農の法人化を進めてきた。農協の担当者の方の話は次のとおりである。

　「ここは米麦二毛作地帯で麦作を中心とした地域である。乾燥調製施設を建てた時に機械利用組合を設立した。品目横断的経営安定対策の実施で麦の補助金が貰えなくなってしまう。そのため機械利用組合をベースに20ヘクタール規模の集落営農を設立し、その法人化を進めてきた。品目横断的経営安定対策が実施される前まで管内では1,800ヘクタールの麦作が行われていたが、集落営農の設立によって9割を残すことができた。そして、この路線に乗って担い手育成も進めることになった。転作に対する補助金を最大限獲得するのが目標。管内の水田の作付面積は新規需要米を含む米が1,502ヘクタール、麦が1,646ヘクタール（裏作麦1,273ヘクタール、転作麦373ヘクタール）で16億2,100万円の水田関連交付金を受給している」とのことで、旧品目横断的経営安定対策への対応として集落営農が設立され、その法人化が進められてきたのである。

　設立された集落営農の経営については次のように話していた。「品目横断的経営安定対策のときに集落営農の法人化を進めて利用権を設定できるところは利用権を設定して農地を動かすようにした。水田についてはかなりの集積が進んでいる。10アール当たりの小作料は平均5,000円ないしは現物で半俵というところ。法人化した集落営農が融資を受けて投資を行うまでには至っていない。機械施設は補助金を使うケースが多い。日常の会計管理は集落営農が行ってい

る。決算は県中央会のシステムを活用している。これまで収入から経費を差し引いた残りを組合員に分配してきた。法人になったからといって分配を減らして法人に資金を貯め、それで機械施設を投資していくことには簡単にはならない。ただし、規模拡大加算などの補助金をかなり貰ったので集落営農にお金はそれなりに蓄積されている。機械利用組合をベースとして設立されたところは機械を共同で所有しているところが多い。もとは機械利用組合ではあったが、個人で米を作っているところは少なくなっている。三ツ橋は以前から機械利用組合として活動を続けており、2008年に県内初の集落営農法人となった先進事例である」。農協は集落営農の法人化を進めながら、機械施設の更新のための資金を蓄積していけるような体制を構築できるよう支援を行っているのである。

　次に、三ツ橋と田中島の2つの農事組合法人を取り上げ、その現状と到達点をみていくことにしよう。

4.2. 三ツ橋――4人のオペレーターを中心に運営――

　現在の構成員は15戸でこのうち集落外の構成員が2戸いる。設立当初は16戸だったが、世帯主が亡くなり、息子さんが入らなかった家が1戸あったため15戸となる。出資金は1戸当たり1万円。組合長と理事2人の3人体制。15人は全員が農業専従である。かつては兼業に出ている人が多かったが、高齢化が進んで農業専従となった。組合員のうち認定農業者は3人いるが、どれも施設野菜を中心とした経営である。機械オペレーターは4人で、これに組合員の息子さんが2人加わり、計6人体制で行っている。機械の整備は農協にお願いしている。

　会計はすべて一元化されている。個々に機械を買うのではなく、みなでまとまって機械を買っていく。最大時は40ヘクタール規模だったが、現在は30ヘクタールである。集落の外に出作していたときもあったが、それをやめたので面積が減った。三ツ橋はもともと小さい集落だが、機械利用組合として出発したため集落外の構成員も入っており、集落ぐるみの集落営農で農地を守っていくかたちにはなっていない。地形的にいくつもの集落の農地が入りくんでおり、

資料1　群馬県伊勢崎市・農事組合法人三ツ橋の概要

```
大型機械の利用組合→政策対応営農組合→資本蓄積のため法人化
機械利用組合としてスタート→集落外へ出作拡大（最大時40ヘクタール規模）
　2006年に品目横断的経営安定対策への対応で営農組合となる
　2008年に法人化　組織に資本を蓄積するためJAのサポートを受ける
現在は集落の農地だけを利用権設定が借りている（30ヘクタール）
　（広いところにいくつもの集落の農地が混在している地区）
組合員15人　機械オペレーター4人が水田作業の主力
水稲27ヘクタール（稲WCS12ヘクタール）小麦30ヘクタール
　小作料6000円/10アール　組合員の田は作業受委託で処理
あと5ヘクタール拡大を図りたいが農地が出てこない
年間の出役日数は100日→周年就農の実現に残りの200日をどうするか
```

集落として農地がまとまっているわけではない（資料1）。

　利用権設定を受けている水田30ヘクタールのうち稲作は23ヘクタール程度で、これを機械オペレーターの4人が1人当たり5～6ヘクタールに分けて田植の後から刈取までの間の管理作業を行っている。これ以外の11人も自作地だけは何とか自分で管理している。耕起から田植までと刈取から乾燥調製までの機械作業は共同で行っている。農地は地主の方から「作ってくれ」と言われて作ることになったところがほとんどである。このほかに員外からの水稲全作業受託が1.8ヘクタールある。

　2008年に法人化して組織として農地を借りるようになる。それまでは構成員が個々に農地は借りて、それをみなで共同作業する格好だった。旧品目横断的経営安定対策が始まることをにらんで2006年に機械利用組合から経理を一元化した営農組合にしたが、組織にお金をためていくことができないので法人化に踏み切った。営農組合にしたのは麦の補助金を貰うためであった。

　現在の機械施設はほとんどが法人名義となっている。機械利用組合の時代から更新のための資金を貯めていた。このお金で足りないときは近代化資金を借りて対応してきた。組合員は作業料金を機械利用組合に支払うかたちをとって

きたが、この方式は現在も続いている。ただし、作業料金は農業委員会の標準農作業料金の60％でよい。労賃はタイムカードで管理している。賃金は一律1,100円／時で、オペレーターと一般作業は同じ賃金である。

現在の作付面積は水稲27ヘクタールと小麦30ヘクタール。水稲は12ヘクタールが飼料用稲WCSで、3年前から酪農家と契約しており、収穫作業は酪農家が行っている。飼料用米は採算が合わないとのことである。主食用米はアサヒノユメが15ヘクタール。単収は8.5俵で地域の平均よりも高い。小麦はサトノソラで30ヘクタールを栽培しており、単収は8俵少しという状況である。米の作付面積をもう少し増やしたいのだが、水が入らない田や道が狭くてトラクターが入らない田があり、30ヘクタールすべてで米を作ることはできない。

2014年の前渡金は6,000円／俵（98.7円／kgアサヒノユメ1等）で2013年の1万400円／俵から大きく下がった。麦や米の作業と重なるので組織として野菜は作っていない。2013年度の経営収支は次のとおり。農産物販売は米が1,300万円、麦が500万円弱、作業受託が75万円、経費が2,200万円かかっており、一般管理費が180万円強あるため営業収支は530万円の赤字である。これを営業外収益の3,340万円で補い、農業経営基盤強化準備金を700万円弱積み立てても2,000万円少しの利益を残している。この利益は従事分量配当で組合員に配分されている。

機械装備は次のとおり。トラクターは3台でいずれも法人名義で、87psを2013年と2014年に1台ずつ、108psを2014年に1台導入した。108psのトラクターはブームスプレイヤー専用となっている。コンバインは2006年と2007年に5条刈りを1台ずつ、2013年に普通型コンバインを1台、計3台を装備している。田植機は10年以上も前に導入した6条植えが2台あり、今後更新する予定である。このほかブームスプレイヤー1機、乾燥機が80石3台、50石2台、もみすり機、色彩選別機などを装備している。

作業は、田植が6月末〜7月中旬（2014年は台風と集中豪雨で遅れた）、稲の刈取が10月20日〜10月末まで、WCSは10月初旬の1週間となっている。麦は播種が11月16日〜11月24日、刈取が6月10日から1週間である。

畦畔草刈りと水管理の管理料は支払っていない。米は組合員ごとに精算している。4人のオペレーターについてはプール計算をしている。市の農業委員会の作業料金の60％が組合の作業料金であり、これで各組合員の収益を計算する。組合の仕事での年間の出役は100日少ししかない。周年就農を実現するためにあと200日どのように仕事をつくるかという問題がある。この組合だけでは1年間働くことができない。

小作料は6,000円/10アールだが、無料というところもある。「田を管理してくれればよい」という人も多い。

「ここは麦作地帯ということもあって水がなかなか来ない。バルブをひねれば水が出てくるような地域ではない。そのため春作業の制約が厳しい。ビール麦ならば収穫時期は早いが、品種検査は合格しないと価格が低くて作れない。水の制約があるので米の規模拡大はできない。麦であればいくらでも規模拡大ができる」と話していた。また、「法人化に際しては県と農協のサポートを受けた。群馬県中央会がひな形をつくってくれた。法人化によって資金の積み立てができるようになったことが大きい。もう少し経営面積を増やしたい。あと5ヘクタール拡大したいが、農地がなかなか出てこない」とのことであった。

4.3. 田中島——高齢者が支える集落営農——

構成員21人で理事を務めている7人が組合の主力である。ただし、理事の高齢化が進んでおり、代表理事は64歳だが、それ以外の理事は世帯主の病気によって交代した39歳の人（農業専従）を除けば、80歳、77歳、75歳、66歳、62歳となっている。こうした60歳以上の理事の家には農業後継者は確保されていない。21人のうち5人は農業専従だが、主力は施設野菜（ニラ）か露地野菜（ブロッコリー・白菜）で稲作ではない。

もともとは1990年に田中島機械利用組合として6人、15ヘクタール規模（作業受託面積込み）で出発した。ライスセンターの機械利用組合として大型コンバインを導入し、麦作の作業受託を中心に行っていた。

品目横断的経営安定対策の実施に伴い、麦作を守るために20ヘクタールの規

第4章 北関東における集落営農の展開　141

資料2　群馬県伊勢崎市・農事組合法人田中島

機械利用組合→政策対応営農組合→法人化
　ライスセンターの下の機械利用組合としてスタート（稲刈・麦刈受託）
　2006年に品目横断的経営安定対策への対応で営農組合となる
　　当時の経営規模は稲刈4ヘクタール・麦刈6ヘクタール
　　複数集落と一緒になって要件をクリアする
　　4町から構成される営農組合となる
　2010年に法人化　作業受託から利用権設定へ移行
組合員21人、理事7人が水田作業の主力（60～70代）
秋作業は共同作業（春作業は個別で行う）
水稲15ヘクタール　小麦29ヘクタール
小作料6,000円/10アール　麦作だけの場合は3,000円/10アール

模要件をクリアする必要が生じたが、田中島集落だけでは10ヘクタール少しの作業実績（稲刈4ヘクタール、小麦刈取6ヘクタール）しかなく、それを満たせなかったため周りの集落に声をかけて、4つの集落（ここでは「町」と呼んでいる）で集落営農に組織替えすることになった（資料2）。2010年に法人化して農事組合法人となり、このときに作業受託から利用権設定に移行した。農地の借入はすべて員内からのもの。期間借地も利用権に切り替わってきている。作業受託はしない。地代は6,000円/10アールが上限で、期間借地での麦作は3,000円/10アールとなっている。契約期間は短いもので6年、長いものは10年である。集落内にはすべての機械を揃えて1ヘクタール少しの水稲を自作している農家が1戸、麦刈を自分で行っている農家が3戸おり、彼らは組合には入っていない。

　水管理と畦畔草刈りについてはやりたいと希望した人にやってもらっている。組合で借りた田については担当責任者を決めて管理を配分している。この配分を受けるのが理事の7人である。

　オペレーター賃金支払い総額は秋作業が24万円、夏作業が48万円。春作業は個別で共同では行っていない。オペレーター賃金は、コンバインが2,500円/時、

軽トラックでの運搬が1,500円／時である。刈取作業だけで乾燥調製はライスセンターにお願いしている。ライスセンターへの搬入は個々の農家が行い、農家ごとに精算している。組合としては「作業をしてくれと頼まれると、やってくれそうな農家を紹介する」とのことであり、作業受託は組合としてではなく、個人としての受託になっている。

機械装備はコンバインが2台である。1台は2006年の任意組織の再編時に導入した5条刈で今後更新する予定である。もう1台は2012年に県単事業で導入した同じく5条刈である。軽トラックは個々の農家が持ち寄る。肥料などの資材は一括して組合で購入し、代金を個々の農家から徴収している。ライスセンターの稼働時期が決まってから全員で相談して刈取時期を決めている。この相談には普及センターも関与している。

2013年度の作付面積は小麦29ヘクタール弱、水稲15ヘクタール弱で合計43ヘクタール強である。おおまかな経営収支は、農産物販売金額が米1,100万円少し、麦500万円弱で1,600万円。ここから経費1,100万円弱と一般管理費50万円少しを差し引いた営業黒字はわずかだが、営業外収益が2,500万円以上あり、農業経営基盤強化準備金を50万円積んだ残りの3,000万円弱の利益を従事分量配当で配分している。

今後についてはいくつかの集落営農を1つにまとめていこうという話が地区で出ているとのことであった。農業専従の人がいても野菜が中心で水田の受け手がいなくなっている状況がこの背景にある。

4.4. 小括──徐々に進む法人としての体制整備──

JA佐波伊勢崎管内の2つの法人化した集落営農をみてきたが、旧品目横断的経営安定対策を契機に麦作のための機械利用組合から利用権の設定を受けて稲作を行う組織への移行が徐々に進んでいる。作業体制はいまだ個別経営の寄せ集め的な性格を残しているが、三ツ橋では機械オペレーター4人への集約がかなり進んでいる。田中島は7人の理事が支えているが、高齢化が進んでおり、早晩、これよりも少人数に集約されていくことが予想される。構成員が園芸作

を個別に経営しており、そちらが主たる収入源となっていることが、こうした運営をとらせる背景にある。

　機械施設は法人所有に移行しているだけでなく、農業経営基盤強化準備金を活用しながら機械施設の更新費用を蓄積し始めており、法人化によって資金的な再生産が可能となる状況が生まれている点は評価できる。利益のかなりの部分を従事分量配当で配分してしまっているが、その割合を引き下げ、法人で周年就農が可能な体制を整えたうえで労賃水準を引き上げていくことが今後の課題である。そうなるまで時間はかかるとは思うが、水田農業の担い手不足が進行するに従って着実に事態は進展すると考える。

5．埼玉県における集落営農の展開——JAくまがや管内の動向——

5.1．水田麦作を維持するための集落営農の設立

　埼玉県熊谷市は旧品目横断的経営安定対策の実施に伴い、麦作を守るために農協主導の下で26の営農組合を一気に設立した。26の営農組合のうち麦・大豆まで行っているのは6組合にすぎず、残りの20の営農組合は麦作だけの組織であった。また、26の営農組合は米のナラシ対策にも加入しておらず、水田裏作としての麦作を守るための組織として集落営農は設立されたのであった[4]。これによって組合員数計2,075人、水田面積1,546ヘクタールの麦作が交付金の対象として維持されることになる。このように熊谷市の集落営農はもともと麦作集団であり、水稲作とは全く別個の組織としての性格を有していたのである。そのため集落営農のため現在も麦作の枝番管理的な組織にとどまっているところがほとんどで、個別農家が所有する機械を持ち寄っての共同作業、集落営農に機械更新のための資本蓄積は行われていない状況にある。そうした集落営農のなかで中条農産サービスは稲作も担う法人経営として早くから展開しており、熊谷市のなかでは異質な存在である。しかし、こうした法人経営の育成を進めることが課題となっていることから、ここでは中条農産サービスの展開過程と

現状を紹介することにしたい。

5.2. 中条農産サービス——水田農業経営としての展開——

　中条農産サービスは1983年に農家の長男が5人集まり、機械を持ち寄って結成した任意の営農組合としてスタートした。現在、代表取締役を務めるY氏はダンプカーの運転手、I氏は土木関係、残りの3人は通信関係の仕事を兼業として行っていた。5人のうち熊谷農業高校出身者が3人を占めており、5人全員が家の農業を継ぐことは決まっていた。営農組合を設立してすぐに83psの大型トラクターを購入した。この地区は圃場整備が終了したばかりで田の耕耘作業の依頼が多く、それを引き受けることから活動を開始した。土地改良区からも作業受託（大きな圃場をつくり、そこに畦をつける作業）を受けていた。地元の人から作業を頼まれれば無理してでも引き受けて規模拡大を図ってきた（資料3）。

　2003年に法人化して有限会社となった。法人化の理由は税理士さんの指導があり、農協からも地域農業の核となってもらうためにも法人化して地域の信用を得てほしいという指導があったことによる。1人当たり60万円を出資し、5人で計300万円を資本金とした。法人化を契機に5人全員が農業専従となった。5人が持ち寄った経営地面積は合計9ヘクタールだったが、既にそのときには利用権設定面積40ヘクタールのほか、麦刈作業40ヘクタールを受託していた。その後、毎年3〜4ヘクタールずつの借入地が増えており、その増え方も近年になるほど大きくなっている。「法人化して農地の受入れ体制ができたことがまわりに認知してもらえたことが大きい」とのことであった。現在の経営耕地面積は80ヘクタールで、麦刈作業などの農作業受託はほとんどなくなっている。水田裏作麦の期間借地は当初からなかった。農地の借入れは農協を窓口としており、すべて利用権を設定している。契約期間は6年以上となっている。半径2kmの範囲に大体の経営地が収まる程度の分散だが、地主は100人前後になる。小作料は9,400円/10アールであり、このほか基幹用水の水利費3,500円/10アール、用水のポンプアップ代4,000円/10アールが耕作者の負担となる。小

資料3　埼玉県熊谷市・中条農産サービスの概要

麦作の作業受託集団→農地を経営する営農組合に発展
1983年に機械利用組合を設立→2003年に法人化（有限会社）
　現在は4人の組合員＋社員2人
法人化当時は40ヘクタール＋麦作作業受託40ヘクタール（作業受託が賃貸借に移行）
　現在の経営面積は80ヘクタール（うち組合員提供地7ヘクタール）　作業受託はなし
JAを通じた利用権設定　地主は100人以上　法人化で地域の信用獲得
水稲73ヘクタール（飼料用米9ヘクタール）　麦80ヘクタール　ねぎ0.6ヘクタール
　30アール区画の田の畦抜きをして作業の効率化を図る
　精密農法にチャレンジしていく（夜間の麦刈り←日照時間が短い）
150ヘクタール規模をめざす　社員をあと2人雇い入れる
　米価下落がダメージ　水利費と小作料で10アール当たり2万円は高い

作料の支払いは農協を通じて行っている。米の単収は7俵/10アール、麦の単収は450kg/10アールで麦の方が高い。「小作料はもっと下がってくれないと苦しい」とのことであった。

　現在は役員4人と社員2人のほか、農繁期に中条農産サービスに農地を貸している定年退職者を臨時雇いとして雇用している。2人の社員は役員の子息であり、将来的には世代交代が図られる見込みである。

　機械装備はトラクター9台（125ps、107ps、100ps、90ps、80ps、40ps）、田植機3台（8条植2台と6条植1台）、コンバイン5台（6条刈3台、汎用麦刈専用2台）と乾燥機である。乾燥調製は農協ではなく自分の経営で行っている。機械整備はY氏が行っており、機械整備ができるよう2人の社員に教えているところである。

　作付は次のとおり。水稲が73ヘクタール（キヌヒカリ25ヘクタール、彩のかがやき22ヘクタール、彩のみのり15ヘクタール、酒米5ヘクタール（酒武蔵）、米粉用米3ヘクタールなど）である。飼料用米9ヘクタールの栽培も始めており、乗用管理機で5月に麦間直播を行っている。県内の養鶏場（もみ米のまま）

と農協に出荷している。稲わらはすべてロールにしてしまい、畜産農家がとりに来て堆肥を撒いてくれる。麦は80ヘクタール（さとのそら55ヘクタール、ビール麦5ヘクタール、アヤヒカリ20ヘクタール、農林61号1ヘクタールなど）である。作業効率を上げるため30アール区画の田の畦をできる限り取り払うようにしている。1ヘクタール区画の田は5〜6枚ある。このほか水田でねぎ60アールの栽培を行っている。農産物の販売先は農協である。

「2014年産米の概算金は7,000円/俵で昨年の半分になってしまった。今後は150ヘクタールまで規模拡大を図って精密農法に取り組みたい」とのことであった。「6月の第2週から7月初旬にかけては麦刈と田植が重なって大変な時期となっている。人件費が高いので臨時雇いをたくさん雇って対応することはできない。圃場を1ヘクタールに拡大し、水の制約があるが3〜4ヘクタールを1つのブロックとして無駄なく働くことができるような体制にしていきたい。夜でも農作業できるようにしていく。150ヘクタール規模にして社員をあと2人入れる。既に希望者が来ている。麦播きの時期は昼間の時間が短いので夜も働けるようにする。そうすればもっと大きい面積をこなせるようになる」と話していた。「75歳を過ぎた人が20ヘクタール規模の水田を耕しているが、後継者は不在で早晩、その農地はここにやってくるだろう。このような農家が増えており、規模拡大は進むとみている」とのことである。

5.3. 小括

中条農産サービスのようなケースは熊谷市では珍しいが、個別大規模経営の高齢化が進んでおり、将来的には麦作集団であっても、耕せなくなった農地が集まってくる可能性が高まっている。当面のところは麦作だけの組織かもしれないが、法人化を進めて水田を引き受けられるような体制を整備していくことが求められている。こうしたしっかりとした受け皿が用意されれば毎年3〜4ヘクタールのペースで借入地は拡大していくはずである。

中条農産サービスについては圃場整備が終了したばかりの地区であったことが耕耘作業の受託や土地改良区からの作業受託などの仕事をもたらし、それが

経営を支えてきたという幸運な面がある。また、その作業受託が水稲の作業受託となり、さらに進んで利用権設定を通じての農地の借入れとなったと考えられる。その意味では中条農産サービスは埼玉北部・麦作地帯としては特殊な事例かもしれない。ただし、前述したように今後は個別経営のリタイアが進むことは間違いなく、放出された農地を借り受けることで他でも同様の展開がみられると考えられる。また、中条農産サービスは役員の子供が社員として加わっており、将来の経営継承という点でも注目される。

6．おわりに

　埼玉北部を含めた北関東の農業構造の特徴は水田麦作と個別経営の展開にあるが、旧品目横断的経営安定対策の実施を契機に、20ヘクタールの規模要件をクリアするため集落営農の設立が急速に進んだ。栃木、群馬、埼玉はその典型だが、なかでも群馬と埼玉では集落営農の法人化が進められており、特に群馬の法人化した集落営農の数の伸びは著しいものがある。
　JA佐波伊勢崎は集落営農の法人化に積極的に取り組んでおり、法人設立に際してさまざまなアドバイスを行ってきた。法人化した集落営農は個別経営の寄せ集め的な性格をまだ色濃く残しているが、農業経営基盤強化準備金制度が活用され、機械施設を更新するための資本蓄積が進められている。また、構成員の高齢化によって集落営農の基幹的な従事者は徐々に絞り込まれてきているので、もう少し規模が拡大すれば政策が考えるような農業経営体となる可能性も生まれてきている。だが、同時に集落営農のリーダーたちの高齢化も進んでいるので、後継者層の確保が課題となっている。タイムラグがありながら北関東も中山間地域の集落営農と同様の状況に次第に近づいてきている。ただし、集落営農への出役に熱心ではない園芸作を中心とする農業専業的な個別経営と農外兼業に傾斜した農家も含めれば一定数以上の「頭数」は確保されている点は決定的に異なっている。
　JAくまがやも旧品目横断的経営安定対策のため集落営農の設立に積極的に

取り組んだ経緯がある。現在、有限会社として80ヘクタール規模の水田経営を営む集落営農は、麦と稲作の農作業受託で規模拡大を図ってきたが、近年の担い手不足により作業受託は利用権設定に移行するとともに規模拡大のペースも上昇していた。熊谷市の集落営農は麦作集団にとどまっているところが多いが、個別経営の持ち寄り的な形態であっても稲作も担当できる体制の整備を進めることで農地が集まり、水田農業を担う経営として発展する可能性が少しずつだが生まれているようであった。

　個別経営を軸に動いていた北関東の農業構造も、その経営の内実はまだまだではあるが、旧品目横断的経営安定対策を契機に急増した集落営農が次第に重要な鍵を握るようになってきているのである。

注
1）　北関東の農業構造の特徴については、安藤光義『北関東農業の構造』（筑波書房、2005年）を参照されたい。
2）　本項の内容は、竹島久美子・安藤光義「関東農業の構造変化」安藤光義編著『農業構造変動の地域分析』（農山漁村文化協会、2012年）をベースとしている。
3）　ここで紹介する三ツ橋の事例を含め、農業経営の個別性の強い関東・複合生産地帯の農業生産の組織化の歴史的な展開過程については、佐藤了「複合生産地帯」永田恵十郎編著『空っ風農業の構造』（日本経済評論社、1985年）を参照のこと。
4）　旧品目横断的経営安定対策への熊谷市の取り組みについては、安藤光義「水田農業構造再編と集落営農」（『農業経済研究』第80巻第2号、2008年、67-77頁）を参照されたい。

第5章 集落営農組織の経営多角化と直接支払
――広島県世羅町(農)さわやか田打を事例として――

西 川 邦 夫

1.問題の所在と課題の設定

1.1. 問題の所在

　集落営農組織とは「できるだけ手間ひま金をかけずに農地を守る組織」であり、その原型は「集落ぐるみ型」の「地域を守るための危機対応」であるとされてきた[1]。それを労働力構成の側面から捉えると、構成員の能力に応じた機械作業と水・畦畔管理作業の、地域レベルでの再編とされる[2]。つまり、集落の全戸出役による組織の運営が前提とされてきたのである。

　しかし、近年は集落営農組織においても専従者の確保が課題とされつつある。なぜなら、第1に組織の設立自体は必ずしも構成員の高齢化を止めるものではなく、徐々に全戸出役が困難になるからである。第2に、経営体でもある集落営農組織が営農機能の充実を図っていくと、運営面において全戸出役は、構成員への貢献度の評価や組織目標遂行への動機づけといった点で、必ずしも合理的なものではなくなるからである[3]。先行研究においても、主に北陸地方の合併組織を中心として、専従者の導入とそれへの作業・運営の集中によって組織の効率性を上昇させ、経営体としての発展を図る事例の検討が積み重ねられている[4]。また、政策的にも集落営農組織の「経営体化」は専従者の確保を中心とし、経理の一元的管理、法人化と一体的に推し進められていることは周知の

とおりである[5]。

一方で、専従者への作業・運営の集中が組織に生じさせる問題についても注目されるようになってきた。専従者への集中がその他構成員の組織への関心・参加意識を希薄化させ、最終的には彼らの離農・他出を促進し、地域社会に負の影響を与えることが懸念されるようになったからである。専従者の確保による集落営農組織の「経営体化」が、一転して組織の継続性を損なう。以上の、専従者確保と集落営農組織の継続性の間にあるトレードオフの関係は、主に過疎化・高齢化が著しい近畿・中国中山間地域の事例を中心としてこれまで指摘されてきた[6]。

1.2. 解決の方向性

いかにして専従者の確保と、集落営農組織・地域社会の持続可能性確保を両立させるか。先行研究が注目してきたのは、組織の内部における専従者とその他構成員の機能分担の再編である[7]。つまり、専従者への集中によって排除される構成員に、組織内でどのような役割を与えていくかということが重要な検討課題となっているのである。そのためには新たな出役機会の創出が必要であり、その手法として重視されてきたのが、農業生産を超えて直接販売、農産加工等に取り組む経営多角化である[8]。

以上の解法は、どちらかというと組織内部からの内発的な展開を念頭に析出されたものといえる。しかしながら、集落営農組織を実際に支えているのはそのような内発的な動きばかりではない。本章では政策転換による組織外部からの影響を重視するが、それは現在水田農業の担い手が自らの経営を維持していく上で不可欠な存在となった、直接支払交付金である。直接支払交付金によって収入の大部分が占められている担い手の経営は、「補助金漬け」というネガティブなイメージで捉えられがちである。しかし、本章では組織の経営発展と地域社会の持続可能性の確保という目標に、交付金を利用して取り組んでいく姿を集落営農組織発展のための1つのモデルとして位置づけたい。

1.3. 課題の設定

　本章の課題は、農産加工への取り組みを中心とした集落営農組織の経営多角化に対して、直接支払交付金が果たす役割を明らかにすることである。なお、筆者は以前に対象事例における農産加工への取組には詳細な検討を加えたので[9]、本章では直接支払交付金の役割を中心的に検討する。

　本章では以下の手順で課題に接近する。第１に、広島県における集落営農組織（集落法人）[10]育成施策の展開を振り返るとともに、現在の局面を整理する（2）。第２に、集落営農組織における専従者確保と経営多角化の論理を、労働時間分析等によって検討する（3）。第３に、以上の展開過程の中で、直接支払交付金が果たす役割を経営収支分析等によって明らかにする。そして、対象とする組織では、直接支払交付金が実質的にどのような使途に当てられているのか、またどのような効果が得られているのか明らかにしていく（4）。

　本章では、分析対象事例として広島県世羅町に所在する（農）さわやか田打を取り上げる。広島県世羅町は中国中山間地域に属し、本章の問題意識に適合的な地域といえる。なお、本章で「直接支払」といった場合、「農業活動に関連しておこなわれる公の予算から農業経営者への直接的な所得移転」（飯國・岡村［2012］14頁）を意味するものとする。なお、飯國・岡村［2012］、によると、直接支払は性質・目的に応じて、①所得補償型、②環境保全助成型、③条件不利地域補償型、に分類でき、さらにデカップリングの有無に分けることができる。それぞれ農業生産活動に与える影響は異なることが予想されるが、本章では区別をしない。さわやか田打では各種支払を１つの会計の中で統合して使用しており、それらの違いが何らかの影響を与えている度合いは小さいと考えられるからである。

2. 広島県における集落法人育成施策の展開

2.1.「地域政策」としての集落法人育成施策

　広島県は、全国的に集落営農組織が急増した2007年の経営所得安定対策導入以前から[11]、その育成を図ってきた。農林水産省『平成17年　集落営農実態調査報告書』によると、当事、広島県は集落営農数で富山、滋賀に次いで全国3位（580組織）、法人数は富山に次いで全国2位（67法人）に位置していた。

　以上の展開は、高齢化の進展、耕作放棄地の増加といった農業構造の脆弱化に対応したものであるが、地域農業・地域社会の維持のために、地域ぐるみで集落法人を設立してきた点に特に特徴があったと言える。2000年に広島県が策定した『新農林水産業・農山漁村活性化行動計画』（以下、「行動計画」）では、「若い人材と高齢者等の役割分担・連携システムの構築」（40頁）が謳われ、「全戸参加型」と「オペレーター中心型」が並列して図示されていた（41頁）。また、2010年までに430法人を立ち上げることが目標とされ、集落法人設立の加速化がめざされた。表5-1を見ると、「行動計画」策定と踵を合わせて2001年度頃から設立数が急増していることがわかる。そのような育成施策のあり方は、「地域政策」（小林［2007］76頁）として評価されるものであった。

2.2.「経営体育成政策」から「選別政策」へ

　しかし、2006年の「行動計画」を見直した『2006〜2010　新農林水産業・農山漁村活性化行動計画――元気な広島県の農林水産業・農山漁村をめざして――』において、広島県の集落法人育成施策は「経営体育成政策」へと大きく転換した。「選択と集中」の下で、「効率的で安定的な力強い経営体が農業生産の相当部分を担う生産構造への転換」（2-3頁）がめざされた。集落法人についても、経営管理能力の向上、複合化・多角化、規模拡大による「経営の高度化」が目標とされた。設立目標も、2015年までに410法人と、2000年の目標が

先延ばしされた。しかし、設立のスピードは衰えることなく、2007年度には100法人、2010年度には200法人を突破した。

2014年に策定された『2020　広島県農林水産業チャレンジプラン　アクションプログラム（平成27年度～29年度）』（以下、「プログラム」）では、広島県農政は集落法人の「選別政策」へと歩を進めた。集落法人の位置づけは農業参入企業、認定農業者と同等とされ、集落法人の設立目標は掲げられなくなった。支援は「経営発展志向のある担い手」に重点化されるとともに（16頁）、「現状で経営発展意向を持たない集落法人や集落営農等は、将来において、新たな担い手の参入や意欲のある担い手が規模拡大するための農地維持を図る担い手として位置付け」るとされた（21頁）。

このように選別政策に歩を進めた背景には、「集落法人の設立と育成を重点的に推進した結果、農地集積と稲作など土地利用型農業の低コスト化は一定程度進みましたが、更なる規模拡大や園芸導入等による経営発展をめざす集落法人は約4割にとどまっています」（16頁）という、広島県農政サイドの強い不満がある。広島県農政が掲げる経営体育成政策は、必ずしも順調とはいえないのである。表5-2は、集落法人の経営状況の推移について見たものである。設立数の急増は、逆に利用権設定面積の小規模化をもたらしている（2008年度から13年度にかけて、24.7ヘクタールから

表5-1　広島県における集落法人の設立状況

（単位：法人）

	フロー		ストック	
	合計	世羅町	合計	世羅町
1988年度	1		1	0
89	1		2	0
90			2	0
91			2	0
92	1		3	0
93			3	0
94			3	0
95	2		5	0
96	1	1	6	1
97	1		7	1
98			7	1
99	2	1	9	2
2000	2		11	2
01	8	1	19	3
02	20	2	39	5
03	23	5	62	10
04	9	2	71	12
05	8		79	12
06	19	4	98	16
07	27	4	125	20
08	33	5	158	25
09	17	2	175	27
10	29	3	204	30
11	10	2	214	32
12	12	3	226	35
13	16	1	242	36
14	14	1	256	37

資料：広島県提供の資料より作成。

表5-2 集落法人の経営状況の推移

(単位：人、千円)

	2008年度	2009年度	2010年度	2011年度	2012年度	2013年度
集計法人数	115	137	161	174	199	195
構成員数①	39	35	38	35	32	32
利用権設定面積	24.7	23.7	23.5	22.4	21.9	23.4
売上高	24,768	22,879	20,891	22,336	26,150	24,605
営業外収益②	6,097	6,148	7,768	9,026	7,479	7,766
集落農業所得③	16,273	15,191	14,218	16,804	17,790	15,699
②/③（％）	37.5	40.5	54.6	53.7	42.0	49.5
③/①	417	434	374	480	556	491

資料：表5-1と同じ。
注：集落農業所得＝作業委託費＋支払地代＋労務費＋経常利益。組織が構成員に対してどれだけ還元できたかを示す値として、広島県で用いられている。

23.4ヘクタールへ）。売上高の増大も確認できず、表記はしていないが米への依存の高さも変化がない（79.2％から79.8％へ）。構成員1人当たり集落農業所得[12]（③/①）は増加しているが、交付金を中心とした営業外収益が占める割合（②/③）が増加する中でのことである。

　以上検討してきたように、広島県農政の集落法人育成施策は、近年経営体育成政策へと純化しつつある。確かに、多くの集落法人の経営は停滞的である。ある程度経営体としての展開が見られなければ、集落法人は持続可能性を持たないであろう。しかしながら、農村地域、特に中山間地域においては、地域農業・地域社会を維持していく役割も集落営農組織には求められていることも事実である。表5-2で見た集落法人の経営指標の停滞は、逆にそのような法人が存立の根拠を持っていることの反映でもある。経営体としての発展と、地域農業・地域を維持していく役割をどのように両立させていくか、次章以降で具体的な経営分析を通じて検討していきたい。

3．さわやか田打の展開過程と経営多角化[13]

3.1．さわやか田打の概要

（農）さわやか田打は、2014年現在、正組合員51人（農地を所有していない准組合員7人）、水田利用権設定面積45.0ヘクタール、収入7,866万円（うち交付金等3,165万円）である。事業部門は水稲、大麦、大豆、ハウス野菜、農産加工、地域資源管理と多岐にわたる。水田作は基幹作業をオペレーターが実施し、管理作業は構成員に畦畔管理料6,000～7,600円/10アール（圃場条件で差がつく）を支払って再委託している。出役賃金は、後述の常勤雇用を除いて一律1,000円/時間、小作料は飯米用として60kg/10アールを現物で支払っている。

さわやか田打の設立は、1994年に田打地区内の壮年層が地区の将来を話し合う場として、田打振興会を立ち上げたことに端を発する。その話し合いの中で、1998年から県営担い手育成型圃場整備事業を導入することになった。そして、高齢化の進行が予想される中で地区の農業を今後も安定的に持続させていくために、また圃場整備事業は担い手への農地集積を進めることで補助率が嵩上げされることもあり、1999年にさわやか田打が設立された。全戸出役を前提としていたこともあり、設立当初、機械作業のオペレーターは20人を数えた。2001年からは、地区内の女性たちによって従来から実施されてきた農産加工を、組織の経営部門として吸収した。さわやか田打は、集落ぐるみの出役を前提としつつ、地域づくり→圃場整備→組織の立ち上げ、という広島県における典型的な集落法人の展開パターン[14]を経てきたのである。

3.2．常勤雇用の導入と農産加工部門の拡大

3.2.1．常勤雇用の導入による若年・壮年層の確保

さわやか田打は当初、地区内の若年・壮年層の緩やかな減少を、組織化による効率化と定年帰村者による労働力の補給[15]によって補い、組織の持続性を

確保していく構想であった。しかし、実際の地区の人口動態はそのような構想を裏切るものであった。住民基本台帳のデータをもとに、1990年から2010年にかけての人口動態を見ると、まず29歳以下層が1990年76人から2010年32人にまで半減以下となった。また、定年帰村者と思われる、1990年50～59歳層から2000年60～69歳層への増加数は5人であったが、2000年から2010年にかけては同様に計算すると逆に5人減少した。定年帰村者減少の要因としては、さわやか田打の設立によって、他出者が農地管理を自ら行う必要性を感じなくなったことが大きいと地区内では考えられている。以上の結果、地区全体の人口は、1990年から2010年にかけて267人から173人まで大幅減となり、地区の持続可能性が懸念された。

　そこで、さわやか田打を就業の場として若年・壮年層を雇用し、彼らの定住を促すことによって組織と地区の持続可能性を図ることがめざされた。表5-3は、さわやか田打の常勤雇用について示したものである。さわやか田打では、常勤雇用の形態をとっていた組合長A（2014年で71歳）に加えて、2010年にB（29歳）、2012年にC（56歳）を採用した。また、常勤雇用候補としてD（20代）がいる。常勤雇用候補は、組織に出役してからの日が浅いために時給制となっているが、いずれ月給制に移行する予定である[16]。

　常勤雇用は、いずれも組織の構成員、もしくはその子弟である。採用までの経緯は、Aが大阪での就職活動失敗による帰郷、Cは不安定雇用を転々とし、Dは勤務していた養鶏場が倒産したためである。安定した職を得ていなかった若年・壮年の集落出身者を常勤雇用として勧誘し、組織および地区の後継者を確保しようというねらいがある。給与を見ると、月給制で年齢に応じた差を設けている（Aの給与は年金受給が前提）。その水準は必ずしも高いとは言えないが、社会保険等は完備され、業務に必要な資格取得・技術研修の際には組織から補助を受けることができる。なお、現在最高で年間405万円（Cのもの）の給与を、将来的には500万円に引き上げたいとさわやか田打では考えている。この水準は、20歳から60歳まで40年勤務したとして、生涯賃金が2億円と町役場職員並みとなることを考えたものである。必ずしも非現実的な目標ではない。

表5-3 さわやか田打における常勤雇用の状況（2014年）

(単位：歳、年、時間)

		A	B	C	D
年齢		71	29	56	20代
出役開始年		1999	2009	1999	2011
常勤開始年		2007	2010	2012	
専従の経緯		組合長に就任したため	大学中退後、大阪での就職活動がうまくいかず、帰郷して法人のアルバイトをしている時に専従化を誘われた	60歳になると前職が定年になることを考えた。また、待遇も前職と同じということで誘われた	勤務していた養鶏場が倒産
職歴		農業（1964年） →建設業兼業（73年）	アルバイト（大阪）	自動車販売（1980年） →機械加工（84年） →建設業（04年）	養鶏場（県内）
労働時間	計	1,872.5	1,985.0	1,973.0	857.5
	水田作	1,300.0	1,392.5	1,292.5	636.5
	ハウス	65.0	134.0	121.5	24.5
	草刈	128.0	87.0	89.0	29.5
	加工	37.0	57.0	74.0	44.0
	その他	342.5	314.5	396.0	123.0
給与		・17.5万円/月 →年収換算210万円	・18万円/月 ・ボーナスが春・秋3カ月分 →年収換算270万円	・27万円/月 ・ボーナスが春・秋3カ月分 →年収換算405万円	・1,000円/時間
その他労働条件		・土・日・祝日は休み ・社会保険完備	・土・日・祝日は休み ・社会保険完備	・土・日・祝日は休み ・社会保険完備	
資格		・農耕用大型特殊免許	・農用大型特殊免許 ・狩猟用ワナ設置の免許	・農用大型特殊免許	

注：1）労働時間の「水田作」とは、水稲・大麦・大豆を合わせたもの。表5-5も同じ。
　　2）労働時間の「その他」には農地・水保全管理交付金（旧農地・水・環境保全向上対策）への出役も含めた。
資料：さわやか田打提供の資料、および聞き取り調査より作成。

3.2.2. 農産加工部門の拡大と分担関係の再編

　若年・壮年層の雇用機会を安定的に維持していくためには、組織の収益性を高めていく必要がある。表5-4は、さわやか田打の経営部門別収益性の推移を示したものである。各部門の中で、交付金収入を加える前の営業利益を安定的に計上しているのは、水稲と農産加工部門である。両部門を拡大することによって、上記2つの目標を達成することができるであろうか。

　まず、水稲の拡大による達成は困難である。第1に機械作業が多いため、売上原価に占める労務費の割合は10％代と低い。常勤雇用導入によって労働時間が増加した2012年以降は割合も上昇したが、それでも20％程度にとどまってい

表5-4 経営部門別収益性の推移

(単位:ヘクタール、万円、万円/10アール)

		2007年	2008年	2009年	2010年	2011年	2012年	2013年	2014年
作付面積	合計	52.1	51.1	51.9	52.9	52.5	53.0	52.6	55.8
	水稲	30.8	31.6	32.3	33.4	33.4	34.5	34.5	36.1
	うち飼料用米				1.8	1.4	1.8	1.4	3.7
	大麦	10.6	9.8	9.8	8.9	8.9	8.3	8.3	8.0
	大豆	10.6	9.8	9.8	8.9	8.9	8.3	8.3	8.0
水稲	売上高	4,365	4,734	4,430	3,822	3,727	4,329	3,907	3,076
	労務費/売上原価(%)	13.0	20.0	12.4	15.6	17.5	26.5	27.3	26.7
	営業利益	326	362	644	170	61	889	(2)	(852)
大麦	売上高	165	117	162	75	168	56	109	305
	労務費/売上原価(%)	13.6	26.3	11.8	13.7	15.6	26.7	32.3	30.4
	営業利益	(552)	(604)	(420)	(574)	(488)	(595)	(602)	(400)
大豆	売上高	272	444	238	386	239	190	479	408.4
	労務費/売上原価(%)	11.6	21.6	9.6	9.7	18.5	27.2	30.4	30.5
	営業利益	(423)	(426)	(480)	(442)	(397)	(492)	(296)	−287.1
ハウス	売上高	42	5	69	59	83	97	176	184
	労務費/売上原価	81.6	66.9	73.7	81.3	76.7	57.0	75.5	75.8
	営業利益	(111)	(70)	(96)	(109)	(76)	(135)	(91)	(24)
農産加工	売上高	628	587	649	642	554	900	876	1,055
	労務費/売上原価	77.7	79.0	78.2	68.7	69.2	75.4	78.4	75.6
	営業利益	45	(19)	(101)	29	15	163	123	217

注:営業利益=売上高-売上原価-販売および一般管理費(役員報酬を除く)。役員報酬を販管費に計上している部門としていない部門があったので、統一した。
資料:さわやか田打提供の資料より作成。

る。第2に、さわやか田打は地区内の農地を既に集積しているので、規模拡大の余地が乏しい。また、中山間地域であるために、他地区への出作も移動に時間がかかり難しい。周辺の集落にも集落法人が多く設立されていることも、出作の余地を小さくしている[17]。水稲作付面積は、飼料用米の増加を除いてほとんど変化がないことがわかる。第3に、米価の下落によって水稲の収益性は低下傾向にある。米価が大幅に下落した2013・2014年には、営業利益は2万円、852万円の赤字となった。以上のことから、水田作部門は新たな出役機会の確保という点には適さないことがわかる。

一方で農産加工の場合、手作業が多いために売上原価に占める労務費の割合

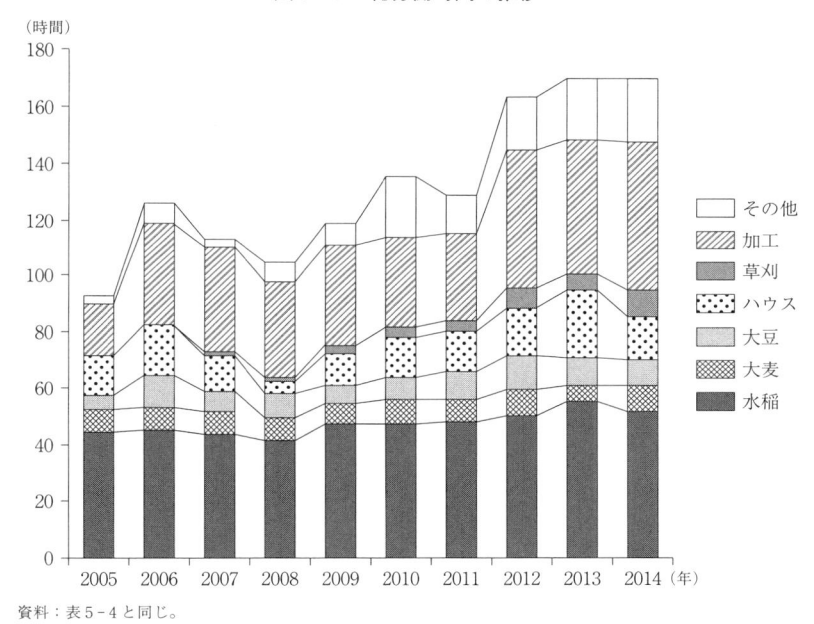

第5章 集落営農組織の経営多角化と直接支払　159

図5-1　総労働時間の推移

凡例：
- その他
- 加工
- 草刈
- ハウス
- 大豆
- 大麦
- 水稲

資料：表5-4と同じ。

は80％近くと高い。また、水稲のように土地による制約もない。農産加工の方が、新たな出役機会を確保するという点では適しているのである。さらに、売上高、営業利益ともに増加傾向もあり、今後の成長が見込める部門でもある。そのため、さわやか田打は農産加工を拡大していった。図5-1はタイムカードで記録された総労働時間の推移を見たものであるが、農産加工部門の増加によって総労働時間の増加が達成されていることがわかる。2005年から2014年にかけて、農産加工の労働時間は1,756時間から5,293時間へと増加し、そして総労働時間は9,301時間から1万7,033時間へと増大した。農産加工の労働時間増加の総労働時間増加に対する寄与度を計算すると、45.7％となる。

　労働時間の増加で他に目立つのは、「草刈」と「その他」である。「草刈」は、畦畔管理が困難になった構成員について、2007年から改めてさわやか田打が実施しているものである。これまで委託として構成員の労働時間としてカウント

されなかったものを、改めて組織への出役者の労働時間としたものである。出役者に対しては出役賃金を支払い、2014年には919時間（寄与度11.9%）に達している。「その他」には、これまで日当が支払われてこなかった会議・研修・視察、イベント（スーパーマーケット主催の田植・稲刈ツアー）への参加や、暗渠等の敷設、猪防護柵の設置・管理等が含まれる。会議等への参加は厳密には新しい出役機会ではないが、出役者に収入稼得の機会を与えるものである。両者を合わせて、2005年の341時間から2015年には2,231時間まで増加した（寄与度24.4%）。「草刈」「その他」の増加は、さわやか田打が地域資源管理を出役者の収入稼得の機会として経営内に集積していることを示している。

　以上のように全体の労働時間が増加する中で、経営部門ごとに構成員間の分担関係が再編された。表5-5は、各部門の労働時間を、「常勤雇用」、仮に1カ月に20時間出役することを基準として、組織への出役頻度が相対的に多いといえる年間総労働時間「240時間以上出役者」、少ないといえる年間総労働時間「240時間未満出役者」に分けて、2005年から2014年にかけての変化を見たものである。この間、常勤雇用は0人から4人へ、240時間以上出役者は15人から12人へ、240時間未満出役者は34人から36人へ変化した。

　常勤雇用の労働時間を見ると、合計で6,688時間増加したが、そのうち水田作が4,622時間（69.1%）を占めている。水田作労働時間の65.8%が常勤雇用に集中された。一方で240時間以上出役者も合計で2,275時間増加したが、これは水田作の減少－1,757時間を、農産加工の増加＋3,408時間によってカバーできたためである。注目されるのは、240時間以上出役者の1人当たり労働時間が、合計で442.7時間から743.0時間へと大幅に増加していることである。これは農産加工で91.6時間から398.4時間へ、306.9時間も増加していることが大きい。また、240時間以上出役者への加工労働時間の集中は、78.2%から90.3%にまで達している。240時間以上出役者の、加工部門への専従的な出役が進んだのである。240時間未満出役者は、水田作の大幅な減少（－1,571時間）に対して、草刈、そして軽作業が中心のその他（＋241時間）への出役を増やしている。1人当たり時間を78.2時間から39.7時間に減らしつつ、出役人数自体はむしろ

第 5 章　集落営農組織の経営多角化と直接支払　161

表 5-5　従事形態別・経営部門別労働時間の変化

(単位：時間、時間/人)

		2005年 時間	2005年 構成比(%)	2005年 1人当たり	2014年 時間	2014年 構成比(%)	2014年 1人当たり	増減数・ポイント 時間	増減数・ポイント 構成比(%)	増減数・ポイント 1人当たり
合計	計	9,301	100.0	189.8	17,033	100.0	327.6	7,732	—	137.7
	常勤雇用	0	0.0	—	6,688	39.3	1,672.0	6,688	39.3	—
	240時間以上	6,641	71.4	442.7	8,916	52.3	743.0	2,275	-19.1	300.2
	240時間未満	2,660	28.6	78.2	1,429	8.4	39.7	(1,231)	-20.2	-38.5
水田作	計	5,732	100.0	117.0	7,025	100.0	135.1	1,293	—	18.1
	常勤雇用	0	0.0	—	4,622	65.8	1,155.4	4,622	65.8	—
	240時間以上	3,538	61.7	235.9	1,781	25.4	148.4	(1,757)	-36.4	-87.5
	240時間未満	2,193	38.3	64.5	623	8.9	17.3	(1,571)	-29.4	-47.2
ハウス	計	1,477	100.0	30.1	1,565	100.0	30.1	88	—	-0.0
	常勤雇用	0	0.0	—	345	22.0	86.3	345	22.0	—
	240時間以上	1,477	100.0	98.4	1,220	78.0	101.7	(257)	-22.0	3.2
	240時間未満	0	0.0	—	0	0.0	0.0	0	0.0	—
草刈	計	0	—	—	919	100.0	17.7	919	—	—
	常勤雇用	0	—	—	334	36.3	83.4	334	—	—
	240時間以上	0	—	—	397	43.2	33.1	397	—	—
	240時間未満	0	—	—	189	20.5	5.2	189	—	—
農産加工	計	1,756	100.0	35.8	5,293	100.0	101.8	3,538	—	66.0
	常勤雇用	0	0.0	—	212	4.0	53.0	212	4.0	—
	240時間以上	1,374	78.2	91.6	4,781	90.3	398.4	3,408	12.1	306.9
	240時間未満	382	21.8	11.2	300	5.7	8.3	(82)	-16.1	-2.9
その他	計	341	100.0	7.0	2,231	100.0	42.9	1,890	—	35.9
	常勤雇用	0	0.0	—	1,176	52.7	294.0	1,176	52.7	—
	240時間以上	264	77.3	17.6	737	33.0	61.4	473	-44.3	43.8
	240時間未満	78	22.7	2.3	318	14.3	8.8	241	-8.5	6.6

資料：表 5-4 と同じ。

増加させて、幅広い構成員の参加を促している。

　以上まとめると、水田作は若年・壮年中心の常勤雇用に集中させて彼らの周年就業を可能にするとともに、水田作から退いたその他構成員には、拡大した多角化部門において出役機会を確保した。その中でも、組織への出役頻度が高い者は農産加工部門へ集中し、さらに労働時間を増している。ほとんど出役しない者は、草刈やその他の軽作業で広く薄く出役している。農産加工部門の拡大による経営多角化と地域資源管理の経営内への取り込みによって、さわやか田打は構成員間の機能分担を再編したのである。

表 5-6　経営収支と直接

			2003年	2004年	2005年
売上高		①	3,718	3,157	4,195
売上原価		②	4,436	3,624	4,280
販売費および一般管理費		③	331	324	496
①－②－③		④	(1,049)	(791)	(582)
直接支払交付金	合計		1,274	1,409	1,225
	法人会計内	⑤	1,274	1,409	1,225
	経営所得安定対策		0	0	0
	米戸別所得補償		0	0	0
	畑作物の所得補償		0	0	0
	水田活用の直接交付金		822	958	718
	中山間地域等直接支払		451	451	507
	環境保全型農業直接支払		0	0	0
	法人会計外		0	0	0
	農地・水保全管理交付金		0	0	0
	中山間地域等直接支払		0	0	0
その他補助金・雑収入		⑥	282	217	77
余剰の使途	計（④+⑤+⑥）	⑦	507	835	720
	常勤雇用給与相当分	⑧	0	0	0
	積立	⑨	670	330	600
	充当率（(⑧+⑨)/⑦）（％）		132.3	39.5	83.3

注：1）売上高＝販売収入－直接支払交付金＋受取共済金
　　2）2010年以降は、売上原価、販管費からは常勤雇用（表5-3のA～D）に対する給
　　　　を防ぐためである。
　　3）水田活用の直接交付金には、旧水田利活用自給率向上事業、旧産地づくり交付金を
　　4）農地・水保全管理交付金には、旧農地・水・環境向上対策交付金を含む。
　　5）その他補助金・雑収入には、機械リースに対する助成、農業資材の大口購入に対す
資料：表5-3と同じ。

4．経営多角化と直接支払

4.1．さわやか田打の経営収支における直接支払交付金

　さわやか田打の経営多角化と常勤雇用の導入を支えているのが、直接支払交付金である。さわやか田打が2014年現在で受給している交付金は、経営所得安

第 5 章　集落営農組織の経営多角化と直接支払　163

支払交付金受給の推移

(単位：万円)

2006年	2007年	2008年	2009年	2010年	2011年	2012年	2013年	2014年
4,642	5,655	5,794	5,457	4,821	4,720	5,530	5,287	4,701
4,894	5,703	6,195	5,557	5,252	4,908	4,634	5,152	5,079
500	671	468	702	814	828	738	812	838
(752)	(719)	(869)	(802)	(1,245)	(1,016)	158	(677)	(1,216)
1,105	1,408	1,986	1,828	2,268	3,092	2,613	2,512	2,759
1,105	1,408	1,211	1,051	1,491	2,325	1,659	1,615	1,819
0	272	635	362	445	228	0	0	107
0	0	0	0	0	949	475	754	501
0	0	0	0	0	385	432	282	586
559	590	461	504	858	579	563	580	625
546	546	0	0	0	0	0	0	0
0	0	115	184	188	184	189	0	0
0	0	775	777	777	767	954	897	940
0	0	229	231	231	232	404	346	389
0	0	546	546	546	535	550	551	551
522	201	541	317	780	476	608	1,715	709
875	890	883	565	1,026	1,786	2,425	2,654	1,313
0	0	210	210	480	480	1,002	980	971
730	1,039	117	172	250	1,536	1,312	596	331
83.4	116.8	37.0	67.6	71.2	112.9	95.4	59.4	99.2

与支払分を除いた。このような操作をしたのは、形成される余剰から予めこれらが控除されるの

含む。

る払い戻し等が含まれる。

定対策、米戸別所得補償、畑作物の所得補償、水田活用の直接支払交付金の 4 つである。2007年までは、中山間地域等直接支払もさわやか田打の会計に繰り入れられていたが、現在は別会計において積み立てられている。

　これらの交付金により、さわやか田打は経営多角化の重点部面への資金投下が可能になっている。交付金によって形成された余剰部分が、あたかも組織の経営展開に応じて使用できるファンド（原資）のような機能を果たしているのである。表 5 - 6 は、さわやか田打の経営収支と直接支払交付金受給の推移を

見たものである。米価が高騰した2012年以外はどの年を見ても、売上高（①）から売上原価（②）＋販管費（③）（いずれも常勤雇用の給与を除いたもの。理由は表5-6の注2を参照）を差し引いたもの（④）はマイナスとなっている。つまり、売上高で必要経費が賄えない状況となっている。これを埋めるのが直接支払交付金（⑤）であり、その他補助金・雑収入（⑥）と合わせて黒字となり、さらに投資のための余剰部分（⑦）が形成される。

4.2　交付金による常勤雇用の導入と設備投資

　さわやか田打にとっての重点課題は、常勤雇用の導入による若年・壮年労働力の確保と、経営多角化である。よって、余剰部分はそれらの部面へ投資される。表5-6を見ると、余剰の大きさは政策転換の影響を受けて、2008年から中山間地域等直接支払をさわやか田打の会計に繰り入れなくなったにもかかわらず維持・増大している。特に戸別所得補償制度の影響が反映された2011年以降、余剰の額が急増していることがわかる。

　余剰額に対する常勤雇用給与分と積立分を足し合わせた額の割合（充当率＝（⑧＋⑨）/⑦）は、データが存在する2003年から2014年までの間を平均すると83.9％となる。基本的には、余剰の枠内でそれら資金投下を捻出できているといえよう。

　さわやか田打の事務担当者によると、常勤雇用の導入については、これらの額からどれだけ給与として確保できるかという点も考慮されたとのことである。さわやか田打では、先にも見たように、2008年以降組合長Ａの常勤雇用化、2010年からのＢの採用、そして2012年からのＣ・Ｄの採用と、常勤雇用の導入が続いた。現在の助成水準が維持されることを前提としてだが、500万円／年×3人＝1,500万円、の計算で3人の常勤雇用の導入が可能であると考えている。2011年以降の余剰の大きさならそれが可能であり、将来的には若年・壮年層のＢ・Ｃ・Ｄがさわやか田打の中心となって組織を担っていくことを想定している。

　残りの余剰については、積立制度を利用して設備投資へと充てている。2008

第5章 集落営農組織の経営多角化と直接支払 165

表5-7 積立金と設備投資

(単位：万円)

	農用地利用集積準備金			転作助成金積立金			農業経営基盤強化準備金			合　計			主な設備投資
	積立	取崩	累計	積立	取崩	累計	積立	取崩	累計	積立	取崩	累計	
2000年	120		120							120	0	120	
01	200		320							200	0	320	
02	60		380							60	0	380	
03	270		650	400		400				670	0	1,050	
04	260	594	316	70	400	70				330	994	386	倉庫　700 加工用地　206 精算金　88
05	340	316	340	260	70	260				600	386	600	乾燥機　266 モアー　43 育苗機　34 パイプハウス　43
06	370	522	188	360	620	0				730	1,142	188	汎用コンバイン　609 田植機　232 ウィングハロー　133
07	450		638	589		589				1,039	0	1,227	
08		638	0		589	0				0	1,227	0	色彩選別機　707 乾燥機　520
09										0	0		
10										0	0		
11							1,336		1,336	1,336	0	1,336	
12							1,292	657	1,971	1,292	657	1,971	トラクター　474 製粉機　102 播種機　47 精米機　34
13							596	0	2,567	596	0	2,567	
14							331	635	2,263	331	635	2,263	籾摺機　114 ウィングハロー　222 播種機　64 モアー　128 農地　107

注：1) 本表に記載していない積立金が一部存在するので、積立額は表5-6と一致しない。
　　2) 網かけは経営多角化用の投資を示している。
資料：表5-3と同じ。

年までは農用地利用集積準備金と転作助成金積立、2011年以降は農業経営基盤強化準備金を利用して積立を実施している。表5-7は、積立を利用した設備投資の実施状況を見たものである。汎用コンバイン、田植機、トラクターのような水田作部門の大型機械更新以外に、2004年には加工用地を購入した。2008

年の色彩選別機、2012年の精米機、および2014年の籾摺機は、2012年から拡大したJA以外への米直接販売に利用し、2012年の製粉機はきな粉の制作・販売に利用している。以上のように、直接支払交付金によって形成された余剰は、経営多角化と常勤雇用の導入というさわやか田打の重点部面に投下され、経営展開を支えているのである。

5．おわりに

5.1．結論

「できるだけ手間ひま金をかけずに農地を守る組織」である集落営農組織は、構成員の高齢化と専従者確保の困難、水田作部門の収益性低下によって隘路に陥っている。本章では、組織の経営発展と地域社会の持続可能性の確保の両立という課題に直面している広島県の事例から、直接支払交付金の活用を軸に検討を進めた。

本章で分析したさわやか田打では、農産加工部門の拡大による経営多角化、および地域資源管理の経営内への取り込みによって労働時間を増大させ、常勤雇用の導入とその他構成員の出役の両方を可能にしていた。その際、常勤雇用は水田作部門のオペレーターを中心に、その他構成員のうちで出役時間が大きい者は農産加工へ、小さいものはその他部門へという機能分担も形成されていた。

以上は、専従者確保による集落営農組織の「経営体化」と、組織・地域社会の継続性の間にあるトレードオフの関係を解消する過程であった。そして、そこで大きな役割を果たしたのが直接支払交付金であった。使途が自由な直接支払交付金は、経営内にあたかもファンドのように利用可能な余剰資金を形成することにより、組織の重点部面への資金投下を可能にした。実際に余剰部分はさわやか田打の経営展開の中で、常勤雇用の給与相当分と経営多角化投資への積立に充当されたのであった。

本章の結論は、直接支払交付金は組織の重点部面に投資が可能な余剰を形成することにより、常勤雇用の確保と集落営農組織の経営多角化を促進するというものである。そして以上の関係を通じて、集落営農組織の「経営体化」と組織の持続可能性の確保を両立する可能性があるといえる。

5.2. 本章の政策的インプリケーション

　本章の分析は、現在の直接支払による交付水準が維持されるという前提でのみ有効である。今後政策の転換によってそれが変化するなら、自ずから結論も変わってくる可能性がある。このことは逆に、現在の政策をさわやか田打の事例から評価し直すことを可能にする。

　先にも述べたように、戸別所得補償制度の導入による2011年以降の交付金の急増は、積立の増加によって設備投資を急拡大させる可能性を生むものだった。さまざまな問題点はあったが、米価下落に対する補償水準の上昇を通じて設備投資資金を捻出する点に、戸別所得補償制度による補償水準上昇の意義があったとすることができよう[18]。また、2015年度税制改正によって、農業経営基盤強化準備金による資産取得の対象に農業用建物が追加されたことも、設備投資の拡大を後押しするはずであった[19]。

　しかし、自民党への政権交代による2014年からの農政改革では、戸別所得補償交付金は1万5,000円/10アールから7,500円/10アールへ半額とされた。2014年産米の価格が大幅に下落したこともあり経営への打撃が懸念されるが、さわやか田打では飼料用米作付を2014年に3.7ヘクタール、2015年に7.2ヘクタールに拡大し、新たな交付金を得ることで埋め合わせようとしている。しかし、米価下落に対する補償水準が引き下げられたという事実自体は変わらず、2019年には半額にされた支払も廃止されることになっている。経営多角化も含めた、担い手の経営拡大投資が可能となるような補償水準の確保が求められているといえよう。

注

1) 安藤［2008］67頁を参照。
2) 田代［2011］312-313頁を参照。
3) 平塚［1992］11-12頁では、集落営農組織に若い後継者を確保する必要性から、収益配分をむらの論理・平等原則・農地重視によるものから、経営の論理・貢献原則・労働重視へと転換していく必要があるとしている。
4) 例えば、宮武［2010］、高橋・梅本［2007］、高橋・梅本［2009］を参照。
5) 2004年度に導入された担い手経営安定対策では、加入対象となる集落営農組織の要件として、5年以内の法人化計画、「主たる従事者」の確保、経理の一元化が定められた。また、安藤［2008］75頁でも、他産業従事者並みの生涯賃金に見合う農業所得を実現している専従者の有無が「経営体」のポイントとされている。
6) 「組合員の土地持ち非農家化の問題」を指摘した、小林［2007］53-54頁、「集落営農のジレンマ」を指摘した、伊庭［2012］47-49頁を参照。
7) 北陸地方の事例ではあるが、高橋・梅本［2007］108-111頁を参照。その考え方は、本章で対象とする中国中山間地域でも適用できると考えられる。
8) 伊庭［2009］23-27頁、高橋・梅本［2009］を参照。
9) 西川・佐藤［2015］を参照。
10) 広島県では、法人化した集落営農組織のことを集落農場型農業生産法人（集落法人）と呼称している。広島県における集落法人育成政策については、北川・板橋［2008］171-175頁も参照。
11) 経営所得安定対策導入を契機とした集落営農組織の増加については、西川［2010］を参照。
12) 表5-2の注を参照。
13) 本節の記述は、西川・佐藤［2015］56-58頁を参照した。
14) 小林［2007］7-14頁を参照。
15) 定年後の帰村が規範化されている山陽地方において、定年帰村者は十分に計算できる労働力の補給源であった。山陽地方における定年後の「帰村規範」については、高橋［2005］223頁を参照。
16) ただし、2015年現在でもDは常勤雇用への正式な移行を断っている。
17) 広島県資料によると、2015年11月現在、世羅町には37の集落法人が設立され、水田面積の28.2％がカバーされているが、これは県下の市町で最高である。
18) 服部［2010］4-10頁、71頁も参照。支払の担い手への限定を撤廃して構造改革に逆行するなど、問題の多い政策であったことは間違いない。それでも戸別所得補償制度は、米価下落に対する補償水準の不十分性という、欧米と比べた際の日

本の直接支払政策の問題に対して、一定の解決を与えたものであった。西川［2015］37-38頁を参照。なお、経営多角化を経営体の農業生産からの相対的な離脱過程と捉えるなら、直接支払交付金が果たしている役割はまさしく生産判断からの切り離し＝デカップリングである。Swinbank and Tangermann［2004］58頁を参照。日本の直接支払交付金は作付とはリンクしているが、本章の事例の場合は使途と農業生産が切り離されることで生産刺激効果を抑えていることになる。

19) さわやか田打の事務担当者も、農業経営基盤強化準備金で農業用建物を取得できなかったことを問題視していた。表5-7で、2009〜2010年に積立を一時取りやめたのも、そのためである。

【参考文献】

安藤光義［2008］「水田農業構造再編と集落営農——地域的多様性に注目して——」、『農業経済研究』80（2）、67-77頁。

服部信司［2010］『米政策の転換——米政策を総括し、民主党「戸別所得補償制度」を考察する——』農林統計協会。

平塚貴彦［1992］「集落営農形成の意義と戦略的課題」、『農林業問題研究』28（4）、6-16頁。

伊庭治彦［2009］「農村社会が集落営農に何を求めたか」、『農業と経済』75（12）、32-40頁。

伊庭治彦［2012］「集落営農のジレンマ——世代交代の停滞と組織の維持——」、『農業と経済』78（5）、46-54頁。

飯國芳明・岡村誠［2012］「何に対する支払いなのか——理論的整理——」、『農業と経済』78（3）、13-24頁。

北川太一・板橋衛［2008］「「集落型農業法人」の展開をどう見るか——近畿・中四国の地域農業における変革主体——」（農業問題研究学会編『土地の所有と利用——地域営農と農地の所有・利用の現時点——』（現代の農業問題3）、筑波書房）157-188頁。

小林元［2007］『集落型農業生産法人の組織的性格と課題——「労働参加形態」からみた組織的性格——』（日本の農業240）、農政調査委員会。

宮武恭一［2010］「北陸地域の集落営農における専従者確保の条件」、『農業経営研究』48（1）、78-83頁。

西川邦夫［2010］『品目横断的経営安定対策と集落営農——「政策対応的」集落営農の実態と課題——』（日本の農業245）、農政調査委員会。

西川邦夫［2015］『「政策転換」と水田農業の担い手——茨城県筑西市田谷川地区から

の接近——』農林統計出版。
西川邦夫・佐藤奨平［2015］「集落営農組織の展開における農産加工の意義と課題
　　　——広島県世羅町（農）さわやか田打の事例より——」、『日本地域政策研究』15、
　　　54-62頁。
Swinbank, A. and Tangermann, S. [2004] "A bond scheme to facilitate CAP reform",
　　　In Swinbank, A. and Tranter, R. (eds.) *A Bond Scheme For Common Agricul-
　　　tural Policy Reform*. CABI Publishing, pp. 55-78.
高橋明広・梅本雅［2007］「組織機能のシェアリングの視点からみた集落営農合併の
　　　意義と課題——富山県F経営を素材に——」、『2007年度　日本農業経済学会論文
　　　集』105-112頁。
高橋明広・梅本雅［2009］「集落営農合併組織における多角化戦略の成立条件——北
　　　陸地域のファームOを素材に——」、『農業経営研究』47（1）、76-81頁。
高橋巌［2005］「山口県大島町における定年帰農者組織「トンボの会」会員の意識と
　　　動向——アンケート調査による——」（農協共済総合研究所・田畑保編『農に還
　　　るひとたち——定年帰農者とその支援組織——』農林統計協会）、197-249頁。
田代洋一［2011］『地域農業の担い手群像——土地利用型農業の新展開とコミュニテ
　　　ィビジネス——』（地域の再生5）、農山漁村文化協会。

第6章　中山間地域における集落営農の運営管理
―― 協業経営型農事組合法人に焦点をあてて ――

宮田　剛志

1．はじめに

1.1．問題の所在

　政策において、集落営農組織が育成すべき農業の担い手として本格的に位置づけられ、10年以上を経ている。「特定農業団体」制度の創設や、2007年の経営所得安定対策による集落営農の推進によって、政策対応型の集落営農組織が多数設立された[1]。一方で、集落営農組織の先進地域では深刻な担い手不足を背景に、「農地を守るための地域の危機対応」組織として、ムラを基盤とした集落ぐるみ型の集落営農組織に取り組んできた。しかし、「できるだけ手間ひま金をかけずに農地を保全する」[2] ために設立された集落営農組織が法人化することで、営利活動を行う必要が生じ、それまでのムラ原理と異なる運営方法を採らなければならないという集落営農法人の抱える葛藤が指摘されている[3]。

1.2．先行研究の動向

　集落営農は優れて政策的なものであり、また多様な集落営農が存在している。そのため集落営農に関する研究蓄積は分厚い。本章の分析対象とする協業経営の集落一農場型にあたる「地域の危機対応」組織としての集落営農組織においても多様性が発現するようになっていると指摘されている。そして、この「地

表6-1 「ムラの論理」と「経営の論理」

	ムラの論理	経営の論理
収益配分	地代重視	出役重視
労働評価	平等性重視	貢献度重視
参加形態	義務的参加	自由参加
役割分担	平等持ち回り	適材適所
主な管理機能	構成員間の摩擦の調整	組織目標へ誘因設定
		効率的な活動の実現

資料：伊庭[2005]から引用。

域の危機対応」組織としての集落営農組織をめぐっても、その性格解明や多様性についての研究が進められている。

高齢化や非農家化などの内部要因の変化によって、集落営農組織がどのように運営管理を変化させ、それが発展・維持・後退へと繋がっていったのかに関しては、「ムラの論理」と「経営の論理」を指標にして分析が進められてきた。

「ムラの論理」とは、ムラの利益を守るための論理であり、運営（組織の意思決定）では、保守主義、平等主義、全会一致主義といった形で発現すると考えられている[4]。

対して、「経営の論理」とは、私的利益（利潤）の追求のための論理であり、収益事業法人の運営はこの論理に立つと考えられる。危機対応組織は「ムラの論理」に基づいて設立されるが、法人化して収益事業法人の性格を帯びてくると、経営[5]において「ムラの論理」から「経営の論理」へと比重がかわっていく[6]。

「ムラの論理」の強みは、圃場整備や政策などの外的変化への対応がしやすく、畦畔管理や農地利用調整にムラぐるみで取り組むことができることが挙げられているが、一方で、将来的な担い手や経営者の確保のしにくさ、新事業への着手の敬遠や、従事分量による所得分配の不公平感などが弱みとして挙げられる。実際には効率的な経営をめざして、構成員の状況をみながら、「ムラの論理」と「経営の論理」を比較考量して、二者択一ではなく比重のおきかたをかえると考えられている。そこで、設立当初は「ムラの論理」を強く反映していると考えられる危機対応組織が、高齢化という組織の内部要因の変化や、米価の下落という外部要因の変化によって「ムラの論理」と「経営の論理」をどのように比重のおきかたをかえているのか、明らかにしていきたい。

1.3. 課題の設定

以上を踏まえて、本章では次の2点を明らかにすることを課題としたい。

まず、分析対象地である大分県・豊後高田市での集落営農の展開について整理する。

次に、中山間地域において危機対応組織として設立された集落営農組織が、法人化を経てその後どのように運営管理内組織の性格を変化させてきたかを明らかにすることを課題とする。その際、大分県の中山間地域にある協業経営型[7]農事組合法人を事例とし、組織の運営管理の変化に関して「ムラの論理」と「経営の論理」を指標に分析を進める。

表6-2 豊後高田市の集落営農組織設立数

	新規設立数	累計	法人化数
1990年	1	1	
1994年	1	2	
1995年	1	3	
1997年	1	4	
1999年	1	5	
2000年	6	11	
2001年	2	13	
2002年	2	15	
2004年	1	16	1
2005年	2	18	
2006年	5	23	5
2007年	1	24	
2009年	0	24	2
2010年	0	24	2

出所：2010年11月調査より作成。小山［2012］より引用。

2．大分県・豊後高田市での集落営農の取り組み

豊後高田市では、昭和60年代以降に中山間地域の高齢化と過疎化の問題に対応するため、圃場整備に取り組み、これと連動して効率的な水田農業の確立をめざした集落営農組織の設立も推し進めてきた。平成2年に小田原地区で最初の営農組合が設立され、その後市内各地で集落営農組織が立ち上げられる（表6-2）。平成17年に真玉町と香々地町が合併したが、現在は26地区で集落営農組織が展開されており、そのうち11組織が法人である。

豊後高田市の集落営農を類型別にまとめたものが表6-2である。安部［2004］では、2004年までに13地区で営農組合が設立されており、その後も集落営農数は増加し2010年までに24組織が設立されている。大分県の集落営農の類型から、農業機械を共同利用するために設立した「機械共同利用型」、組合と組合員の

表6-3　豊後高田市の集落営農組織一覧

	集落営農類型	地区名	設立時期	法人化
1	協業経営	蕗	1999	2004
2	協業経営	近広	2000	2006
3	協業経営	本谷	2001	2006
4	協業経営	小田原	1990	2006
5	協業経営	西村	1994	2006
6	協業経営	堅来	2002	2006
7	担い手集積	上野	2001	―
8	担い手集積	東都甲	2000	―
9	担い手集積	佐野	1995	―
10	協業経営	雲林	2000	2009
11	活動なし	横嶺	2000	―
12	担い手集積	池部	2000	―
13	担い手集積	荒尾	1996	(2002)
14	担い手集積	鼎	1997	―
15	協業経営	払田	2006	2010
16	都市農村交流	小崎	2000	―
17	協業経営	川原	2004	2009
18	農作業受託	大平	2002	―
19	協業経営	羽根上	2006	準組織
20	協業経営	築地	2006	準組織
21	協業経営	畑	2007	2010
22	協業経営	古城	2006	準組織
23	担い手集積	長岩屋	2005	―
24	協業経営	佐古・長小野	2006	準組織
25	担い手集積	大村・徳六	2005	―

注：1）NO.5、6、18、19、24、25は旧真玉町および旧香々地町の組織。
　　2）13は建設会社（豊後農興）のため表6-2の集落営農数24にはカウントしていない。
出所：安部［2004］、2010年11月調査より作成。小山［2012］より引用。

間で利用権設定を行い集落農場として組合が営農を行い、販売収入を一元管理化した「協業経営型」、麦・大豆等の転作作物の農作業を集落営農が受託し数名のオペレーターが作業を行う「農作業受託型」、認定農業者や基幹的担い手に農地を集積する「担い手集積型」、集落営農で景観を守るために都市農村交流事業に取り組む「都市農村交流型」に分類した。そのうち現在までに法人化したものが6組織で、類型が変化したものは近広、本谷、上野、東都甲、雲林、上野、横嶺の7組織である。荒尾地区を除いた10生産法人と、羽根上、築地、古城、佐古・長小野の4任意組織は、特定農業団体として（または特定農業団体に準ずる組織として）営農活動を行っている。

　法人化の契機について、圃場整備をきっかけにいち早く法人化を果たした蕗地区や、中山間地域等直接支払制度（二期）に対応するために法人化した畑地区などの集落営農組織の一方で、その他の組織設立や法人化の大きな要因には、やはり2007年の経営所得安定対策があげられる。表6-3にある特定農業団体（準特定農業団体）14組織のうち、2006年頃に任意組織を結成あるいは営農組

合を法人化した組織は、経営所得安定対策の面積要件に対応するためと推察される。2006年に任意組織を結成した払田地区では、営農組合から要件を満たす農家で個別に法人を設立し、転作受託組織として構成員の所有地を一部集積している。2004年に任意組織を結成した川原地区でも、営農組合と別個に転作受託組織として法人を設立し、ほぼ全戸が参加して転作を行っている。

このように豊後高田市では、早くから圃場整備を契機に村ぐるみで集落営農を設立した組織や、政策対応のために設立した後に個人の経営に影響しないよう機械の共同利用や転作受託などの一部だけを組織で管理するもの、組織設立後も作業を個人へ再委託している組織、集落営農で農地を集積し一担い手に集積する組織など多様な集落営農が確認された。

2.1. 豊後高田市での集落営農の取り組み

2.1.1. 農作業受託組織

大平地区は、水田面積約20ヘクタールで、総農家数18戸、農業就業人口41名、認定農業者1人で、平均所有面積50アール／戸と零細な規模の農家が多い。昭和54年に集落内にミニライスセンターを設置し、共同で乾燥・調整に取り組んできた。同時期、ライスセンターを中心に機械の共同利用や麦・そばにも取り組んでいた。平成14年度にコンバイン購入のため大平作業受託組織を設立し、オペレーターを中心に15年度より麦の集団転作に取り組んでいる。転作受託している面積は約11ヘクタールで、残りの9ヘクタールは他の地区の組織に委託されている。作業受託組織の発足以前からの契約のためである。経営所得安定対策には、認定農業者に集積し、麦から加入した。また、中山間地域直接支払制度では協定参加者20名、水田18.7ヘクタールを協定面積としている。

大平作業受託組織の役員は9名で、うち5名がオペレーターである。オペレーターは43～53歳の兼業農家で、年2～3回出役する。作業受託の内容は、地区内のみで水田7ヘクタール、麦5ヘクタールで、豊後高田市の作業受託料金より低く請け負っている。反当で麦8,000円（市9,000円）、田植え5,000円（市6,000円）となっている。作業報酬は2,000円／1時間で、1日上限1万円まで

が支払われる。コンバイン1時間に対して、1万円ずつを積み立てて5年で買い換える際の源資にしている。

作付体系は、畑で麦→麦、田で麦→秋そば（平成22年度5ヘクタール）、春そば→米（平成23年度4.1ヘクタール）で行っている。生産者からなる大平麦生産組合と、そば生産組合で決定し、刈取時期や機械の稼動状況を見て作業が行われている。総会はライスセンターの会と一緒に年1回5月半ばに行われており、月1回寄合で作業が割り振られている。

中心人物で認定農業者であるH氏は、自身で水田1.2ヘクタール、麦1.2ヘクタールを作っている（うち所有地は約1ヘクタール）。組合員の機械更新は禁止し、今ある機械が壊れたら組織へ受託するようになっているが、今後の組織の方向性としては、法人化するよりも1人から2人の専業者に現在集積している11ヘクタールを任せる方向で検討されている。

2.1.2. 担い手集積組織

池部地区は、経営耕地面積40.1ヘクタール（うち水田面積39.7ヘクタール）で、総農家数28戸、農業就業人口30人、認定農業者1人で、平成12年度に担い手集積型の任意組織が設立された。地区の基幹的担い手が麦・大豆の作業受託を行っており（2カ年固定方式の転作）、平成19年からの経営所得安定対策には認定農業者に集積して加入した。中山間地域直接支払制度では、水田27.1ヘクタール、畑0.2ヘクタールを協定面積としており協定参加者は38名である。

設立経緯は、ライスセンターを経営していた大規模農家が農業をやめ土木業を始めたことで、農地利用が変わったゆえである。50～60アール/戸の兼業地帯で高齢化も進んでいた。地区の主力な農家は他にイチゴを主にやっている農家しかおらず、現在の認定農業者K氏が、転作部分とライスセンターを引き継ぐ際に、汎用コンバインとトラクター、乾燥機を導入するために設立した。当初2ヘクタールだった経営耕地は、減反対応のため10ヘクタールに拡大し（K氏1人で地区の転作率達成）、周囲の農家の高齢化とともに徐々に受託面積は増えていった。産地づくり交付金と所得経営安定対策のために、平成19年に

約18ヘクタールを利用権設定し、自作地1.9ヘクタールをあわせて経営耕地は約20ヘクタールとなっている。作業受託も含めると現在は23ヘクタール（うち1.7ヘクタールは隣接する他地区）で作業を行っている。農地の集積については、当時行政が転作助成金を地主とK氏で折半する妥協点を提示した。地代は、契約上は1.5俵/10アールとなっているが、2万5,000円/10アールが支払われており、これとは別に中山間地域直接支払制度も地権者が受け取っている。

作業はK氏（56歳）と、長男（32歳）で行っている。田植、収穫、麦刈、草刈で臨時雇用を導入している。水稲、大豆、麦のほかに長男がUターンしてきた7年前に白ネギとホオズキを始め、3年前からWCS用稲にも取り組んでいる。WCS用稲は、近くの畜産農家と契約し、WCS用稲と稲わらとたい肥の交換を行っている。耕畜連携による1万2,000円/10アールの助成金は畜産農家へ支払われることになっている。

今後、地区内の農家は一手に引き受ける計画となっている。他集落からの貸付の要望はあるものの水利関係から断っている。

3．事例分析

3.1．組織の地区概況と設立経緯

大分県豊後高田市の協業経営型農事組合法人ふき村を取り上げる。蕗地区は山ノ下・蕗中・蕗上の3集落からなる。県内の中山間地域では初めての集落農場方式で、1998年の圃場整備を契機として営農組合を設立した。留意すべきは、地区の圃場整備事業の導入を受けて1997年に蕗地区地域デザイン協議会（現ふき活性化協議会）を設け、農業を含む地区の将来像を描いた地域活性化計画を立てたことである。同協議会は、「農業と観光が調和した地域づくり」というスローガンを掲げ、①住み良い豊かなむらづくり、②地域営農の確立、③地域環境の改善、④観光客、都市住民との交流という四つの基本目標を打ち立てた。これにより、高齢者や女性などの地域住民全体のムラづくり運動への参加を保

表6-4 ふき村の土地利用（2010年度）

経営面積	35.1
特別栽培米	14.6
合鴨米	0.4
もち米	0.4
小麦	18.0
春そば	16.3
秋そば	11.6
大豆	6.0
その他	0.5
土地利用面積	67.8
土地利用率	193.45%

注：経営面積のうち11.725ヘクタールが地区外。
資料：平成22年度ふき村総会資料。

証したことが、法人化後も大きく生きてくることになる。

その後、1999年に地区内の68戸（土地持ち非農家含む）が所有水田22ヘクタールを集積し、任意組織の蕗地区営農組合を設立した。2000年に、直売加工所「蓮華」が開設され、女性の活用と都市住民との交流促進のために、独立採算制で饅頭や弁当などの加工販売に取り組み始める。同年、営農組合では豊後高田市全域のアグリヘルパー（農作業受託）事業に着手している。2001年には、山ノ下地区の有志によってぶんご合鴨の飼育を開始し、2002年から合鴨農法による合鴨米生産にも着手した。また、上記の「蓮華」と連携して「ぶんご合鴨飯の素」や「鴨ねぎみそ」を開発した。2003年には、豊後高田そば生産組合の発足を受け、それまでの麦・大豆による裏作から、春そば・秋そばへ切り替え始める。

こうした順調な滑り出しから、2004年には68戸全戸が出資して現在の農事組合法人ふき村（以下、ふき村）を設立し、それまで別会計であった蓮華と合鴨部会を経理一元化し、現在に至る[8]。

3.2. 組織の経営状況

法人設立後、2006年に第45回農林水産祭天皇杯を受賞し、2007年に他地区へ約2ヘクタールの規模拡大を行い、2008年から外部雇用を導入して専従者を確保した。現在は経営面積を35ヘクタールにまで拡大しており、そのうち約12ヘクタールは地区外から借り受けている。

市の特産品となったそばの作付面積が大きく、米－麦、麦－大豆、麦－秋そば、春そば－秋そば、といった作付けを行っている。表6-4で確認できるように、中山間地域でありながら高い土地利用率を達成しており、設立当初から経営面積が拡大した現在までこの水準を維持している[9]。

図6-1　ふき村の組織図

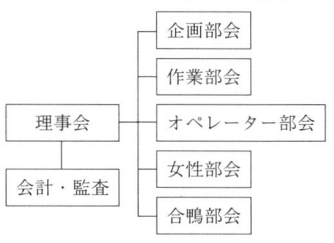

```
              ┌─ 企画部会
              ├─ 作業部会
    理事会 ───┼─ オペレーター部会
      │       ├─ 女性部会
      │       └─ 合鴨部会
    会計・監査
```

資料：谷口［2004］、聞取り調査（2010年11月）より作成。

　また、現在のふき村の組織図は図6-1のとおりである。ふき村では、理事4名（うち女性1名）と運営委員7名（うち女性2名）からなる理事会で月に1度定例会を行い、経営方針や作業計画を決定する。企画部会では、都市農村交流事業の企画・実施を行う。オペレーター部会には5名の部会員がおり、農繁期に機械作業を行う。作業部会には原則全戸参加し、大型機械作業以外の作業に従事する。女性部会では、当初26名が蓮華で饅頭や弁当の加工販売を行っていたが、観光客が減ったことや部会員の高齢化によって2009年に直売所を閉め、現在は5名で合鴨加工を行っている。合鴨部会では、ぶんご合鴨の肥育・解体を行っており、年2,500羽の出荷を行っている。以前は組合員が従事していたが逝去されたため、現在は外部雇用者が1名専従している。

3.3.「ムラの論理」の成果と変容

　ふき村の運営管理について、「ムラの論理」の確認しよう。収益配分では、2万円/10アール（畦畔管理を行っていれば3万円/10アール）の土地配当[10]と、地域の標準小作料1俵/10アールに比べると地代重視の収益配分となっている。参加形態では、作業部会への全戸参加や所有地の畦畔管理（年3回以上の草刈）などの義務的出役がみられた。労働評価では、出役が困難な高齢者のために作業部会の出役賃金を800円から1,000円に引き上げ、オペレーター賃金は1,500円から1,200円に引き下げ、平等性をより重視している。また、組合長・事務局長の年30万円、運営委員の年6万5,000円という低い役員報酬も労働評価に

おける平等性重視といえる。

　一方、設立当初から変わらない組合長をはじめとした理事・運営委員メンバーや、理事会や女性部会における女性の起用では、役割分担において適材適所の人選がみられる。また、加工直売所「蓮華」（女性部会が従事）と合鴨肥育・加工（合鴨部会が従事）は、本来であれば「ムラの論理」の保守主義によって新規創設しにくい多角化・複合化であるが、蕗地区では地域デザイン基本目標に基づくムラづくり運動の中で生まれ、ふき村に統合された結果として高収益部門[11]となった。これは蕗地区の特殊な成果といえよう。

　しかし、組合員の高齢化による絶対的な労働力不足によって、これまでどおりの「ムラの論理」による運営管理では経営が厳しくなった。そこでは、「経営の論理」へ比重がおかれていく過程で組織の性格の変化が確認された。そこで、「経営の論理」へシフトした収益配分について1点と、組織の性格の変化について2点を以下で確認する。

3.3.1. 収益配分の変化

　まず、土地配当について、10アール当たり2001年度は4万5,000円であったが、2002年度は3万5,000円となった。この減額は、2002年度に建設した農機具倉庫の建設費用の計上によるものであったが、このとき所有地の一般管理（畦畔の草刈作業）に対して10アール当たり1万円を支払うこととなった。トータルでは10アール当たり4万5,000円と変わらないが、機械化作業の困難な畦畔作業に積極的に出役してもらうため、収益配分が地代重視から出役重視へと変化したのだ。その後、米価の下落を反映し、現在は2万円にまで土地配当は下がったが、一般管理費1万円/10アールは据え置きのため、収益配分において出役をより重視するようになったといえる。

3.3.2. 外部雇用

　次に、専従者として外部雇用を導入したことが挙げられる。導入の契機として、高齢化による各組合員による畦畔管理が難しくなった点が挙げられる。蕗

地区は中山間地域でありながら、任意組織時代より1年二作を基本に高い土地利用率を維持しており、適期作業のためには農繁期のオペレーターの確保はもちろん、草刈や水路の清掃、畦畔管理も重要となってくる。先に、収益配分において「経営の論理」へのシフトを確認したが、構成員の平均年齢は70歳と高齢化しており（2010年度末時点）、畦畔管理をしたくても体力が許さず、結果として地区内の約50％の畦畔管理がふき村に任されるまでになった。兼業による相対的労働力の不足から、高齢化による絶対的労働力不足という問題へと変わり、中山間地域であるが故にそれが畦畔管理で顕在化し、こうなれば「経営の論理」への傾倒で解消できるものではない。

　そのため、ふき村では雇用対策資金を利用して、2008年度から適期作業と畦畔管理作業のために1名外部雇用を導入した。その後、合鴨部会の組合員が逝去され2009年度に合鴨作業を行うため1名雇用し、2010年度には農作業と合鴨作業のために1名増員して、計3名の外部雇用者が専従している。職業安定所を通じて募集し、組合長と事務局長が面接を行い採用した。40代が1名と50代が2名で、ふき村へ就職する前は農業以外の仕事に就いていた。作業は事務局長（オペレーター部長兼任）の指示で行う。外部雇用者の「（2011年時点で約15ヘクタールの）草刈作業は限界に近づいており、これ以上ふき村への貸付農地が増えると適期作業は厳しい」との話から、中山間地域におけるムラぐるみの畦畔管理の重要性がうかがえる。また、今年度は事務局長からの作業指示型ではなく、雇用者からの作業提案型への移行を試みており、農繁期に週1回オペレーター部会を設けて、作業計画・報告を行い専従者育成にも取り組んでいる。

　さらに、新たな動きとして、合鴨加工のために2名の雇用者を募集している。現在、女性部会では、市外や県外へ出荷する際の販売手数料を考慮して、高付加価値商品である合鴨加工に特化しているが、さらなる合鴨の加工事業の拡充を図っていると考えられる。

　この外部雇用者は、組合員ではないため表6-1の労働評価や役割分担の中に位置づけることは困難であるが、仮に位置づけるとすれば、ふき村の組織の

主な管理機能の「経営の論理」に依拠した「効率的な活動の実現」に向けた取り組みであると評価できる。

3.3.3. 他地区への規模拡大

最後に、他地区への経営面積の拡大が挙げられる。2006年に天皇杯を受賞したことによって、近隣の地区からの要望で2007年に約2ヘクタール借り受けることとなった。その後、徐々に面積は増加し、現在は約12ヘクタールまでに拡大した。借地料は地区内と変わらず2万円/10アールで、畦畔管理を行えば1万円/10アールも支払われる。組合長は「(中山間地域の土地条件の不利による) 低い反収を規模でカバーしたい」と規模拡大の意思を示しており、オペレーター部長によれば「他地区の農地は地区内の農地よりも比較的条件が良い」とのことで、他地区からすれば高い借地料と、きちんとした農地管理が魅力的であったと考えられる。経営面積が増えても、高い土地利用率は維持されており、その結果、表6-2にあるとおり土地利用面積は約68ヘクタールにまで増加した。

この動きも、「経営の論理」に依拠した「効率的な活動の実現」と評価できるが、規模拡大に至るまでの経緯について今一度考えたい。もともとはムラの利益を維持するために外部雇用を導入した。その外部雇用者の所得を確保するために規模拡大が必要になったと考えると、やはり根底には「ムラの論理」が通じていると考えられる。それが規模拡大において、他地区からの委託という形から、組合長の積極的な受託という姿勢の変化にあらわれているのではないだろうか。

3.3.4. 小括

以上の点から、もともとは集落内の農地の効率的な利用のために設立された組織に、ムラづくり運動の中で生まれた女性や高齢者の活躍の場が収益部門として組み入れられ、その後、組合員が高齢化によって出役できなくなったことに対応して、集落外の人材や地域資源を活用することで、持続的な経営体へと

発展していく様子が確認された。そこでは、経営において「ムラの論理」よりも「経営の論理」が強く働いている面もあるが、運営においては、ふき村の存続・発展がムラの利益であり、外部雇用や他地区への規模拡大によって集落外へ出ていくコストは必要なものとして支出され、「ムラの論理」が貫徹しているとも考えられる。任意時代からほぼ変更のない理事会・運営委員会のメンバーの低い役員報酬も、それを示しているといえる。その結果として、ふき村では毎年1,000万円近い次期繰越金を維持し[12]、機械更新や排水対策事業へ充てるなど、持続的な発展に向けた積立や投資がなされている。

ただし、他地区への進出や外部雇用などの新たな動きとは裏腹に、組合長は「将来的には、オペレーターには集落内の定年帰農者を見込んでいる」としており、集落内の資源を集落内の人間で守っていくという意向にあることは注意すべき点であろう。

4．おわりに

ふき村の事例では、中山間地域においては「ムラの論理」による運営を貫徹しつつ、経営において「経営の論理」に比重をおくことで、経営体の発展に寄与することが確認された。言い換えると、高齢化によって経営において「ムラの論理」が貫徹しえなくとも、集落内外の資源を活用することで、複合多角経営の強化や専従者の確保を果たし、結果としてムラの利益を守る経営体の存続が可能となることが明らかになったといえる。

さらに、ふき村で確認された外部雇用の導入と、他地区への規模拡大というこれまでの「ムラの論理」から「経営の論理」へと比重のおきかたをかえ、さらには組織の性格の変化も確認された。法人設立時には、組合員は土地所有者と経営者と労働者がイコールの関係にあり、集落・組織の中で効率的な経営を行うための論理選択という問題であった。しかし、3.3.で確認しており、ふき村では出資していない他地区の土地所有者、高齢化で出役できない経営者（組合員）、地区外から雇われている労働者と、組織の内部構成に変化があらわ

れ始めている。現在の組織の内部構成が完全に線引きできるまでには至っていないが、今後の運営管理ではこれまでのような組合員間の調整だけでなく、集落を越えた利害関係者まで含めた組織のマネジメント、そして継承の問題に直面することも推察される。

そこで今後の課題として、農事組合法人の組織構成の変化によってどのようなマネジメントが行われるのか解明すべきであろう。加えて、組合員の高齢化がさらに進んだ場合に、組織の経営継承において、組合長の意向とは異なるかもしれないが、「ムラの論理」に依らない地区外の人材を活用するような転換がみられるのかどうか、農事組合法人の新たな発展方向として注目したい。あるいは伊庭［2012］によって指摘されている「集落営農のジレンマ」といった今日的課題が発現するか、否かに関しても同様である。また、ふき村において集落を越えた人・土地の移動が確認されたが、それらの持続的な利用や他地区との連携についても今後の課題としたい[13]。

注

1) 小野［2010］は、集落営農が政策化されるまでのプロセス（昭和40年代～平成19年）について整理している。
2) 集落営農の本質について述べた安藤［2006］の記述より引用した。
3) ムラ社会の意思決定原理、「ムラの論理」の強み・弱みについては、桂［2006］に詳しい。
4) ここでの経営とは、表6-1の収益配分・労働評価・参加形態・役割分担にあたる。また、運営とは、組織の意思決定や経営方針について指す。
5) 大分県の集落営農類型において、栽培管理主体・機械所有主体・生産物出荷名義が組織であり、経営一元化（プール計算）されている集落営農組織を協業経営型と呼ぶ。
6) 伊庭［2005］は、「ムラの論理」に基づく経営管理の限界と、「経営の論理」に基づく組織構成員の組織目標への誘因設定による効率性について論じている。また、安藤［2006］は、実際にはどちらか一方ではなくそのときの組織の状況によって両論理を比較考量しながらマネジメントを行っていることを事例から示している。
7) 金子［2006］は政策以前に設立された中山間地域における集落営農について事例分析を行っている。また、集落営農の法人化によって生じる問題については北

川［2006］が指摘している。
8）　蕗地区営農組合の設立と任意組織時代の活動については谷口［2004］に詳しい。
9）　ふき村総会資料各年度によれば2008年度を除き、土地利用率は180％以上を維持しており、2009～2011年度では190％以上になっている。
10）　ふき村では、農作業に従事できる正組合員と不在地主の準組合員とを区別し、前者の委託農地は出資、後者のそれは貸付地として扱い、それぞれ土地配当と借地料を支払っている。
11）　ふき村総会資料によれば、2009年度の蓮華・合鴨の売上高は1,120万円で、事業収入のうちの半分、補助金も含めた収入4,480万円のうちの約25％を占めている。
12）　ふき村総会資料によれば、次期繰越金額は、2009年度で1,430万円、2010年度は機械購入・排水対策事業への支出のため例年よりも少ないが918万円となっている。
13）　集落営農が展開している地域での異業種から水田農業への参入に関しては、佐伯・宮田［2011］を参照。

【引用文献】

安藤光義［2006］「集落営農の持続的な発展に向けて」、安藤光義編『集落営農の持続的な発展を目指して』全国農業会議所、3頁。

伊庭治彦［2005］『地域農業組織の新たな展開と組織管理』（財）農林統計協会。

伊庭治彦［2012］「集落営農のジレンマ」安藤光義編『農業構造変動の地域分析』農文協。

小野智昭［2010］「集落営農の発展と法人化について」、『集落営農の発展と法人化』農林水産政策研究所、1-14頁。

金子いづみ［2006］「集落営農の労働力構成」、『日本の農業』234、（財）農政調査委員会。

桂明宏［2006］「集落型農業法人の組織運営とむら社会」、北川太一編『農業・むら・くらしの再生をめざす集落型農業法人』全国農業会議所、35-50頁。

北川太一［2006］「集落型農業法人の組織運営とむら社会」、北川太一編『農業・むら・くらしの再生をめざす集落型農業法人』全国農業会議所、17-31頁。

小山顕子［2012］『集落営農組織の持続的な発展に向けた取り組み――大分県の農事組合法人を事例に――』（東京大学修士学位申請論文）。

佐伯洋輔・宮田剛志［2011］「建設業による水田農業への参入と周年就業の実現」『農業経営研究』第49巻第2号。

高橋明広［2003］『多様な農家・組織間の連携と集落営農の発展――重層的主体間関係構築の視点から――』農林統計協会。

谷口信和［2004］「大分県豊後高田市における集落型経営体の可能性——蕗地区営農組合の歩み——」、『農村と都市をむすぶ』628、全農林労働組合、34-43頁。

【付記】
　本章は、小山顕子・宮田剛志［2012］「中山間地域における集落営農の運営管理——協業経営型農事組合法人に焦点をあてて——」『農業経営研究』第50巻第1号、33-40頁に加筆・修正を加えたものである。

【謝辞】
　小稿をまとめるにあたり（農）ふき村の小川寛治組合長、大分県北部振興局の大西智子主幹、豊後高田市農林振興課の秋吉賢一係長はじめ多くの皆さまに多大なご協力をいただいた。記して改めて感謝の意を表したい。

第Ⅲ部

農村政策とその成果

第1章 農村政策の展開過程
――政策文書から軌跡を辿る――

安 藤 光 義

1. はじめに――課題の設定――

　農林水産省における農村政策にあたる政策の始まりは、オイルショックで高度経済成長が終焉した時期にまで遡ることができる。当時は第3次全国総合開発計画が示した「定住構想」というフレームワークが全体として与えられており[1]、農林水産省も地域特別対策事業を開始していた。この時期の農政を「地域農政」と呼ぶが、その特徴は「集落の活用」であり、「矛盾の集落へのしわ寄せ」であった[2]。生産調整の達成ならびにブロックローテーションなど「集団的農地利用」の実現には集落の合意形成が必要不可欠であったし[3]、1980年に制定された農用地利用増進法の下で農用地利用改善団体を通じた農地流動化の推進も集落を基礎とした取り組みであった。そして、混住化が進む集落の社会的統合が生活環境整備事業の実施によって補完されたのである。生産調整のための農地利用調整、農業構造改善のための農地流動化、農業生産基盤・農村生活環境整備事業による集落整備の3点は、それが最初から体系的に仕組まれたものではなかったとしても、農村政策と呼び得るような内容を有していたとすることができる。

　その後、日米貿易摩擦の激化とプラザ合意による円高によって内外価格差の縮小が大きな課題となり、米価の引き下げが本格化するなかで、営農条件の劣る中山間地域を中心に耕作放棄地問題が深刻化していった。この頃から多面的

機能を根拠に農地を維持・保全しようとする地方自治体独自の取り組みが始まり、それらの延長線上に中山間地域等直接支払制度が2000年に創設された。同制度は1999年に制定された食料・農業・農村基本法のなかの農村政策の中核をなすものであり、当初の農村政策は中山間地域政策であった。この農村政策も集落の活用という点ではこれまでの農政の手法と同じだが、農地という地域資源の維持管理を主たるねらいとした点は大きな変化である。同様に、水利施設という地域資源を対象とした農地・水・環境保全向上対策が数年遅れてスタートした。こちらは2011年から環境支払が環境保全型農業直接支払として独立して別建てとなるが、もう一方の農地・水保全管理支払の基本的な枠組みは変わることなく現在に引き継がれている。

こうした一連の政策は現在、中山間地域等直接支払、多面的機能支払、環境保全型直接支払の3つからなる日本型直接支払として整備されたが、地方創生を先導していくような農村政策足り得てはいないようだ。2015年に新たに策定された食料・農業・農村基本計画の農村政策に関する内容を見る限り、残念ながら主導権を握って推進できるような施策を農林水産省はあまり持ち合わせていない。同省の基本的な着眼点は農地や水利施設などの地域資源であり、その維持管理や整備が農村振興局の予算の大半を占める構造となっているからである。ただし、少しずつだが、従来までとは異なる施策が用意されるようになってきているのも事実である。

本章では以上のような農林水産省の農村政策が辿ってきた軌跡を、農業白書、食料・農業・農村白書や農政審議会報告、食料・農業・農村基本計画などの政策文書に依拠しながら整理、概観し、そこから同省の農村政策の特質や理念などを析出し[4]、現在直面している課題を示すことにしたいと思う。

2. 地域農政期における農村政策の生成と変容
——兼業化・混住化が進む農村社会に対する農村政策の形成——

最初に地域農政期において農村政策がどのように登場し、変化していったの

かについて整理を行う。そこでの大きな流れは、混住化が進展する農村社会を政策対象とし、構造政策と整合性を有する農村整備を推進するという農村政策の枠組みが確立するというものである。しかし、この農村政策は耕作放棄地など中山間地域問題の登場によって、次の「3」でみるように大きく変容していくことになる。

2.1. 農業白書にみる農村政策の萌芽と展開

　農業白書で「農村社会」という用語が初めて登場したのは1970年度であり、そこでは農村の混住化が農業経営環境悪化の要因として問題とされていた。「農村社会の変貌」「混住化の進展」を専業的な農業経営の展開にとってマイナスであるという問題意識は、長期間にわたって農政の基本的なスタンスとして踏襲される。その対応策の1つとして打ち出されたのが生活環境施設の整備も含めた農村整備の推進であった（『1973年度農業白書』）。1974年度の白書では「地域農業の組織化」が提示され、農村社会政策と農業構造政策とがオーバーラップをみせるようになる。この時期、過疎問題も取り上げられているが、離農跡地の集積・活用、農用地開発の推進によって食糧供給基地としての発展が期待される先進地域として非常に楽観的な見通しが示されるにとどまっており（『1975年度農業白書』）、人口流出による地域社会の崩壊という危機意識はまだ弱かった。農村問題は混住化問題であり、分化した農村住民のニーズに一括して応えるための「生産基盤整備と生活環境整備の一体的・総合的推進」という農村整備が政策の中心に据えられていたのである。

　1977年度の『農業白書』では「三全総」を前提に農村が「定住地域」として位置づけられる。特に「健全な地域社会の形成」のため集落機能の強化が重要な課題として認識されるようになり（『1978年度農業白書』）、「むらづくり」活動が大きく取り上げられるようになる（『1979年度農業白書』）。これは現在の農山漁村再生とは異なり、混住化対応としての「地域社会づくりのためのむらづくり」であった。むらづくり活動は農村整備と関連づけられ、①地域社会の連帯感の醸成、②生活環境整備、③計画的な土地利用秩序の形成、④地域農業

の組織化の推進の4点がめざすべき目的とされた(『1980年度農業白書』)。この頃に農村政策の骨格が確定したとすることができる。農村政策の要諦は第2種兼業農家も包摂した地域ぐるみの対応であり、そこに構造改善と農村整備の推進が関連してくるというものである(『1981年度農業白書』)。また、第2種兼業農家の存在も積極的に位置づけられるようになった(『1982年度白書』)。

2.2. 農政審報告にみる農村政策の形成

地域農政期における農村政策の枠組みは「80年代の農政の基本方向」(1980年)で示されたと考える。それは構造政策(第5章「農業構造の改善」)と農村整備(第6章「農村整備の推進」)から構成される。

構造政策は「中核農家の育成と地域ぐるみの対応」という副題に表れているように「地域ぐるみの対応」「地域農業の組織化」の2つが柱である。農業構造改善の阻害要因とされていた兼業農家を農地供給層としてだけでなく、混住化社会のリーダーやまとめ役として位置づけ、集落の農地利用調整機能を拠点に中核農家への農地集積を推進するというものである。混住化によって構成員の異質化・分化が進んで弱体化している集落の再編・強化を図るべく、「農村住民が地域農業の重要性について理解を深め、地域的連帯感をもとに相互に協力しあう基盤」を築けるよう、「地域ぐるみ」で「地域農業の組織化」を進めることが構造政策(農用地利用増進法)のポイントだとされていた。

農村整備も「むらづくり」を通じた農村社会の再構築、集落の再編・強化をめざすものであり、構造政策の「地域ぐるみ対応」と重なっていた。農業生産基盤の整備だけでなく、その推進体制づくり=「むらづくり」が重視されている点がこれまでの農村整備と大きく異なる点である。生産基盤と生活環境の一体的整備の推進に変わりはないが、農家の生活水準の向上を目標としていた生活環境整備が、分化した多様な農村住民を「むらづくり」に凝集させる呼び水とされた点が大きな変化である。

「80年代の農政の基本方向」で示された農村政策を、①問題認識、②政策対象、③対策、④政策目標の4点に分けて整理すると次のようになるだろう。①問題

認識：兼業化・混住化に伴う農村社会の構成員の異質化・分化による集落機能の弱体化。混住化の進展による営農環境の悪化。②政策対象：農村住民。③対策：集落の再編・強化。地域ぐるみ対応・地域農業の組織化・むらづくり。むらづくり活動を起点とした農村整備の推進・土地利用秩序の確立。④政策目標：農業構造の改善。この「80年代の農政の基本方向」が農村政策を規定することになったのである。

これに続く「『80年代の農政の基本方向』の推進について」（1982年）も同様の政策認識が継続する。構造政策（第5章「生産性の高い農業の実現」）では、高能率な生産組織の育成、地域農業の組織化、農場制的な整備をめざす農業生産基盤整備の推進などが施策展開の方向として掲げられ、農村社会に対する政策もむらづくり活動を通じた土地利用秩序の確立・農村整備の推進と中核農家への農地集積の促進に力点が置かれていた。

ここでも農村社会に対する政策の目標は、「農業集落は、混住化がさらに進むことは避けられないが、……農業集落が維持してきたコミュニティー機能──地域資源の利用調整と共同管理の優れた機能──を、農業と農村に期待される役割に即応して継承し、発展させる必要がある」とされ、むらづくり活動を通じた集落の再編・強化が重視されている。兼業農家でも不安定兼業農家が多い地域もあるという地域差が認識され、農業構造の改善（農地供給層の増加）のため「安定した所得と就業機会の確保」が掲げられている点も注目される。さらに農村整備の目標に都市農村交流が加わったのも変化であった。だが、認識されていた基本的な農村問題は「混住化の進展」にあったのである。

3．農村地域資源管理と中山間地域問題へのシフト

農業構造改善とオーバーラップするかたちで形成された地域農政期の農村政策は、一時期、地域活性化に軸足を移すが、耕作放棄地問題の発生とそれへの対応が課題となってくるにしたがい、国土保全、次いで多面的機能を根拠にした中山間地域等直接支払制度へとシフトしていくことになる。当初は第3セク

ターによる農地保全に注目が集まっていたが、同制度によって最終的には集落機能の再編強化による対応がめざされることになった。農村地域資源管理を課題とする現在の農村政策の枠組みはここで確立すると考えてよい。

3.1. 農業白書にみる地域資源管理問題の展開——中山間地域等直接支払制度へ——

農村社会の多様性を記述したのが1984年度の農業白書である。都市近郊、平地農村、山間部農村の3つに分け、その変化および問題の諸相を描いている。耕作放棄地の発生と拡大、人口流出・高齢化の進展に伴う地域社会の危機・崩壊の進行が問題として指摘され、農村社会に対する認識が大きく変化する最初の白書となった。この農村社会の多様性を前提にむらづくりを通じた地域活性化が農村政策の主眼とされる（『1985年度白書』）。また、地域資源の活用が課題であり、農外資本も含めた総動員体制での農山村地域の活性化を推進するとされた（『1986年度白書』）。地域資源の十全な活用による活性化が農村政策の課題とされ、農村整備の目的も産地直送、地場加工、リゾート開発等の推進など就業機会の創出を含めた定住条件整備へと変化をみせた。『1988年度白書』では「中山間地域」という用語が初めて登場し、中山間地域の活性化の重点項目として「人づくり」が提起されたが、課題はやはり活性化であった。

これが変化をみせるのが『1990年度白書』である。耕作放棄地が中山間地域問題とリンクされ、農地保全が政策課題として取り上げられた。これ以降、農村社会というより農村地域資源が政策対象として認識されるようになる。そして、耕作放棄地問題＝国土保全上の問題という位置づけがされ（『1991年度白書』）、「中山間地域における定住条件の整備と地域資源の管理」という項の下で第3セクターが農林地保全を担う動きが紹介され、その国土保全機能が注目されるようになる（『1992年度白書～1999年度白書』）。この間は市町村農業公社などの第3セクターが農村地域資源管理を担うものと想定され、地方自治体の独自の取り組みが、例えば「鳥取県型直接支払い」といったかたちで関心が寄せられるようになった。この延長線上に中山間地域等直接支払制度が創設されることになる。また、1993年から特定農山村法の施行に伴い、地域活性化に

必要な施設用地への農林地の転換が進められる（『1996年度白書』）とともに生産と生活環境の総合的な整備が謳われ、道路舗装整備、生活排水処理施設の整備が課題とされる（『1996年度～1998年度白書』）。

　『1997年度白書』では耕作放棄地発生の要因分析が行われ、農家戸数の減少、高齢化、あとつぎ不在、圃場整備の実施状況などが指摘されたうえで、市町村農業公社による農地保全の有効性が示されていた。市町村公社の役割については「小規模経営や生産の継続が困難な農家の補完・代替及び担い手の育成」（『1994年度白書』224頁）と規定されていた。この耕作放棄地防止・農地の維持保全は『1998年度白書』では、これまでの国土保全ではなく多面的機能の発揮と結び付けられて地方自治体による農地支払いの事例が紹介され、中山間地域等直接支払制度への道が開かれることになった。翌『1999年度白書』では谷を単位とした土地利用体系に再編整備した事例として大分県竹田市の「谷ごと農場制」がコラムとして取り上げられ、こうした対応を実現するための話し合いの重要性が指摘される（『2000年度白書』）。そして、『2001年度白書』で第3セクターによる農地保全は赤字問題を抱えていることが指摘される一方で、それに代わるものとして集落営農が示されるとともに、集落営農の推進施策として中山間地域等直接支払制度が位置づけられることになる。農業集落の機能の弱体化は地域資源管理問題を発生させているが、中山間地域等直接支払制度で集落協定を締結することで対応を図るとともに、交付金を活用して農地保全に加えて地域の実情に応じた多様な活動を展開するという農村政策がここで明確に示されたのである。また、その理論的基礎には多面的機能が置かれていたのである。

3.2. 政策文書にみる中山間地域政策の形成

　「21世紀へ向けての農政の基本方向」（1986年）は産業政策的視点、社会政策的視点、国土政策的視点、消費者政策的視点、国際協調的視点の5つの視点を提起し、農村政策の力点は社会政策的視点（農村の生活環境整備等の推進）と国土政策的視点（国土保全・人口の適正配置）にシフトするという大きな変化

をみせた。農村政策の課題は「活力ある農村社会の建設と地域経済社会への寄与（第7章）」という表題にあるように、農業構造の改善ではなく農村社会の活性化とされた。高齢化の進行・人口減少による農村の活力低下＝地域資源の維持管理能力の喪失→国土保全上の問題の発生、というのが問題認識であり、農村政策は構造政策との関連性を弱める一方で、国土政策あるいは国土保全との関連性を強めることになった。

また、「各地域の特質、実情に即した整備を図ることが重要である」として、地域別の農村政策の方向性が打ち出された。都市近郊では、都市圧との調整が、平地農村では生産基盤と生活環境の一体的整備が（これまでの農村政策の枠組みを継承）、農山村・山村では地域社会の活性化（高齢化社会の最先端地域としての農山村・山村という位置づけ）が、それぞれ目標として掲げられている。

ここでの農村政策を、①問題認識、②政策対象、③対策、④政策目標の4点に分けて整理すると、①問題認識：高齢化の進行・人口（特に青年層）流出に伴う地域資源の維持管理の困難化、②政策対象：農村地域資源、③対策：地域活性化のための農村整備の推進（特定農山村法へ）、④政策目標：農村社会の活性化となる。いずれにせよ1986年答申の農村政策は、産業政策の対象とならない地域に対する手当を前面に押し出しており、「80年代の農政の基本方向」の枠組みを大きく変えたものであった。

続く「農業構造の改善・農村地域の活性化」（1989年）は、自然環境や景観の保持を目的とした「美しいむらづくり」の推進がめざされ、国土政策的視点が一層強められることになった。定住人口確保のため「就業・所得の場の確保」が重要視され、具体的な施策として、都市との交流を視野に入れた観光・リゾート地域の整備、地場産業の振興、農村地域への工業等の導入促進の3つが提示されている。農村社会に対する政策から農村地域というエリアに対する政策へとシフトしている点に特徴があるが、農村政策はメニューの羅列となっており、そこに何らかの体系性を見出すことは難しい。中山間地域政策が確立する前の段階の移行期にあたる政策文書だということであろう。

1993年に出された「新しい食料・農業・農村政策の方向」は、効率的・安定

的な農業経営が展開する地域とそうした農業経営の展開が望み得ない中山間地域という2つの農村地域に対してそれぞれ別の政策体系を示すものであった[5]。前者は、担い手への農地集積を図る構造政策の土俵として位置づけられた。後者の中山間地域では「地域資源の維持管理」が「産業の振興と定住条件の整備」と並んで政策課題として掲げられた。しかし、まだこの時点では第3セクター等の活用が考えられており、それまでの集落機能の維持・再編を通じた地域資源の維持管理が復活するのはもう少し先まで待たなくてはならない。いずれにせよ、集落機能の再編を目的とした農村社会に対する施策というこれまでの農村政策から、農村地域資源（農地、水、森林等）を政策対象として直接はたらきかけるという新たな政策が登場した点が注目される。

1994年の「新たな国際環境に対応した農政の展開方向」ではさらに進んで中山間地域を対象とした農村政策が前面に打ち出される。ただし、この時点での中山間地域政策の目標は活性化であり、地域資源を総動員した産業起こし（就業と所得の場の創出・確保）を通じた定住人口の確保というロジックであった。これに加えて「農林地の有する国土・環境保全機能を保全・維持するための支援」策として第3セクターへの支援が提起されていた。まだこの段階の政策文書では、現在の中山間地域等直接支払制度は構想されていなかったのである。それが2000年の農政改革大綱で中山間直接支払いが浮上し、第3セクターではなく、集落の再編・強化を通じて農村地域資源の維持管理の実現をめざす中山間地域等直接支払制度の創設へと向かうことになったのである。

4．中山間地域等直接支払制度から日本型多面的機能支払いへの展開

1999年の食料・農業・農村基本法は制度的な転換を示すものであったが、特に農村政策にとって新たな基本法は大きな画期であり、2000年の中山間地域等直接支払制度の創設は農村政策の新領域を開拓するものであった。集落機能の維持・再編を通じた農村地域資源の維持管理は、これまでの農業農村基盤整備

による公共事業を通じた定住条件確保や特定農山村法による農地転用を通じた活性化施設建設などとは異なり、農村地域資源を政策対象としつつも、確かに予算的な枠組みとしては平地農業地域との条件不利性を補正するための農地への直接支払いではあるが、農村社会へのはたらきかけを通してそれを実現しようとした点で画期的であった。交付金を集落での共同取組のために使う道を開いたのは大きな前進であった。この時点では農林水産省の農村政策は先駆的な存在だったと考えられるが、その後のさらなる展開という動きは残念ながら弱くなってしまう。民主党政権下で実施された戸別所得補償制度の補完的位置づけが中山間地域等直接支払制度に与えられ、共同取組よりも農家への支払いを優先するような政策的ドライブがかけられたことがその一因である。また、同制度自体にそうした運営に流されてしまう制度的な限界が存在していた可能性もある。この点は同制度と類似した仕組みである旧農地・水・環境保全向上対策、現行の農地・水保全管理交付金にもみることができる。この2つの制度が前提としている農村社会の構造が揺らぎ、変容し始めていることも大きな問題である。この点は日本型多面的機能支払の「日本型」の評価に繋がってくる。

　以下では白書に加えて5年ごとに定められる食料・農業・農村基本計画や中山間地域等直接支払制度の第3者評価委員会の評価結果等に基づいて、2000年から現在までの農村政策を辿ることにしたい。

4.1. 集落機能の維持・再編を通じた農村地域資源の維持管理政策の展開

　2000年の基本計画でも新基本法と同様、農村は振興の対象とされ、「中山間地域等の振興」のための課題として、農業その他の産業の振興による就業機会の増大、生活環境の整備による定住環境の促進等、中山間地域等における多面的機能の確保を特に図るための施策の3つが掲げられた。この3番目が中山間地域等直接支払制度として制度化されたが、当初の基本計画には「多面的機能の低下が特に懸念されている中山間地域等において、担い手の育成等による農業生産活動の維持を通じ、耕作放棄の発生を防止し多面的機能を確保する観点から、農業生産条件の不利性を補正するための施策を実施する」と記されてい

た。

　中山間地域等直接支払制度の創設に深く関与した小田切［2010］によれば、①集落重点主義、②農家非選別主義、③地方裁量主義、④使徒の非制約主義、⑤予算の単年度主義の脱却の5点で革新性を有していると整理することができる[6]が、同制度の最大のポイントは集落協定の締結とそれに基づく共同取組にあると考える。集落が共同で農地という地域資源の維持管理にあたる仕組みを構築し、耕作放棄地の発生の防止や鳥獣害対策を行うだけではなく、集落営農の設立やその多角的な経営展開など農村地域の内発的な発展を引き出す可能性を有しているからである。実際、同制度の優良事例として紹介されたケースは、単なる農地保全にとどまらず、それ以外の活動を積極的に展開していた。だが、中山間地域等直接支払制度の交付金を起爆剤とした発展を引き出すには、それだけの能力を有するリーダーが必要であり、一定規模以上の資金が必要である。そのためにも協定の範囲は可能な限り大きく設定することが推奨された。協定の範囲が広くなれば交付金額は確実に大きくなり、そのなかからリーダーを確保できる可能性も高まるからである。2003年度と2004年度の『白書』では集落間連携の重要性が指摘されていた。

　この地域資源管理の問題は中山間地域に限らず、平地農業地域でも問題とされるようになる。これはかつての混住化問題の延長線上にあり、農業集落を構成する農家数の減少（農家率の減少）によって末端の用排水路の清掃等のむら仕事の実施が難しくなっているという問題である。担い手への農地集積の進展がこれを深刻化させていった。そのため『2004年度白書』ではそうした集落活動に非農家や市民の参加が提案され、2007年の農地・水・環境保全向上対策の創設に繋がっていった。基本的な枠組みは中山間地域等直接支払制度と同様であり、集落を基礎として交付金の受け皿となる組織を設立し、そこが地域資源の維持管理活動を担うというものである。ただし、中山間地域等直接支払制度に比べると交付金の面積当たり単価は小さく、また、本来的に既存の活動への梃入れであり、地域資源管理を超える取り組みは生まれにくい面があったように思う。

その結果、現在の日本型多面的機能支払を構成する2大施策を射程に入れた2005年の基本計画の農村の振興では「地域資源の保全管理政策の構築」がトップに位置づけられる。そこでは、「農地・農業用水等の資源の保全管理施策の構築」のなかで「農地・農業用水等の資源は、食料の安定供給や多面的機能の発揮の基盤となる社会共通資本である。しかしながら、こうした資源は、過疎化・高齢化・混住化等の進行に伴う集落機能の低下により、その適切な保全・管理が困難となってきている。このような状況に対応するため、地域の農業者だけでなく、地域住民や都市住民も含めた多様な主体の参画を得て、これらの資源の適切な保全管理を行うとともに農村環境の保全等にも役立つ地域共同の効果の高い取組を促進する」と記されている。問題状況の認識として中山間地域等直接支払制度の背景が描かれており、後段は農地・水・環境保全向上対策を想定した内容となっている。集落と地域資源管理の再結合を農村全体で進めていく方針が打ち出されたと考えてよいだろう。

　中山間地域等直接支払制度については「集落の将来像を明確化し、担い手の育成、生産性の向上、集落間の連携の強化を推進するなど、自律的かつ継続的な農業生産活動に向けた取組を促進する」と記されている。その結果、第2期対策では、集落の活動に応じて交付金の単価を2段階に分けて設定し、耕作放棄の防止を超えた取り組みへと発展するような誘導措置が導入されることになる。具体的には、生産性・収益性向上に向けた活動、担い手育成に向けた活動、集落営農化に向けた活動、担い手への農用地の集積に向けた活動のうちのどれか1つに取り組まなければ従来どおりの単価で交付金を受給することができなくなる。中山間地域の農業構造を考えればその多くは集落協定に基づいて集落営農を設立するしかなく、同制度は集落営農推進政策としての性格を帯びたと見方によってはいえるかもしれない。

　いずれにせよ中山間地域でスタートした集落機能の維持・再編を通じた地域資源の維持管理政策が農村地域全体に形を変えて適用されることが確定するとともに、中山間地域等直接支払制度が永続的な交付金の支給から卒業するよう、担い手育成ないしは集落営農の設立にドライブをかける方向づけが行われたの

である。地域資源管理政策の一般化と中山間地域政策の構造政策化が進められたということである。この集落協定に基づく共同取組活動の方向づけは政策の論理としては誤っていないと考える。しかしながら、後知恵ではあるが、集落の自由な発想に基づく地域の内発的発展という路線には必ずしもそぐわない面があったかもしれない[7]。

4.2. 農村地域資源政策への一層のシフトと農村政策としての限界

　中山間地域等直接支払制度については当初からリーダーの高齢化、集落協定の構成員の高齢化に伴う活動継続の限界が問題として認識されていた。集落間の連携はプールする交付金の金額を大きくして活動の可能性を広げるだけでなく、弱体化する集落に対する支援という意味合いも有していた。第3期対策ではこちらの側面が前面に出ることになった。農村地域の高齢化の進行は如何ともしがたかったということであろう。そこで体制整備の要件として高齢農家などが耕作できなくなった場合に集落ぐるみで助け合う仕組みの協定への位置づけが追加され、そうした集落の農用地の保全を他の集落が支援する小規模・高齢化集落支援加算が創設された。また、同制度に取り組んでいない集落と連携し、地域を担う人材を呼び込む活動等を行う経費を支援する集落連携促進加算も創設されることになる。そこで示された方向は人口減少と高齢化のさらなる進行に対し、外部からの人材を導入しながら集落間連携と協定の広域化を促進するというものであった。少なくなる集落の「頭数」を集落間連携と広域化によって克服していくことがめざされた。

　中山間地域等直接支払制度は基本的に集落に依拠した農村地域資源の維持管理を支援する制度であり、維持管理のあり方を根本的に変革して効率化を実現するというより、現行の体制を維持する守りの制度であるため、それだけでは人口減少と高齢化という総体的な趨勢に抗する十分な力は有していない。集落間連携と協定の広域化を進めると同時に、維持管理の対象となる農村地域資源という物的基盤の再編が伴わなければならないと考えるが、それらは政策体系として整備されていないという難点を抱えているのである。第1期対策当時の

優良事例は、大分県竹田市の谷ごと農場制のように、同制度は基盤整備とセットでの農業生産体制の整備であり、交付金を土地改良事業の償還にあてるというものであったことを想起されたい。もう少し言うならば、交付金を1つにまとめて次なる発展の投資に使うことができるかどうかが問われているのだが、同制度だけではそうしたインセンティヴを引き出すことが次第に困難になっているということなのである。また、この投資も専ら地域資源の維持管理に向けられ、地域を活性化するための事業への投資の原資とはなりにくかったという限界があった。外部人材の導入も守りの活動だけでは難しい。

ただし、同制度を活用して集落営農を設立した地域では、その集落営農がさまざまな事業を担い、地域の人々の生活を支える領域まで事業範囲を拡張する動きが生まれている点は高く評価することができる[8]。もっとも、これは同制度に組み込まれたメカニズムというよりも、集落営農をどのような方向に発展させていくかという地方自治体による政策の方向づけによるとみるべきだろう。その意味では同制度単騎での抵抗には限界があり、他の制度との組み合わせが必要だったということなのである[9]。戦略的な農村政策の構築という点で農林水産省は遅れをとったのかもしれない。第4期対策では地方創生等に資するよう交付金の個人の受給上限や免責事由を見直し、制度運用の改善を図るとされたが、その改善の成果を活用するための戦略構築への支援が併せて求められる。その始まりが2010年の基本計画で記された「農山漁村活性化ビジョン」の策定なのだろうか。施策の整理の関係だとは思うが、農業の6次産業化や都市農村交流と同制度との関連はこの基本計画から読み取ることはできないし、2015年の基本計画でも同様である。「「集約とネットワーク化」による集落機能の維持等」は新たな農村政策の領域を開拓する内容だが、ここに集落協定がどのように関連してくるかの記載は残念ながらみられない。

2007年から始まった農地・水・環境保全向上対策は運用上の問題[10]から2011年に環境分野が環境保全型農業直接支払として独立し、農地・水保全管理支払とに分かれ、2014年から前者は環境保全直接支払、後者は多面的機能支払に再編されるという変化を辿る。多面的機能支払については、農業者だけの組

織も支援対象とする農地維持支払交付金（水路の泥上げ・農道の路面維持・施設の点検などの地域資源の基礎的な保全活動と地域資源の適切な保全管理のための推進活動に対する支払い）と農業者以外の者も含めた組織による資源向上支払交付金（地域資源の質的向上を図る共同活動、施設の長寿命化のための保全活動、地域資源保全プランの策定、組織の広域化・体制強化に対する支払い）の2つから構成されることになった。多面的機能支払は、規模拡大によって地域資源管理にまで担い手の手が回らなくなる事態に対応できるようにする構造政策の補完的役割を担うものであると同時に、集落機能の維持・再編を通じた農村地域資源の維持管理政策の典型として捉えることができる。ただし、そうした枠組みであるため完全な守りの政策であり、中山間地域等直接支払制度のところで論じたように、農村振興のための新たな投資に繋がるような活動の創出を期待することはほとんどできない。名称のとおり、農村地域資源が有する多面的機能の維持と発揮に対する支払いなのである。

　農林水産省の農村政策は日本型直接支払制度として整備されることになったが、基本的には集落機能の維持・再編を通じた農村地域資源の維持管理を第一とするものであり、農村社会にはたらきかけを行うものの、コミュニティーの活性化はあくまで間接的な効果であり、それ自体を目的とする政策とはなっていない。中山間地域等直接支払制度はそうした制約を乗り越える可能性を有しているし、実際にそうした動きも生まれてはいるが、農村地域資源を重視する農林水産省の基本的な姿勢の下では、現在までのところ農村政策はそこまでの変貌は遂げられなかったのである。今後は農業中心主義的発想からの脱却が求められるかもしれないが[11]、それは農林水産省の事業領域の再定義に繋がる問題でもある。

5．おわりに

　以上を簡単にまとめて本章を終えることにしたい。
　兼業化・混住化の進行が問題として認識されたところから農村政策にあたる

政策がスタートした。必ずしも体系化されたものではなかったが、生産調整のための農地利用調整、農業構造改善のための農地流動化（農用地利用改善団体の設立と活用）、農業生産基盤・農村生活環境整備事業による集落整備の3点がその構成要素であった。いずれも集落の合意が出発点であり、そのためにも農村社会を政策対象としてはたらきかけを行う必要があった。利害関係を異にする集落の構成員の共通の具体的な利益が生活環境整備事業であり、これが農村社会の社会的統合に寄与することになっていた。また、農村政策は構造政策とオーバーラップするものとして仕組まれていた。この集落を基盤とした担い手への農地集積の推進という路線は、その後は農村政策との繋がりを弱め、集落営農の設立を後押しする特定農業法人制度となり、現在の人・農地プランとして引き継がれることになる。だが、ここで合意の対象は農地に限定され、生活面を含めた集落全体の姿についての関与は捨象されてしまい、構造政策と農村政策のオーバーラップは失われている。

　時代は前後するが、1980年代半ばになると首都圏一極集中のもとで農村の人口減少と高齢化が深刻の度合いを増すことになる。それに対する政策として高齢者による農業振興など地域活性化が対置され、バブル経済を背景に農村リゾート開発も推進された。同時に円高の影響もあって内外価格差の縮小が大きな課題となり、米価の引き下げが本格化するなかで、中山間地域を中心に耕作放棄地問題が深刻化していった。結局、この農村地域資源の維持管理が農村政策の最重要課題としての地位を獲得することになる。1990年代半ば頃までは地方自治体の独自の取り組みが注目され、市町村農業公社などの第3セクターによる農地管理が有力視されていたが、経営赤字問題が広がるなかで集落機能の維持・再編を通じた地域資源の維持管理に政策手法が大きく転換されることになった。その結果、多面的機能を根拠に、集落協定の締結を条件に、平地農業地域と比べた生産条件の不利性を補填するために一定程度以上の傾斜農地に対する支払いを行う中山間地域等直接支払制度が2000年に創設されたのである。同制度は集落協定に基づく共同取組を備え、交付金をプールして自分たちのために使うことができるようにした点が最大の特長であった。農村社会にはたら

きかけを行うと同時に、その農村社会が自ら発展していく道筋を与えた政策だったのである。当時としては画期的かつ先駆的な農村政策であったと高く評価することができるだろう。ここが農林水産省の農村政策の１つのピークであった。

　だが、その後は政権交代に伴う中山間地域等直接支払制度の運用の方向づけの変更、同制度自体が内包している限界によって地域資源の維持管理を超えるような積極的な活動の展開は停滞してしまう。2007年からスタートした農地・水・環境保全向上対策は、集落機能の維持・再編を通じた地域資源の維持管理という中山間地域等直接支払制度の政策手法を広く農村地域全体に適用するものであった。同対策はあくまで多面的機能の保全が主眼であり、コミュニティー活動の梃入れに繋がった面はあったものの基本的には「守り」の施策であり、新たな投資を行い、事業を創出していくような内発的な発展を呼び起こすものではなかった。そして、こうした限界は農林水産省の農村政策、特に日本型多面的機能支払に共通しているのである。2015年に新たに策定された食料・農業・農村基本計画の農村政策に関する内容は、残念ながら地方創生の主導権を握って推進できるようなものにはなっていないようにみえる。現行の制度を前提に、地域資源管理を起点とした農村の内発的な発展を展望できる道筋をどのようにすれば構築することができるのかが問われている。もちろん、その領域を他の省庁に譲り渡して適切な分業関係を築いていくという考え方もあるとは思うが、本章で整理したような政策の推移によれば、農村政策の先駆者として主導権を握り続けるチャンスはあったと思えるだけに残念な気がするのである。巻き返しに期待したい。

注
1) 第3次全国総合開発計画をはじめとする国土計画については、下川辺淳『戦後国土計画への証言』（日本経済評論社、1994年）がその内幕も含めて詳しい解説がされている。
2) こうした事態を磯辺は「累積した社会的費用の負担を「むら」に押しつけてしまうことになる」と批判している。磯辺俊彦「地域農政の展開と「むら」」『村落社

会研究』第21集（御茶の水書房、1984年）22頁。
3）　梶井功・高橋正郎編著『集団的農地利用』（筑波書房、1983年）に当時のそうした事例が数多く収録、紹介されている。
4）　農業白書を用いた農村政策の展開過程を分析した、本章に先行する研究に、秋津元輝「基本法下における農政の農村認識――白書記述の分析を通して――」『村落社会研究』第4号（1996年）がある。
5）　この状況を小田切は「政策文書のレベルにおいては、「新政策」に至り、農政はひとつの農政目標や理念では統合し得ない「二つの農政」に分化しつつある」とする。小田切徳美「戦後農政の展開とその論理」保志恂・堀口健治・應和邦昭・黒瀧秀久編著『現代資本主義と農業再編の課題』（御茶の水書房、1999年）、174頁。
6）　小田切徳美「日本農政と中山間地域等直接支払制度――その意義と教訓――」『生活協同組合研究』2010年4月号。
7）　地域づくりのサポートには「①住民の主体的意識を醸成するサポート（寄り添い型支援）と、②住民の主体性が生まれた後の、集落の将来ビジョンづくりと実践に対するサポート（事業導入型支援）」の2つの段階があるが、中山間地域等直接支払制度は②を最初から実施するものであった。稲垣文彦「地域づくりの足し算と掛け算」稲垣文彦ほか『震災復興が語る農山村再生――地域づくりの本質――』コモンズ（2014年）を参照されたい。
8）　島根県では集落営農の経営発展度に地域社会の維持や活性化に寄与する地域貢献度を加え、地域貢献型集落営農の育成を進めている。こうした集落営農を楠本は社会的協同経営体として捉えている。楠本雅弘『進化する集落営農――新しい「社会的協同経営体」と農協の役割――』（農山漁村文化協会、2010年）。
9）　中山間地域等直接支払制度が有していたポテンシャルに対する指摘とその後の農村政策の展開については、小田切徳美「日本における農村地域政策の進展開」『農林業問題研究』第192号（2013年）を参照されたい。農村政策において重要な役割を担っているのは残念ながら農林水産省ではなくなっていることがよくわかる。
10）　農地・水・環境保全向上対策の環境支払いについては、「その先進的営農活動も、相当程度のまとまりをもった取り組みでないと、営農活動支援の対象とならない」という点で大きな問題があり、それが「営農活動支援への取り組みをわずかな面積にとどめている最大の要因である」と指摘されていた。神山安雄「農地・水・環境保全向上対策――その現状と課題――」『農村と都市をむすぶ』第682号（2008年）。
11）　農業という産業部門 sector ではなく農村地域経済 rural economy という地域 territory が政策対象となったということである。英国では農業漁業食料省が解体

され、環境食料農村省に再編された。この経緯については、Philip Lowe and Neil Ward, Blairism and the Countryside: The Legacy of Modernation in Rural Policy, Centre for Rural Economy Discussion Paper, No. 14, 2007（安藤光義『イギリス農村政策の生成と変容（のびゆく農業980）』（農政調査委員会、2009年）に翻訳が収録されている）を参照されたい。

第2章　農地・水・環境保全向上対策の実施規定要因と地域農業への影響評価

中嶋晋作・村上智明

1. はじめに

　農村地域における農地・水・環境の良好な保全とその質の向上を図る対策として、2007年度より農地・水・環境保全向上対策が実施された[1]。農地・水・環境保全向上対策は、農地・農業用水などの保全管理を地域ぐるみで行う共同活動に対する「共同活動支援」と、共同活動を行っている地域の農業者がまとまって化学肥料・化学合成農薬を5割以上低減する取り組みに対する「営農活動支援」の二段構えの支援として実施された。2011年度からは、「共同活動支援」部分が「農地・水保全管理支払交付金」に、「営農活動支援」部分が「環境保全型農業直接支払交付金」にかたちを変えてスタートし、さらに、2014年度からは「農地・水保全管理支払交付金」が、「多面的機能支払交付金」に拡充・再編された[2]。2011年の全国における農地・水保全管理支払交付金（共同活動支援交付金）の実績は、活動組織数1万9,677、取組面積142万9,826ヘクタールであり、対象農用地面積の33.6％をカバーしている。

　農地・水・環境保全向上対策に関する研究として、松下［2009］、高山［2012］、高山・中谷［2014］がある。松下［2009］は、滋賀県の農地・水・環境保全向上対策を対象に、集落の社会関係資本（ソーシャル・キャピタル）に焦点を当てて、農地・水・環境保全向上対策の実施規定要因を検証している。松下［2009］と同様の視点から、高山［2012］は、北海道の農地・水・環境保全向

上対策の実施規定要因を明らかにしている。松下［2009］、高山［2012］の研究によって、如何なる地域で農地・水・環境保全向上対策に取り組んでいるのかについて、ある程度コンセンサスが得られているように思われる。一方で、農地・水・環境保全向上対策の影響については、橋口［2013］が2005年、2010年の農業センサスの比較から、農地や農業用用排水路といった地域資源を保全している集落の割合が確実に上昇していることを指摘し、農地・水・環境保全向上対策実施の一定の効果があることを言及している。また、高山・中谷［2014］は傾向スコアマッチング法を用いて、北海道における農地・水・環境保全向上対策のインパクト評価を行っている。

　以上の点を踏まえ、本章では、山形県の農地・水・環境保全向上対策を対象に、農地・水・環境保全向上対策の集落レベルの実施規定要因とその影響を定量的に明らかにする。後述するように、山形県は農地・水・環境保全向上対策を積極的に利用している地域の一つであり、インパクトを評価する上で適切な地域と考えられる。インパクトの推定に際しては、定量的な政策評価（インパクト評価、プログラム評価）手法である「差の差（Difference in Differences：DID）推定」[3]を用い、観測対象集落全体の平均的なインパクトだけでなく、地域ごとのインパクトの大きさも推定するため、「地理的加重回帰分析（Geographical Weighted Regression：GWR）」の手法も援用する。

2．山形県の農地・水・環境保全向上対策の概要

　以下では、本章の研究対象である山形県の農地・水・環境保全向上対策について概観する。分析に用いた山形県の農地・水・環境保全向上対策のデータは、農林水産省農村振興局整備部農地資源課、山形県農林水産部農村計画課より入手した。

　表2-1は、2009年における山形県の農地・水・環境保全向上対策の実施状況を地域別に示したものである。2009年の山形県における農地・水・環境保全向上対策の実績は、活動組織数644、協定面積6万5,737ヘクタール、耕地面積

表2-1 山形県における農地・水・環境保全対策の実施状況（2009年）

地域	耕地面積(a)	共同活動 活動組織数	共同活動 協定面積(b)	共同活動 カバー率(b/a)	向上活動 活動組織数	向上活動 協定面積(c)	向上活動 カバー率(c/a)	向上/共同(c/b)
県計	123,100	644	65,737	53.4	198	10,690	8.7	16.3
村山	35,970	93	9,126	25.4	65	1,723	4.8	18.9
最上	18,760	119	7,418	39.5	10	245	1.3	3.3
置賜	25,560	123	14,666	57.4	75	2,121	8.3	14.5
庄内	42,810	309	34,527	80.7	48	6,601	15.4	19.1

資料：山形県農林水産部農村計画課の資料より作成。

図2-1 山形県における農地・水・環境保全対策の実施状況（2009年）

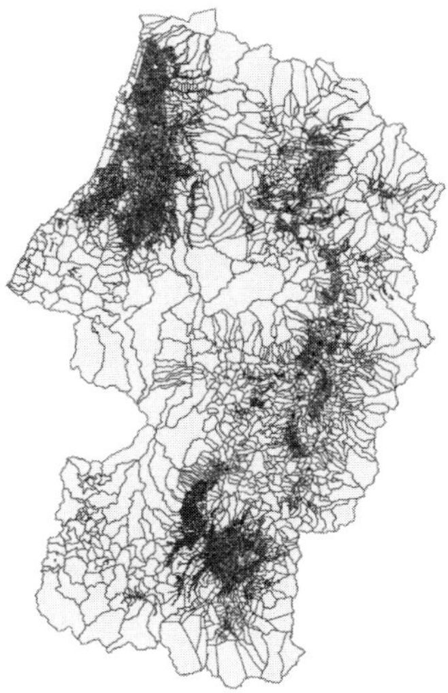

に対する協定面積の割合（カバー率）は53.4％であり、兵庫（74.3％）、福井（68.6％）、滋賀（66.2％）、京都（57.3％）、佐賀（55.7％）に次ぐ水準となっている。

また、図2-1は、農地・水・環境保全向上対策実施地区をGIS（Geographic Information System：地理情報システム）上にプロットしたものである。実施地区の分布からも明らかなように、実施地区には地域的なばらつきがみられる。

具体的には、稲作単作地域の庄内地区でカバー率が80.7%と最も高く、置賜地区の57.4%、最上地区の39.5%と続く。果樹の盛んな村山地区では、カバー率が25.4%の水準にとどまっている。

3. 農地・水・環境保全向上対策の実施規定要因

3.1. 推定方法と記述統計

以下では、どのような集落が農地・水・環境保全向上対策を実施しているのか集落間の波及効果を考慮して、空間ラグモデル（Spatial Lag Model：SLM）の推定から明らかにする。具体的な推定式は、以下のとおりである。

$$y = \alpha + X\beta + \rho Wy + \varepsilon \tag{1}$$
$$y = (I-\rho W)^{-1}\alpha + (I-\rho W)^{-1}X\beta + (I-\rho W)^{-1}\varepsilon \tag{2}$$
$$\varepsilon \sim (0, \sigma^2 I)$$

ここで、yはi集落における農地・水・環境保全向上対策実施面積割合、αは切片、Xは外生変数ベクトル、βは外生変数のパラメータベクトル、ρは被説明変数yの空間的自己相関のパラメータ、Wは空間重み行列、Iは単位行列である。

先述の山形県の農地・水・環境保全向上対策のデータと、2005年、2010年の『2010年世界農林業センサス・農業集落カード』[4]を組み合わせることによって、農地・水・環境保全向上対策の集落レベル[5]の実施規定要因を推定する。記述統計は、表2-2のとおりである。

3.2. 推定結果と解釈

推定結果を表2-3に示す。まず最小二乗法（Ordinary Least Squares Method：OLS）による推定の結果である。F検定の結果から定数項を除いたすべてのパラメータが0であるという帰無仮説が有意水準1%で棄却された。Adjusted

第2章　農地・水・環境保全向上対策の実施規定要因と地域農業への影響評価　213

表2-2　記述統計

変数名	定　義	平均	標準偏差
農地・水・環境保全向上対策実施面積割合	集落面積に占める農地・水・環境保全向上対策実施面積割合（％）	0.26	0.32
農家数	集落内の総農家数（戸）	22.2	17.5
農家数変化率（2005/2000年）	2000年から2005年における集落内の総農家数（戸）の変化率（％）	-0.12	0.16
経営耕地面積	集落内の経営耕地面積（a）	4,610.4	4,110.4
経営耕地面積変化率（2005/2000年）	2000年から2005年における集落内の経営耕地面積の変化率（％）	-0.06	0.15
圃場整備割合	集落面積に占める30a以上区画面積の割合（％）	0.37	0.43
経営規模多様性指標	集落内における経営規模の多様性を表す指標	0.70	0.09
都市的地域ダミー	都市的地域であれば1、そうでなければ0	0.10	0.30
平地農業地域ダミー	平地農業地域であれば1、そうでなければ0	0.46	0.50
DIDから30分以内	DID旧市町村までの所要時間が30分未満であれば1、そうでなければ0	0.83	0.37

表2-3　農地・水・環境向上対策の実施規定要因

	OLS		SLM (5th Nearest-Neighbors)		SLM (10th Nearest-Neighbors)	
定数項	0.020	(0.402)	0.007	(0.195)	-0.005	(-0.149)
農家数	-0.008	(-14.671)***	-0.003	(-6.756)***	-0.002	(-5.657)***
農家数変化率（2005/2000年）	0.175	(3.952)**	0.084	(2.694)***	0.069	(2.124)**
経営耕地面積	0.000	(15.816)***	0.000	(8.467)***	0.000	(7.410)***
経営耕地面積変化率（2005/2000年）	-0.121	(-2.428)**	-0.025	(-0.717)	-0.018	(-0.490)
圃場整備割合	0.225	(15.555)***	0.090	(8.384)***	0.087	(7.731)***
経営規模多様性指標	0.094	(1.345)	-0.003	(-0.055)	-0.002	(-0.041)
都市的地域ダミー	0.035	(1.669)*	-0.007	(-0.473)	-0.021	(-1.371)
平地農業地域ダミー	0.173	(12.928)***	0.036	(3.759)***	0.021	(2.078)**
DIDから30分以内	0.030	(1.850)*	0.012	(1.071)	0.014	(1.172)
λ	—		0.717	(1,106.9)***	0.769	(1,023.2)***
サンプルサイズ	1,878		1,878		1,878	
adjusted R^2	0.410		—		—	
F値	145.7***		—		—	
LM-test for residuals	—		1.534		3.416*	
Log likelihood	—		528.837		486.987	
AIC	71.0		-1,033.7		-950.0	

注：1）OLSの（ ）内はt値、SLMの（ ）内はz値、***は1％、**は5％、*は10％の有意水準。
　　2）λは、誤差項の空間的自己相関のパラメータである。

表2-4 空間的自己相関の検定（LM test）

空間重み行列	LM 統計量	p 値
5th Nearest-Neighbors	1,407.08	>0.001
10th Nearest-Neighbors	1,714.81	>0.001
20th Nearest-Neighbors	1,696.42	>0.001
30th Nearest-Neighbors	1,486.52	>0.001
40th Nearest-Neighbors	1,287.29	>0.001
50th Nearest-Neighbors	1,170.82	>0.001
75th Nearest-Neighbors	955.45	>0.001
100th Nearest-Neighbors	819.31	>0.001
150th Nearest-Neighbors	680.63	>0.001
200th Nearest-Neighbors	574.46	>0.001
300th Nearest-Neighbors	471.46	>0.001
Distance Based Neighbors within 10km	656.08	>0.001
Distance Based Neighbors within 15km	526.47	>0.001
Distance Based Neighbors within 20km	471.56	>0.001
Distance Based Neighbors within 25km	390.36	>0.001
Distance Based Neighbors within 30km	333.57	>0.001
Distance Based Neighbors within 40km	235.62	>0.001
Distance Based Neighbors within 50km	163.51	>0.001

R^2は0.410とサンプルサイズを考慮すると非常に高く、モデルの当てはまりは良好である。ただし、OLS 推定の残差について、ラグランジェ乗数検定（LM test）により空間的自己相関の有無について推定したところ、強い空間的な自己相関が推定された（表2-4）。このことは、OLS による推定結果にはバイアスが存在している可能性が高いことを意味する。

　農地・水・環境保全向上対策の実施に空間的な自己相関が存在する背景には、集落間の意思決定に相互作用があることが考えられる。このことを考慮するために、近隣の観測対象の被説明変数同士が相互に影響を与え合うという仮定を置いた空間ラグモデルによる推定を行った。空間ラグモデルの推定には、観測対象間の空間的な相互作用の範囲を仮定する必要があり W という空間重み行列で表す。本章では、空間重み行列 W の要素 w_{ij} を、「i 集落の重心から j 集落の重心までの距離 d_{ij} が k 番目以内にあれば1、そうでなければ0」とする k^{th} Nearest-Neighbors と「i 集落の重心から j 集落の重心までの距離 d_{ij} が r km 以内にあれば1、そうでなければ0」とする Distance Based Neighbors within r km

の空間重み行列を作成した。なお、k^{th} Nearest-Neighbors、Distance Based Neighbors within r km は通常複数の値を設定するが、本章では一つの目安として、kth Nearest-Neighbors については5^{th}、10th、20th、30th、40th、50th、75th、100th、150th、200th、300th、Distance Based Neighbors within k km については、10km、15km、20km、25km、30km、40km、50kmとした。k^{th} Nearest-Neighbors、Distance Based Neighbors within r km の空間重み行列はいずれも2値対称行列であり、各行の値を行和で除する行標準化行列として作成した。

それぞれの空間重み行列に関する空間ラグモデル、OLS推定の赤池情報量規準（Akaike's Information Criterion：AIC）を表2-5に記す。すべての空間重み行列について、OLSよりもAICは低くなっており、空間ラグモデルを推定に用いることによって、推定が改善していることがわかる。最もAICが低かったのは空間重み行列を5th Nearest-Neighborsとしたときであり、以下ではこの結果を中心に解釈を行う。

最初に、空間ラグモデル推定後の残差の空間的自己相関について確認する。空間ラグモデルの5th Nearest-Neighborsでは、ラグランジェ乗数検定の結果から残差の空間的自己相関の問題が改善されていることが確認できる。

集落間での農地・水・環境保全向上対策を実施に対する相互作用を表す空間ラグ項のλは有意であり、パラメータも0.717と大きかった。つまり、特定の集落における農地・水・環境保全向上対策の実施には周辺集落で向上対策に取り組んでいるかが強く影響を与えるということであり、集落間で意思決定のピア効果（Peer Effect）があることが明らかとなった。

より細かく推定結果についてみる。推定結果のパラメータがプラスであれば、当該説明変数の値が上がると、農地・水・環境保全向上対策を実施する確率が高くなることを、逆にパラメータがマイナスであれば、当該説明変数の値が上がると農地・水・環境保全向上対策を実施しない確率が高くなることを意味している。以下、主として有意なパラメータの解釈を行う。

まず、圃場整備割合についてだが、OLSのときと比較してパラメータは小さくなるものの、強く正に有意であった。このことから、圃場整備を行うこと

表2-5　空間ラグモデルのAIC

空間重み行列	AIC
OLS	71.05
Spatial Lag Model	
5th Nearest-Neighbors	-1,033.67
10th Nearest-Neighbors	-949.97
20th Nearest-Neighbors	-770.65
30th Nearest-Neighbors	-629.62
40th Nearest-Neighbors	-521.89
50th Nearest-Neighbors	-459.48
75th Nearest-Neighbors	-348.28
100th Nearest-Neighbors	-281.56
150th Nearest-Neighbors	-217.31
200th Nearest-Neighbors	-176.05
300th Nearest-Neighbors	-140.84
Distance Based Neighbors within 10km	-241.41
Distance Based Neighbors within 15km	-165.51
Distance Based Neighbors within 20km	-139.48
Distance Based Neighbors within 25km	-105.79
Distance Based Neighbors within 30km	-78.71
Distance Based Neighbors within 40km	-40.22
Distance Based Neighbors within 50km	-9.74

によって、農地・水・環境保全向上対策を実施しやすくする効果があったといえる。また、農家数が多いと取りまとめが困難になるからか、農家数のパラメータはマイナスである。ただし、2000年から2005年にかけての農家数の変化率は正に有意であり、農家数の維持できないような地域では農地・水・環境保全向上対策への取り組みも困難である実態が示唆される。経営耕地面積については大きいほうが実施されやすく、維持すべき面積が大きいほうが農地・水・環境保全向上対策の実施には積極的であった。2000年から2005年にかけての経営耕地面積の変化率については有意ではない。経営耕地面積が維持できるかよりは、参加農家が維持できるかのほうがクリティカルな問題ということであろう。

4. 農地・水・環境保全向上対策のプログラム評価

4.1. 推定方法

次に、農地・水・環境保全向上対策の集落レベルのインパクトを推定する。具体的な推定式は、(3)式の「差の差（Difference in Differences：DID）推定」と、(4)式の「地理的加重回帰分析（Geographical Weighted Regression：GWR）」[6]である。(3)式、(4)式ともに2期間の差分推定のため、固定効果

推定と同じである。

$$\Delta y_i = \alpha + \Delta X_i \beta_i + \gamma_i \Delta treatment_i + \varepsilon_i \tag{3}$$
$$W_i \Delta y_i = \alpha + W_i \Delta X_i \beta_i + \gamma_i W_i \Delta treatment_i + \varepsilon_i \tag{4}$$

ここで、Δは2005年と2010年の変化、y_iはi集落における農地・水・環境保全向上対策の効果指標、αは切片、X_iは外生変数ベクトル、β_iは外生変数のパラメータベクトル、W_iは空間重み関数、$treatment_i$は農地・水・環境保全向上対策実施面積割合であり、求めるべき農地・水・環境保全向上対策の効果のパラメータはγ_iで表される。

DIDはプログラムの効果を、プログラムの有無によってどのように成果が異なっていたのかを、成果指標の時系列的な変化から推定する手法である。GWRは加重最小自乗法（Weighted Least Squares：WLS）の応用であり、すべての観測対象iごとに地理的に近接する領域を定義し、その領域内にあるデータに観測対象iからの距離に従って減少する重みW_iを掛け合わせることによって、観測対象iごとにその周辺でのパラメータを推定する手法である。この2つを組み合わせることにより、すべての観測対象ごとにその周辺領域でのプログラムの効果を推定することができる。

農地・水・環境保全向上対策の効果指標としては、農地、河川・水路、農業用用排水路という地域資源の保全状況を用いる。したがって、推定に用いる被説明変数は農地、河川・水路、農業用用排水路という地域資源の保全状況の2005年と2010年の差分、説明変数は、として農地・水・環境保全向上対策実施面積割合、また農地、河川・水路、農業用用排水路といった地域資源の保全状況に影響を及ぼす要因（コントロール変数）として、販売農家数、65歳以上農家率、平均経営耕地面積、経営規模多様性指数[7]を取り上げ、それぞれの2005年と2010年の差分を加えている。

農地の保全状況については、2005年では「保全あり」集落が320集落、「保全なし」集落が1,888集落であったが、2010年では「保全あり」集落が754集落、「保全なし」集落が1,454集落となり、「保全あり」集落が大きく増加している。

表2-6 農地・水・環境保全向上対策のインパクト評価の推定結果（DID）

	農地		河川・水路		農業用用排水路	
定数項	-0.088	(0.014)***	-0.232	(0.021)***	-0.021	(0.009)**
treatment						
農地・水・環境保全向上対策実施面積割合	-0.354	(0.028)***	-0.216	(0.043)***	-0.086	(0.018)***
集落属性						
販売農家数（2010〜2005年）	0.002	(0.002)	-0.006	(0.002)**	-0.002	(0.001)**
65歳以上農家率（2010〜2005年）	0.032	(0.062)	-0.221	(0.093)**	0.027	(0.040)
平均経営耕地面積（2010〜2005年）	<0.001	(0.000)	<0.001	(0.000)*	<0.001	(0.000)
経営規模多様性（2010〜2005年）	0.099	(0.094)	0.022	(0.140)	-0.030	(0.060)
サンプルサイズ		2,208		1,927		1,891
AIC		2,567.773		3483.549		208.959

注：*** は1％、** は5％、** は10％の有意水準。

同様に、河川・水路の保全状況の場合、2005年の「保全あり」集落が1,168集落、「保全なし」集落が759集落、農業用用排水路の保全状況の場合、2005年の「保全あり」集落が1,746集落、「保全なし」集落が145集落であったが、2010年では河川・水路の保全状況については「保全あり」集落が1,205集落、「保全なし」集落が722集落、農業用用排水路の保全状況については「保全あり」集落が1,813集落、「保全なし」集落が78集落となり、「保全あり」集落が大きく増加している。

4.2. 推定結果と解釈

① グローバル・モデルの推定結果

　表2-6に、DIDによるグローバル・モデルの推定結果を示す。まず、DIDの差分推定において被説明変数の平均的な経年変化量を表す定数項は農地の保全で-0.088（有意水準1％）、河川・水路の保全で-0.232（有意水準1％）、農業用用排水路の保全で-0.021（有意水準5％）となった。このことから2005年から2010年にかけての5年間で、山形県内では地域資源を共同で管理する傾向が少し強まったことがわかる。推定にはコントロール変数として販売農家数、65歳以上農家率といった資源管理の参加者数、資源管理の労働力の代理指標を用いていることから、単に日本国内の多くの地域で進みつつある農業集落の高齢化に対する危機対応から地域資源を共同で管理する傾向が強まったわ

けではない。

　その上で、農地・水・環境保全向上対策の効果について解釈を行うと、集落属性である販売農家数、65歳以上農家率、平均経営耕地面積、経営規模多様性でコントロールした上でなお、農地・水・環境保全向上対策実施面積割合の係数は有意である。農地の保全の場合−0.354（有意水準1％）、河川・水路の保全の場合−0.216（有意水準1％）、農業用用排水路の保全の場合−0.086（有意水準1％）であり、農地・水・環境保全向上対策によって農業集落が有意に農地、河川・水路、農業用用排水路といった地域資源の共同管理を行うようになることが確認できる。特に、農地保全の係数は最も大きく、農地・水・環境保全向上対策は農地の保全活動に対して相対的に最も大きい効果を持っていることが明らかとなった。

② ローカル・モデルの推定結果

　DIDによるプログラム評価の結果は、県平均として農地・水・環境保全向上対策によって、農地や農業用用排水路、河川といった地域資源を共同で管理するようになるというものであった。ただし、農地・水・環境保全向上対策のように交付金によって地域資源の管理活動を促すような政策の場合、それぞれの地域資源を集落単位で共同管理するようになるかは、農業用用排水路の形態や地形などといった地域の賦存状況、農業集落内の共同管理へ向けた結束力などの影響を受ける。その結果として、農地・水・環境保全向上対策による地域資源管理に対する効果は、農業集落間で異なってくることが予想される。このことを検証するため、GWRを用いて個々の農業集落周辺におけるローカルなパラメータを推定した。

　GWRによるDIDの推定結果は表2-7である。まず、GWRによって推定されたパラメータが表2-6の全集落を用いたDIDによるものと比較して有意にばらつきを持っているか、Leung et al. [2000] による定常性検定（Stationality Test）によって検証する。定常性検定の結果から、農地、河川・水路、農業用用排水路それぞれのパラメータはほとんどすべての説明変数において定常性

表2-7 農地・水・環境保全向上対策の

	農地		
	第1四分位点	第3四分位点	Stationality Test
定数項	−0.168	−0.013	(4.725)***
treatment			
農地・水・環境保全向上対策実施面積割合	−3.953	−0.057	(3.102)***
集落属性			
販売農家数（2010〜2005年）	−0.002	0.005	(1.494)**
65歳以上農家率（2010〜2005年）	−0.086	0.156	(1.186)***
平均経営耕地面積（2010〜2005年）	0.000	0.000	(1.516)***
経営規模多様性（2010〜2005年）	−0.226	0.215	(1.391)***
AIC		2,110.945	

注：1) Stationality Test の（ ）内はF値。
　　2) *** は1％、** は5％、* は10％の有意水準。

　検定の結果は有意であった。農地・水・環境保全向上対策実施面積割合のパラメータについても、農地、河川・水路、農業用用排水路すべてにおいて有意であり、農地・水・環境保全向上対策による地域資源の共同管理への効果は地域間で差があることが明らかとなった。同時に、AICについても、農地、河川・水路、農業用用排水路すべてでOLSによる推定と比較してGWRによる推定結果の方が値が低くなっており、このことからもGWRを用いる方がより適切な推定になっているといえる。

　次にGWRによる推定結果のパラメータの分布についてみる。農地、河川・水路、農業用用排水路の共同管理に関するパラメータの第1四分位点は、−3.953、−0.293、−0.120であり、第3四分位点は−0.057、0.006、−0.003であったことから多くの農業集落ではこの間にパラメータが分布していることになる。ここで、農地については第3四分位点でもパラメータが−0.057であることから、ほとんどの地域で有意に効果を持つことがわかる。一方で、河川・水路、農業用用排水路では第3四分位点におけるパラメータが0.006、−0.003であり、この2つについては少なくとも25％程度の集落においてはほとんど農地・水・環境保全向上対策による効果が得られていないことがわかる。

　より細かくパラメータについて解釈するため、農地、河川・水路、農業用用

インパクト評価の推定結果（GWR）

河川・水路			農業用用排水路		
第1四分位点	第3四分位点	Stationality Test	第1四分位点	第3四分位点	Stationality Test
−0.479	−0.015	(16.343)***	−0.038	−0.001	(4.361)***
−0.293	0.006	(1.428)***	−0.120	−0.003	(8.612)***
−0.009	0.000	(2.146)***	−0.004	−0.001	(2.078)**
−0.356	−0.004	(0.858)	−0.028	0.056	(1.358)***
−0.001	0.000	(2.071)***	0.000	0.000	(1.021)
−0.410	0.371	(1.434)***	−0.062	0.005	−0.848
2,808.332			130.570		

排水路の共同管理に対する農地・水・環境保全向上対策実施面積割合の係数を地図上にプロットした（図2-2、図2-3、図2-4）。これらの図から山形県内のそれぞれの地域によって異なる農地・水・環境保全向上対策の効果が明らかとなる。まず、多くの農業集落において農地・水・環境保全向上対策による農地、河川・水路、農業用用排水路の共同管理に有意な効果が観察されたのが、庄内地方、最上地方である。特に、庄内地方では多くの農業集落において農地、河川・水路、農業用用排水路すべてに対するパラメータが負であり、パラメータの絶対値も比較的大きい。最上地方では、新庄周辺の平野部においては庄内地方と同様に農地、河川・水路、農業用排水路すべてに対するパラメータが負であったが、宮城・秋田県境の中山間地域では、農地、農業用用排水路に関するパラメータは小さくなっており、効果の中心は河川・水路の管理となっている。この2地方と比較すると相対的に効果が小さかったのは村山、置賜の2地方である。また、村山、置賜地方では、それぞれで保全管理に対するビヘイビアが異なっている。効果の中心が河川・水路の管理となっているのは村山地方である。村山地方においては、朝日町から寒河江市にかけての最上川流域を中心に河川・水路に対する農地・水・環境保全向上対策実施面積割合のパラメータが大きくなっている。一方で、農地に関してはパラメータが相対的に小さく、

図2-2 GWRの推定結果（農地の保全）

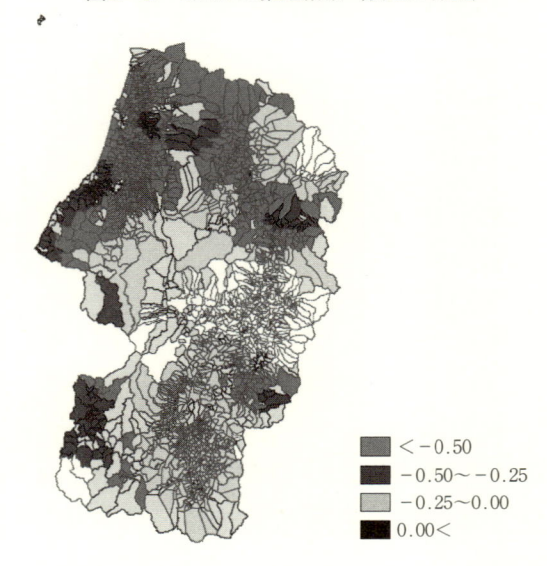

　　　　■ <-0.50
　　　　■ -0.50〜-0.25
　　　　□ -0.25〜0.00
　　　　■ 0.00<

図2-3 GWRの推定結果（河川・水路の保全）

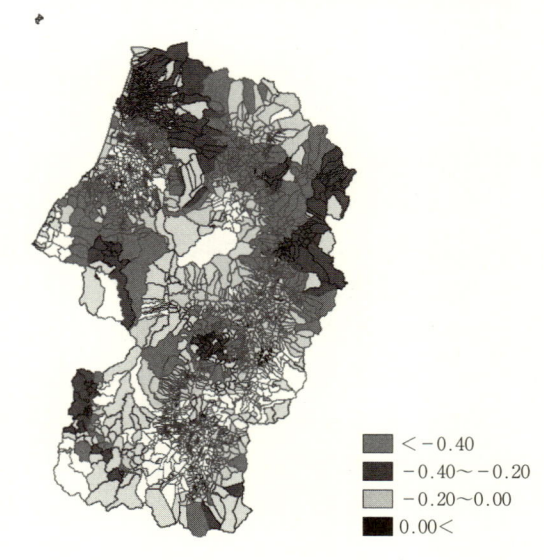

　　　　■ <-0.40
　　　　■ -0.40〜-0.20
　　　　□ -0.20〜0.00
　　　　■ 0.00<

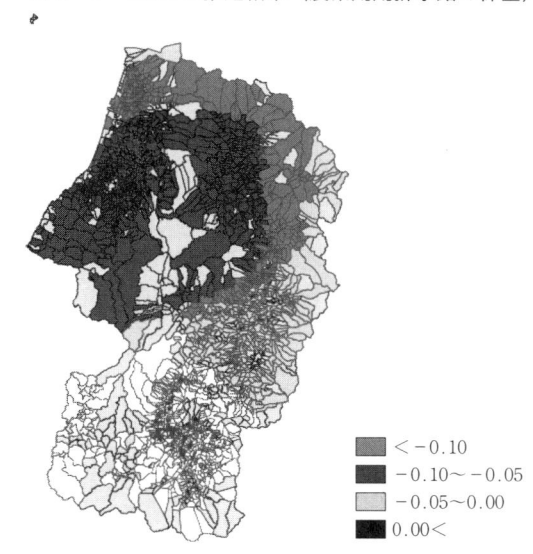

図2-4　GWRの推定結果（農業用用排水路の保全）

```
< -0.10
-0.10～-0.05
-0.05～0.00
0.00<
```

地方内のほとんどの農業集落で0に近い。置賜地方では、村山地方と比較すると農地に対する農地・水・環境保全向上対策実施面積割合のパラメータが大きい。パラメータの大半は0.00から0.25と庄内、最上地方と比較すると小さいが、効果の中心は農地の共同管理である。他方で、河川・水路、農業用用排水路に対しては、効果の生じている農業集落はほとんど観測されていない。ただし、置賜地方に関しては、西置賜郡の新潟県境に近い山間部では河川・水路に対する効果も観察されている。

5．おわりに

本章では、山形県の農地・水・環境保全向上対策を対象に、向上対策の集落レベルの実施規定要因とそのインパクトを定量的に明らかにした。推定された結果から、(1)農地・水・環境保全向上対策の実施規定要因として、周辺集落の多くが実施していれば、自集落でも実施する傾向が高まるという意味で、ピ

ア効果の存在が明らかとなったこと、(2) 農地・水・環境保全向上対策は、農地や農業用排水路、河川といった地域資源の管理にプラスの影響を及ぼしていること、(3) ただし、これらの効果の発現には地域性があり、庄内地方では大きな効果が得られている一方、置賜地方・村山地方といった山形県南部では十分な効果を得られていないことが明らかとなった。

今後の課題として、以下の2点を指摘することができる。

第1に、農地・水・環境保全向上対策の他のインパクト指標の検討である。本章では、農地・水・環境保全向上対策のインパクト指標として、農地、河川・水路、農業用用排水路という地域資源の保全状況に着目したが、高山・中谷 [2014] において明らかにされたように、農地・水・環境保全向上対策の地域農業への効果は、農地利用の保全管理や農地集落の寄り合い活動など多様である。特に、農地利用の保全管理（例えば、耕作放棄地の抑制など）は中長期に及ぶ影響であり、その検証には本章のような2期間のパネルデータではなく、より長期のパネルデータの構築が必要であろう。

第2に、ムラ（集落）の凝集力と農地・水・環境保全向上対策のインパクトの関係である。これまで、農業・農村政策では「ムラに任せる」「ムラに期待する」という方向性があり、合意形成に対してムラの調整機能が発揮されていた。しかし、以前と比べてイエ意識・ムラ意識は弱まっており、これまでのようにムラに合意形成の調整機能を委ねることが困難になっている。このような中で、客観的なデータに基づいてムラ（集落）の凝集力と農地・水・環境保全向上対策のインパクトの関係を推定する試みは、意義のあることのように思われる。

ところで、農地・水・環境保全向上対策は極めて地域固有の条件のもとで実施されるため、そのインパクトも必然的に地域の社会・経済的条件、地理的条件に規定される。その意味で、本章の分析結果に一般性を持たせるためにも、さらなる事例研究の積み重ねや他の地域との比較研究が不可欠であろう。

注

1) 農業直接支払いの理論的整理については、荘林・木村［2014］を参照。
2) 農地・水・環境保全向上対策の概要については、橋口［2009］、橋口［2013］、橋口［2014］を参照。
3) 日本の農業経済学の分野で「差の差推定」を用いた研究として、高山・中谷［2011］、高山・中谷［2014］、中嶋・村上・佐藤［2011］などがある。
4) 蓮見［2003］は農業集落調査の編成を整理し、多岐にわたる調査項目がその時々に選ばれていることから調査結果の経年的な変化をたどることができる項目はきわめて限られると指摘している。長期的な視点から政策評価に結びつく項目設定を改めて検討する必要がある。
5) 農地・水・環境保全向上対策の活動組織の区域は、集落単位や水系単位など、地域の実情に応じて設定されている。本来であれば、活動組織の区域ごとの特性を持つデータを作成し利用することが望ましいが、世界農林業センサス・農業集落カードを用いるというデータの制約上、分析単位を農業集落に限定せざるを得なかった。
6) GWRの詳細については、Fotheringham et al.［2002］を参照。
7) 経営規模多様性指数は集落内における経営規模の多様性を示す指標で、$1-\Sigma s_i^2$で表すことができる。s_iは集落内における0.3ヘクタール以下、0.3〜0.5ヘクタール、0.5〜1.0ヘクタール、1.0〜2.0ヘクタール、2.0〜3.0ヘクタール、3.0〜5.0ヘクタール、5.0ヘクタール以上からなる7つの経営規模層の割合を表す。この値が1に近いほど、多様な経営規模層の農家により集落が構成されていることを意味し、0に近づくほど、同質的な経営規模の農家で集落が構成されていることを意味する。

【参考文献】

Fotheringham, A. S., Brunsdon, C., and Charlton, M. E.［2002］*Geographically Weighted Regression: The Analysis of Spatially Varying Relationships*, Chichester: Wiley.

橋口卓也［2009］「農地・水・環境保全向上対策の実施背景に関する考察と展望」『農業と経済』75（7）、5-14頁。

橋口卓也［2013］「農業・集落の構造と動向」安藤光義編『日本農業の構造変動――2010年農業センサス分析――』農林統計協会、185-222頁。

橋口卓也［2014］「動き出す「日本型直接支払制度」」『農業と経済』80（3）、32-41頁。

蓮見音彦［2003］「農業集落調査と農業集落の変遷」『村落社会研究』9（2）、1-7頁。

Leung, Y., Mei, C. L., and Zhang, W. X.［2000］Statistical Test for Spatial Nonstation-

arity based on the Geographically Weighted Regression Model, *Environment and Planning A*, 32, pp. 9-32.
松下京平［2009］「農地・水・環境保全向上対策とソーシャル・キャピタル」『農業経済研究』80（4）、185-196頁。
中嶋晋作・村上智明・佐藤和憲［2011］「農産物直売所の地域農業への影響評価——空間的地理情報を活用した差の差推定と空間計量経済学の適用——」『農業情報研究』23（3）、131-138頁。
荘林幹太郎・木村伸吾［2014］『農業直接支払いの概念と政策設計——我が国農政の目的に応じた直接支払い政策の確立に向けて——』農林統計協会。
高山太輔・中谷朋昭［2011］「中山間地域等直接支払制度による耕作放棄の抑制効果——北海道の水田・畑作地帯を対象として——」『農業情報研究』20（1）、19-25頁。
高山太輔［2012］「農地・水・環境保全向上対策への参加決定要因に関する分析」『明海大学経済学論集』24（2）、25-37頁。
高山太輔・中谷朋昭［2014］「傾向スコアマッチング法による農地・水・環境保全向上対策のインパクト評価——北海道における共同活動支援を対象として——」『農村計画学会誌』33（3）、373-379頁。

第3章　農産物直売所における品質管理の実態とその意義

菊島　良介

1．はじめに

1.1．課題の背景

　農産物直売所（以下、直売所）は、農産物を生産者と消費者の間で直接取引する場であり、市場流通とは異なる生産者と消費者のニーズを満たす流通システムとして、その評価を高めている。直売所は、1980年代頃から設立されるようになり、1990年以降急激に設置数を伸ばしてきた（香月ほか[2009]）。さらに、直売所をめぐる2000年代以降の動きとして、小柴[2005]はレストラン、物産館、加工施設等の地域活性化施設を併設する直売所の増加がみられるなど、複合施設化の動きが進んでいることを指摘している。一方では直売所間の競合、生産者の高齢化や減少等に伴って販売額が伸び悩んでいる直売所が見られる、ことも指摘している。

　直売所が、今後も消費者の求める農産物を持続的に提供し続けるフードシステムとして機能し続けるには、消費者のニーズにこれまでよりも一層強く応えていくことが求められる[1]。特に消費者は直売所に対して、一般小売店よりも鮮度が良いなど、品質に対する期待値が高い[2]。Inman et al [1997] の Post-choice valuation （意思決定の事後評価）に基づけば、質の良さを直売所に求めた消費者が低品質な農産物に直面した場合、期待値とのギャップへの落胆と

選択肢として直売所を選択したことへの後悔から、もう一度足を運ぶ可能性が低くなると想定できる。農産物の品質管理が直売所の持続性の鍵を握るといっても過言ではないであろう。管見の限り、これまでわが国の直売所について品質管理の実証分析を行った研究はない。そこで本研究では、品質管理に焦点を当てる。

1.2. 先行研究

二木［2000］は、直売所における農産物の品質管理は「工業製品の品質管理と異なり、作る人の意識レベルが品質保全に大きく関わっている。参加農家は１日の売れ行き、逆に言えば、残り物の状況によって顧客の反応をつかみ、それを品質評価の重要な基準とする。これによって、各農家は自己評価を行い、次の改善に役立てる。その集積がファーマーズマーケットの売れ行きや評価に繋がる。各農家の認識と意識レベルが違っていることは否めない。厳しく状況を認識して改善できることを直ちに改善する農家もあれば、気をつかわない農家もある。これが混在してファーマーズマーケットが成立している」と指摘する。

ここに、わが国の直売所の特徴が表れており、品質管理を困難なものにしている。櫻井［2008］によれば、①組織として運営されており、複数の生産者が同一店舗に農産物を出荷し一同に陳列し、利用者は多数の生産者の産品を手に取り、１カ所の窓口で一括精算を行う委託販売方式であること、②出荷時の規格や価格決定におけるフレキシブルなルールのもと各生産者が多様な出荷行動を執っていることが、わが国の直売所の特徴である。

これらのことから、以下に示す問題が懸念される。①品質が見た目で判別できる場合、質の良い物から売れて行き、悪いものが売れ残る。後から来た消費者にとって、売れ残った農産物の品質がその直売所への評価になってしまう。各農家がフリーライドを意図していなくても、各農家の認識と意識レベルが統一できていないことにより直売所の評判の低下を招いてしまうのである。②品質が見た目で区別しにくい品目では、消費者が質の悪い農産物を手に取り購入

してしまう。

　このような性質をもつ直売所の評判は、集合的評判（collective reputation）と捉えることができる。集合的評判は Tirole［1996］によって初めて理論的に整理された。Winfree and McCluskey［2005］は、微分ゲーム（differential game）を用いて、グループの大きさ（構成員の数）が品質に与える影響を理論的に検討した。そこで、グループ内の企業数が増えるほど高品質の経験財を供給するインセンティブが低下すること、および、集合的評判の下では最低品質基準に関する規制によってパレート改善がもたらされることを示している[3]。これを直売所の状況に置き換えるならば、新開［2003］が懸念していた出荷者数の増大に伴うモラルの低下が生じ高品質の農産物を提供するインセンティブが低下すること、加えて集合的評判の維持に対して最低品質基準の設定の有効性が示唆される。しかしながらその前提には運営者が農産物の質を完全に把握できることがあり、品質に関する何らかのコンセンサスの構築が必要となる。

　わが国の直売所の持続性を議論する上で、品質管理の実態調査によりどのように直売所が出荷者との関係を構築し品質に関する課題を克服してきたのかを言及することが求められる。

　直売所運営組織と出荷者の関係性について、櫻井［2008］が組織問題の発生過程と直売所出荷者の対応を考察した先進的な分析を行っている。しかし、個別の直売所の運営方式の変化と経営成果への影響に対して数量的な実証分析は未だ行われていない。また、数多くの直売所の出荷者に対する実態分析が行われ（櫻井・齊藤［1997］、小柴［2005］、福山［2008］、李［2010］など）、出荷者の分類や個別経営の展開、地域農業構造との関連が明らかにされているが、出荷者の品質に対する意識までは言及されていない。

1.3. 本研究の課題

　本研究では、わが国の直売所において、①直売所がいかに品質管理に関してコンセンサスを構築し、それがどのように成果として現れたのか、②直売所の運営戦略、出荷農家の品質に対する意識・評価にみられる特徴を明らかにする。

2. 調査方法

2.1. 調査対象

ケーススタディの対象直売所は、第3セクター・民間企業・農業者と運営主体が異なる3つの直売所（千葉県F直売所、静岡県I直売所、山形県D直売所）である。それらは、2000年以降の直売所の特徴として指摘されている、併設施設（レストラン、観光農園）を有する。レストランや観光農園が併設されていて一定の来客を確保できるため、近隣の量販店などとの競争を意識して無理な値引きなどをしなくて済む。このため、純粋に運営方式と成果の関係を評価することができる。

2.2. 調査事項と調査方法

各直売所の運営者および出荷者の生産活動へ積極的に関与してきたF直売所の出荷者を対象として、調査を行った。各直売所の運営者に品質に焦点を当てながらこれまでの運営についてヒアリングを行った。F直売所の野菜部会部会員に対して品質に関するアンケートを行った。また、F直売所の運営者が高品質であると認め、中心を担う出荷者3名から品質に対する意識についてヒアリングを行った。アンケートおよびヒアリングから直売所へ出荷するようになってからの意識や経営の変化を明らかにする。

3. 調査の結果

3.1. 対象直売所の概要

本節では対象直売所の概要を述べる。それぞれの直売所の概要を表3-1に示した。

表3-1　対象直売所の概要

	F直売所	I直売所	D直売所
設立年次	2002年	2006年	2005年
併設部門	レストラン・加工場・植木	レストラン・土産屋など	観光農園・軽食店
直売部門年間売上（億）	4.6	3.4	2.6
売場面積（m²）	680	140	260
出荷者数	約120	約130	約200
設置主体	市と農業者（第3セクター）	民間企業	農業者
運営主体	有限会社：第3セクター	株式会社：民間企業	有限会社：農業者
売上上位品目	トマト キュウリ 長ネギ	トマト 椎茸 キュウリ	キュウリ 丸茄子 キャベツ

　F直売所は2002年3月に設立された。施設全体としては、2012年度売上は5.8億円、そのうち直売所に該当する特産物展示コーナーの売上は4.6億円である。20年以上前、市役所前での朝市をきっかけに、直売活動が消費者との交流を通して農業生産活動などを活性化させる機運が高まった。そこで市が農業活性化をねらいとした、都市と農村の総合交流ターミナルの構想を描き、その中で直売所の設立が検討された。運営母体は第3セクターである。郷土料理レストランを併設している。

　I直売所は2006年1月に設立された。施設全体としては、2012年度売上は11億円、そのうち農産物直売所の売上は3.6億円である。運営母体は、観光土産品の開発・販売を行う企業であり、I直売所の他にも観光土産品の直営やテーマパークの運営も行っている。単なる直売所ではなく複合施設である点、直売所の売場面積は140m²と中規模であるにもかかわらず、面積当たりの売上が非常に高い点、運営母体は農業に携わっているわけではなく、企業の直売所への参入である点が特徴として挙げられる。

　D直売所は町から集落営農モデル地域の指定を受けたことを機に、生産者組織の構築と合わせて消費者とも交流ができる一地域一農場構想が描かれた。その柱の1つとして直売所部門があり、手作りパイプハウスで2年間の試験運転を経て、2004年9月に設立された。現在、手作りパイプハウスは観光農園とし

て利用されイチゴが栽培されている。

　F直売所は都市近郊・第3セクター運営、I直売所は観光地・民間企業運営、D直売所は農村部・農業者運営と立地条件、運営主体の違いから位置づけることができる。いずれの直売所も果菜・葉菜が売上上位品目である。

3.2. 直売所の品質管理と販売額・収益の関係

3.2.1. F直売所

　F直売所では、設立当初は品質の悪い農産物が多く、品質の向上が直売所の発展には不可欠であった。また無計画に持ち寄ったため、農産物が大量に余る日も少なくなかった。このとき、第1に行ったことが出荷計画表の提出の義務付けである。これにより農産物が大量に余ることはなくなった。第2に品質の悪い農家には他の作目への転換を促していた。第3に価格への干渉である。出荷された農産物の多くを運営者の言い値で決めた。運営者自身も農業を営み出荷者と同じ立場にあり、生産技術や農産物の品質に明るいことが干渉を可能にした。出荷者と言い争いになることが頻繁にあったという。第4に品質・栽培技術向上のため、県の農業事務所改良普及課に講習を依頼した。この他にも、出荷者間の競争意識を高める方式を採っていた。具体的には、ある品目において高品質な農産物から売れて行き、他の出荷者の農産物が残っていても、高品質な農産物を出荷できる出荷者に連絡して追加で出荷を要請していた。また、売れ残りが続く出荷者に関しては、どうして売れ残るかを高品質な農産物と見比べて考えさせていた。

　運営者からのヒアリングによれば、2年目から出荷計画の義務付けなど品質向上のための方策が採られており、2002年から2003年の販売額の増加幅が大きいことからも成果が如実に現れていたと考えられる。4年目頃から適正な価格で高品質な農産物を提供するようになり、農産物価格への干渉をあまり行わなくなったようである。2004年1月、2005年11月にそれぞれ周辺にスーパーが設立され、月別販売額が1千万近く減額した時期もあったようである。しかし、年間販売額の低下には至らなかった。品質向上の成果が現れ始めた年であり、

高品質な農産物を提供できたことが大きいのであろう。近年は出荷者の高齢化による引退などもあり、出荷量の確保に苦労している。年間販売額も2008年をピークに下降を辿っている。

3.2.2. I 直売所

I 直売所では設立当初、低価格での農産物の提供と数量確保を優先していた。このため、品目ごとに上限価格を定めその分手数料は低く設定した。また、農産物の品質に関しても制約を設けなかったため、農家数は当初の100軒から3年目までに200弱まで増えた。その結果、品質のコントロールができなくなり消費者のクレームが絶えず、直売所部門も赤字であった。そのため、出荷ルールの見直しを余儀なくされることとなった。

このときに、第1に行ったことは出荷者の絞り込みである。クレームの多い農家を出荷停止にするなど、130軒まで出荷農家を絞り込んだ。第2に行ったことは目揃会である。農家間の話し合いによって最低限求められる品質を規定するとともに、相互監視が利くようになった。

こうした出荷者の管理の過程で、2008年秋頃から一次停滞していた売上が再度増加に転じることとなった。それを受けて、第3に行ったことは手数料の12％から15％への増額である。そして第4に直売所の販売実績を部門ごとに分け、長を指名して部門の管理を一任するとともに、部門の成果を生産者全員で共有することである。

生産者の絞込みや目揃会の実施により品質の向上とコントロールを図り、さらに、直売所の販売実績を部門ごとに集計し生産者全員で共有することで、生産者間の協調と競争の意識を芽生えさせた。また、固定客の確保を図ってきたことが、震災後の施設全体の売上・収益における直売所部門の構成比率の上昇に結びついている。

3.2.3. D 直売所

D 直売所は専業農家が中心となって設立されたことからも、品質が課題とな

ったことはないようである。特に目揃会のようなもの行っていないようである。シニアの会、女性部、青年部などの横の繋がりを重視し、品目部会なども設けていない。出荷者からも部会設立の要望はないとのことであった。

　品質管理としては、第1に店長による陳列された農産物の確認がある。店長の判断で品質が悪いものはバックヤードに下げ、その理由を口頭ではなく紙に書いて出荷者全員で共有することで、モラルの低下を防いでいる。第2に陳列による劣化を防ぐための包装がある。具体的には消費者が触って商品が傷まないように、ブロッコリーや大根なども袋に詰めるようにしている。どのような状態で消費者の手元に届くかトレースできないため、なるべく傷みにくい包装を心がけている。

　こうした消費者目線を大切にした品質管理から多くのリピーターに支えられ設立当初から右肩上がりに売上を伸ばしてきた。SNSなど情報通信技術（ICT）を活用した情報発信や通信販売を行い、直売所としての魅力を高める努力も怠っていなかった。収益率に関しても職員の正規雇用への雇用形態の変更など収益の還元が収益減少の要因であり、健全な経営が行われている。

　以上3つの直売所の事例にはそれぞれ運営主体による特色が現れている。F直売所は第3セクター運営であるため、市と連携し新規就農者の斡旋、県の農業事務所改良普及課からの栽培指導を受けるなど行政とうまく連携を図った運営が行われていた。I直売所は民間企業運営であり、運営者は農産物の品質を正しく把握できない上に出荷者への干渉も難しかったため、設立当初は苦しい運営を迫られたが、JAの元職員をアドバイザーとして招き出荷者の絞込や目揃会の開始により転換を図った。D直売所は農業者運営であり、専業農家が中心となって立ち上げたため、量と品揃えには不自由しない。このため、運営者はイベントの開催やSNSなどICTを積極的に活用し新たな販路の開拓を行い、より生産者に魅力ある場を提供しようと試みている。

3.3. 出荷者の意識

　本節では、品質向上に力を注いできた千葉県F直売所を事例に、直売所の

運営戦略、出荷者の品質に対する意識・評価にみられる特徴を明らかにする。F直売所の売上上位品目がトマトやキュウリといった生鮮野菜であること、品目によって品質の意味するものが異なる点に留意し、分析対象を生鮮野菜を中心に出荷を行う出荷者に限定する。またF直売所の出荷者が野菜の品質といった場合には鮮度と外観を意識しているため、本研究で言及する品質は生鮮野菜の鮮度・外観とする。以下、第1目ではアンケート調査の概要、第2目では分析手法を述べ、第3目で、F直売所の出荷者の品質に対する意識・評価の特徴を把握し、第4目で考察を行う。

3.3.1. アンケート調査の概要

2014年3月にF直売所の野菜出荷者を対象に部会の会合でアンケートを行った。F直売所の野菜出荷者63名のうち、会合出席者44名からの回答が得られた。このうち、生鮮野菜を中心に出荷を行っている出荷者22名を対象とし、品質に対する意識の分析を行う。回答者の特徴を第1表に記した。平均年齢がおよそ68歳、農業経営継続予定年数が9.5年であることから、農業経営継続予定年数が10年に満たない高齢出荷者が多いこと、F直売所への平均出荷割合が66％と比較的高めであることが特徴として挙げられる。

3.3.2. 分析方法

具体的な手順として、第1に直売所への出荷経験を通じた農産物の品質の変化をみる。出荷する農産物の品質が向上した出荷者には、品質向上の図り方を尋ねた。第2にF直売所は出荷者間の競争意識を高める方式をとっていたことから、品質に関する出荷者間の競争意識を明らかにする。第3に品質に対する自己評価と価格に対する自己評価の関連をみることで、品質と価格の相関をみる[4]。第4に出荷者を品質への自己評価を基に分類し比較を行うことで、品質に対する自己評価が高い出荷者の年齢や出荷行動などの特徴を明らかにする。第5に出荷者へのヒアリングを行い出荷の実態を把握する

表3-2　出荷する農産物の品質に対する意識

品質の変化		品質に対する意識	
向上した	15	品質の高い農産物を仕向けるようになった	6
		品質の高い農産物を生産する努力を行った	9
変わらない	6	—	
有効回答数	21		15

表3-3　売上の維持・向上のため今後重視すること

重視すること	1位	2位	3位
出荷品目数を増やす	2	1	1
加工品の出荷	0	2	0
品質向上	5	0	1
出荷回数増加	0	2	0
値上げする	1	0	0
値下げする	0	3	0
出荷量増加	1	1	6
その他	0	0	0
有効回答数	9	9	8

3.3.3. 分析結果

① 品質への意識

　F直売所へ出荷する農産物の品質の変化についての結果を表3-2に示した。表3-2より、品質が高まったと回答する出荷者が多いことがわかる。F直売所に品質の高い農産物を仕向けるようになった出荷者よりも、品質向上のために努力投入を行うようになった出荷者の方が、多く見受けられた。また、出荷者が販売金額を維持・向上させるために今後重視することとして「品質向上」を掲げており、F直売所の運営方針が浸透していることが窺われる（表3-3）。

② 品質に関する出荷者間の競争意識

　出荷品目において他の出荷者の品質が高まった場合の意識と執る行動も尋ねたが、「直売所全体の品質が高まって嬉しい」と回答する出荷者が7割を占めた（表3-4）。対応としても、「低価格での販売」ではなく「品質向上」との

表3-4　他の出荷者の品質が高まった時の意識

意　識	
自分の農産物が売れなくなることが心配	6
直売所全体の品質が高まることが嬉しい	14
有効回答数	20

表3-5　他の出荷者の品質が高まった時の対応

対　応	1位	2位	3位
より安く提供する	3	2	4
より高く提供する	0	0	0
より良い品質のものを作る	12	5	0
出荷時期が重ならないようにする	4	7	3
出荷回数を減らす	0	0	2
出荷回数を増やす	0	1	2
新たな品目に取り組む	0	0	3
加工品に力を注ぐ	0	1	1
他の出荷先の出荷割合を増やす	0	1	0
特に行動を変えない	2	2	2
有効回答数	21	19	17

回答が多く、品質に対する高い意識が確認できた（表3-5）。「安売り合戦」に陥る価格競争ではなく、品質競争が行われることが示唆される。「出荷時期が重ならないようにする」という回答も次いで多く、設立当初の問題であった無計画な持ち寄りが生じないように心がける意識が共有されていた。利己的な値下げ行動ではなく直売所全体のことを考えた行動を執ることが示唆される。

③　品質の自己評価と価格の自己評価の関係

　出荷する農産物の品質、価格についての相対的な自己評価を5段階評価で尋ねたところ、品質に関してはほとんどの農家が平均以上であると評価した。一方、価格については多くの農家が平均的であると評価した。クロス集計を行ったところ、品質と価格の自己評価に相関がみられなかった（表3-6）。

　他者よりも品質が良いと自己評価しながら、平均的な価格で値付けを行っていることが示唆される。これにはF直売所周辺地域の消費者が一般に品質に

表3-6 品質と価格の自己評価のクロス集計

		品質の自己評価					
		低い	やや低い	平均的	やや高い	高い	計
価格の自己評価	低い	0	0	0	0	0	0
	やや低い	0	0	1	0	0	1
	平均的	0	1	8	9	1	19
	やや高い	0	0	0	2	0	2
	高い	0	0	0	0	0	0
	計	0	1	9	11	1	22

対するプレミアムが小さいことが関連していると思われる。運営者からのヒアリングでは、運営者が認める良質な農産物を適正な範囲でやや高い価格で陳列しても売れ残ることがあった。出荷者が今後重視することとして、価格の変更ではなく品質向上を挙げていることを考慮すると、品質に関して競争を行っていることが推察できる。

④ 品質の自己評価が高い出荷者の特徴

これまで、F直売所の野菜出荷者の品質に対する高い意識が醸成されていることが確認してきたが、どのような出荷者がより高品質な農産物を出荷していると自負しているのかを明らかにしていく。

出荷者を前項で用いた品質への自己評価のうち、自己評価がやや高いグループ（11名）と平均的なグループ（9名）の平均値の差の検定を行った[5]。

検定には、出荷者の属性としてF直売所への出荷品目の平均売上単価、売上額、売上点数、出荷年数、出荷割合、F直売所への移動時間、年齢、農業経営年数、農業経営継続予定年数、よく相談する人数の11の変数を用いる[6]。加えて、品質に関する競争意識の差をみるため、他者の品質が高まったときの執るべき対応として回答数が多かった「より安く提供する」「よりよい品質のものをつくる」「出荷時期が重ならないようにする」の3つの項目について、ダミー変数を作成し検定に用いる[7]。さらに、価格の自己評価も変数として用いることで、品質と価格の自己評価の相関をより厳密に評価する。計15の変数を用いて等分

第3章　農産物直売所における品質管理の実態とその意義　239

表3-7　検定に用いた変数の記述統計と検定結果

変　数	単位	品質の自己評価 やや高い 平均値	標準偏差	品質の自己評価 平均的 平均値	標準偏差	平均値の差	Welch検定（両側）t値
出荷者の属性							
F直売所での売上単価	円	171.73	12.59	176.67	13.38	-4.94	-0.27
F直売所での年間売上額	万円	176.40	37.55	285.60	92.09	-109.20	-1.10
F直売所での年間売上点数	点	11,345.27	2,894.73	15,246.44	4,042.24	-3,901.17	-0.78
F直売所への出荷年数	年	10.55	1.04	11.78	0.81	-1.23	-0.93
F直売所への出荷割合	％	49.75	9.03	88.38	6.31	-38.63	-3.51***
F直売所への移動時間（片道）	分	11.55	1.55	8.33	1.01	3.21	1.74*
年齢	年	66.09	3.52	71.89	1.58	-5.80	-1.50
農業経営年数	年	28.73	4.66	41.88	5.90	-13.15	-1.75*
農業経営継続予定年数	年	11.50	2.56	5.29	0.99	6.21	2.26**
専業農家	2値変数	0.55	0.16	0.78	0.15	-0.23	-1.08
よく相談する人数	人	1.70	0.40	2.60	0.40	-0.90	-1.63
他の出荷者の品質が高まった時の対応							
より安く提供する	2値変数	0.36	0.15	0.44	0.18	-0.08	-0.35
よりよい品質のものを作る	2値変数	0.82	0.12	0.78	0.15	0.04	0.21
出荷時期が重ならないようにする	2値変数	0.73	0.14	0.56	0.18	0.17	0.76
価格の自己評価	5段階評価	3.18	0.12	2.89	0.11	0.29	1.74*

注：*、**、*** はそれぞれ10％、5％、1％水準で有意差があることを示す。

表3-8　ヒアリング対象者の経営概要

事例記号	性別	年齢	主な生産品目	F直売所への販売金額（万円）	F直売所への販売金額の割合（％）
A	女	60代	露地野菜（葉菜類）	300～500	80
B	男	50代	トマト（施設）、露地野菜（玉ねぎ）	300～500	30
C	男	40代	米・根菜・イモ類	700～1,000	30

散を仮定しないWelch検定を用いた。検定結果を表3-7に示す。

　検定の結果、15の変数のうち両群の間に有意な差がみられたのは出荷者の属性としてF直売所への出荷割合、F直売所への移動時間、農業経営年数、農業経営継続予定年数、そして価格の自己評価の5変数であった。平均的なグループと比較して、自己評価が高いグループは、F直売所への移動時間、農業経営継続予定年数、価格の自己評価は上回り、F直売所への出荷割合、農業経営年数が下回っていた。

⑤ F直売所出荷者へのヒアリング

　運営者が高品質であると認め中心を担う出荷者からヒアリングを行った。表3-8にヒアリング対象者の経営概要を示す。

　60代女性であるAは、運営者から声をかけられたのがきっかけで出荷を始めた。F直売所の他には地元の市場に出荷している。市場出荷は価格の乱高下があり、F直売所への出荷は価格が安定するとのことであった。出荷品目や労働力の影響が大きく、果菜・葉菜類は根菜類と比較し品質管理のための労力がかかるため、年齢や世帯の労働力に則した出荷先を選択しているとのことであった。以前は市場出荷が中心であったが、家族労働力の減少に伴い直売所への出荷が中心である。直売所で売ることのできる量には限度があることからも、以前より経営全体の農産物販売額は少ないとのことであった。

　50代男性であるBは、大規模農家でトマトが経営の中心である。設立当初から出荷をしている。お客さんとの交流で買ってくれる人がわかると意欲が増すとのことである。生産者にとっても消費者の顔が見えるということは重要なのであろう。また写真だけではなく会話することで安心感・信頼関係が生まれると話していた。直売所で売り上げることのできる量には限りがあり、それぞれの出荷先での需要を見込んで販路を選択しているようであった。

　40代男性であるCは、田20ヘクタール、畑4ヘクタールという大規模経営である。畑では根菜・イモ類を作付している。F直売所の他に、JA、複数の道の駅へ出荷し、出荷時間は全体で2時間とのことであった。F直売所への出荷割合は出荷当初より減少した。当初より高い技術を備えていたため、F直売所へ出荷したことによる大きな変化はないようである。運営者からのヒアリングによればCが出荷するときは既存の出荷者が自分の農産物が売れなくなることを懸念したようである。また根菜・イモ類は収穫するまでわからないため、品質を価格に反映させにくいとのことであった。

3.3.4. 考察

　品質の自己評価と価格の自己評価のクロス集計の結果から、多くの出荷者が

他の出荷者よりも品質が良いと自己評価しながら、平均的な価格で値付けを行っていることが示唆された。販売金額を伸ばすうえで品質向上を重視していることから、品質競争を行い互いに高めあっていることが推察される。品質が価格に反映できていないとも解釈ができる。

　品質への自己評価がやや高い出荷者と自己評価が平均的である出荷者平均値の差の検定の結果から、農産物の品質への自己評価が高い出荷者の特徴を次のように整理できる。F直売所への移動時間が長い、F直売所への出荷割合が低い、農業経営年数が短い、農業経営継続予定年数が長いという特徴である。

　ヒアリングの結果も考慮すると、品質への自己評価がやや高い出荷者は複数の出荷先をにらみながら、よく売れそうな出荷先に時間をかけても高品質な農産物を出荷するという戦略を執っていると推察できる。農産物の品質への自己評価の高さを品質に対する自信と解釈すると、品質への自信や他の出荷者への配慮から複数の出荷場所に出荷を行っているとも考えられる。品質の高い出荷者の参入は既存の出荷者の刺激となるため、運営者は出荷の声をかけているのであろう。

　ただし、平均値を用いてF直売所への出荷割合とF直売所における販売額から出荷者の経営全体の農産物販売額を推定すると、品質に自信のある出荷者は約350万円、平均的な出荷者は約320万円となる。F直売所における販売額の分散の大きさを考慮すると、グループ間に差があるとは言いがたい。取引規模の一つの指標となるF直売所での売上点数に統計的な有意差はないことやF直売所への出荷割合の有意差に留意すると、品質に自信がある農家は取引規模が比較的大きいながら、それが必ずしも経営全体の農産物販売額の高さに結びついていないことも推察できる。

4．おわりに

　本研究では、わが国の直売所において、①いかにして品質に関してコンセンサスを築いてきたのか、②こうした制度設計がどのように直売所の成果に結び

ついたのか、③出荷農家の意識の変化にどのような影響を与えたかを明らかにした。

　直売所の生産・品質管理について運営者が関与する度合いに差が見られた。第3セクターが運営を行うF直売所では、設立当初品質の悪い農家に作目転換を促し、価格調整も厳しく行っていた。さらに品質・栽培技術向上のため、県の農業事務所改良普及課に栽培指導を依頼した。

　農業者が運営を行うD直売所では専業農家が中心となり設立が行われたため、モラルの低下に伴う品質の低下はほとんどみられない。店長の判断で品質が悪いものはバックヤードに下げ、その理由を口頭ではなく紙に書いて出荷者全員で共有することで、モラルの低下を防いでいる。

　民間企業が運営母体であるI直売所は、設立当初売上が2億円以上あるにもかかわらず、直売所部門の経常収支は赤字であった。しかし、出荷農家の選定、品質のコントロールを通して農産物販売の場としての魅力を増大させることによって、経営の改善を図るとともに、農家との交渉力を強め、手数料を増やすことによって、赤字からの脱却を果たしている。その後は、農家の部門別管理を通した組織化と競争の推進によって、さらに売上を伸ばしている。

　それぞれの直売所における直売所部門の成長は、複合施設の集客力の高さはあったものの、それに甘えることなく、品質向上や固定客の確保など直売所として消費者に求められる生産・品質管理システムの構築に向けた弛まぬ努力の賜物である。

　品質向上のため出荷者の生産活動へ積極的に関与してきたF直売所の出荷者に対して、アンケートによる調査を行い、出荷者の品質に対する意識・評価にみられる特徴を明らかにしてきた。加えて、農産物の品質の自己評価が高い出荷者の特徴を差の検定により明らかにした。

　F直売所の出荷者には農産物の品質向上への高い意識が醸成されており、F直売所の方策の成果は意識としては表れていた。特に、直売所全体のことを考えた互いを高めあう意味での品質競争を掲げるF直売所の意図が浸透していることが示された。

品質に自信を持つ出荷者には出荷時間がかかる、複数の出荷先をもつ、農業農業経営継続予定年数が長いという特徴がみられた。近年のF直売所の課題として出荷者の高齢化に伴う引退の影響に起因する出荷量の確保が挙げられ、運営の持続性が懸念されるが、今後中核を担いうる品質に自信を持つ農業経営継続予定年数が長い出荷者は頼もしい存在となる。ただし、彼らはF直売所への出荷割合が低く、F直売所としては品質に自信の出荷者に魅力ある出荷先であるための努力も必要となる。

一方、品質への自信が必ずしも経営全体の農産物販売額の高さに結びついていないことも示唆された。しかしながら、品質に対する自己評価が高いグループは比較的農業経営年数が短いことから、年を経ることに解消されていく問題である可能性もある。また、消費者の品質に対するプレミアムをあまり感じていないと出荷者が認識している可能性も否めない。これらのことに注意を払いながら必要に応じて品質に対する適正な価格の設定を行うよう指導を徹底することも、F直売所の持続的な運営のためには求められてくるであろう。

ヒアリングとアンケートを通じて、運営者は直売所の増加を懸念するものの直売所間の競争意識はあまりなく、直売所内の生産・品質管理の重要性を説いていた。品質に対する高い意識を醸成させる方策は、直売所の販売額・収益率の増大・安定に繋がっていることが窺われた。こうした方策を実行するには運営者サイドが農産物の品質を正しく評価できることが必要であり、I直売所の事例のように農業者が設立に携わらない直売所においては重要な鍵を握るのであろう。

注

1) 野見山［2001］は、直売所活動の参入障壁は低いことも影響し、直売所間の競争は激化しつつあることを指摘した上で、直売所のライフサイクルと持続性に関して、次のように論じている。「最初は物珍しさもあって繁盛していた直売所も、近隣に新しい直売所が次々に開設されると、買い手である消費者の注目や結集が弱まる。売り手・買い手双方が経験を蓄積することに伴って、農家の販売に対する意識も向上するが、同時に買い手の欲望水準も上がってくる。次にその直売所

がより高度な段階に展開できるか否かが直売組織の持続性とも関わってくる」。
2）　小柴［2005］は、農林水産省（関東農政局、九州農政局、東海農政局構造統計課）が行った直売所の消費者調査をまとめている。いずれの調査においても、8割以上の回答者が、直売所を利用する理由として「品質・鮮度のよさ」を挙げている。
3）　フリーライダーが排除され集合的評判が高まるため、パレート改善・社会的厚生の増大がもたらされる。
4）　本章では品質に対する意識が強いF直売所において、出荷する農産物の品質の自己評価が高い出荷者は、品質も相応に高いと仮定をおいて議論を進める。本来であれば、品質を定量的に評価すべきであるが、困難であったため、次善の策として、児玉ら［2008］を参照し品質を自己評価してもらうことで品質の一つの指標として用いた。
5）　品質の自己評価が「やや低い」、「高い」出荷者がそれぞれ1名存在するが、対象からは除外し分析を行っている。
6）　出荷・売上に関するデータはすべてF直売所におけるものである。F直売所の出荷者の中には定年就農者もおり、技術力の蓄積を年齢だけでは判断できない。そのため、農業経営年数を尋ねた。また、労働力の代理指標として農業経営継続予定年数も尋ねている。
7）　ダミー変数の作成にあたり、順位は考慮していない。それぞれの項目を1位、2位、3位のいずれかに挙げていた場合に1とした。例えば、「より安く提供する」では合計9名の出荷者のダミー変数が1の値をとる。

【引用文献】

福山豊・小林一・松村一善［2008］「農協主体の農産物直売所における生産者の出荷行動に関する一考察——鳥取県T農協を対象として——」『農林業問題研究』44（1）、156-162頁。

二木季男［2000］『成功するファーマーズマーケット』家の光協会。

Inman, J. J., Dyer, J. S., and Jia, J. [1997] "A Generalized Utility Model of Disappointment and Regret Effects on Post-choice Valuation", *Marketing Science*, 16, pp. 97-101.

香月敏孝・小林茂典・佐藤孝一・大橋めぐみ［2009］「農産物直売所の経済分析」『農林水産研究』16、21-63頁。

児玉剛史・渡邉憲二・鳥越一史・松本武士［2008］「マイナークロップの品質管理に関する経済学的研究」マイナークロップ経営の持続性とニッチ・局地内発型市場形成に関する経済学的研究（科学研究費補助金研究成果報告書）、61-73頁。

小柴有里江［2005］「課題へのアプローチ（農政調査委員会　農産物直売所とインシ

ョップの存立構造)」『日本の農業』232、第1部。
野見山敏雄［2001］「直売所が地域経済に果たす役割」『農業と経済』67（9）、22-29頁。
李侖美［2010］「農産物直売所を通じた地域農業生産構造の再編」『農業研究』23、193-230頁。
櫻井清一［2008］『農産物産地をめぐる関係性マーケティング分析』農林統計協会。
櫻井清一・齊藤昌彦［1997］「中山間地域にひろがる農産物直販活動」兒玉明人（編）『中山間地域農業・農村の多様性と新展開』富民協会。
新開章司［2003］「農産物直売所の成長と組織形態」『農業経営研究』41（2）、46-49頁。
Tirole. J［1996］"A Theory of Collective Reputation（with applications to the persistence of corruption and to firm quality)", *Rivew of Economic Studies* 63, pp. 1-22.
Winfree, J. A. and McCluskey, J. J.［2005］"Collective reputation and quality", *American Journal of agricultural economics*, 87（1）, pp. 206-213.

【付記】
　本研究は公益財団法人日本農業研究所による平成25年度人文・社会科学系若手研究者助成事業の成果並びに平成27年度日本農業経営学会研究大会個別報告の内容を取りまとめたものである。

第4章　農業人口の高齢化と労働力確保方策
——定年帰農の動きに着目して——

澤田　守

1．はじめに

　日本の農業人口は高齢化が進み、高齢者が大きな割合を占めるようになっている。農業従事者（満15歳以上の世帯員のうち、自営農業に従事している者）の平均年齢をみると、販売農家では2005年から2010年にかけて1.6歳上昇し、2010年には58.3歳にまで上昇した。特に、農業経営者（農業経営に責任を持つ者）の平均年齢は、2010年には64.5歳となり、公的年金の支給開始年齢とほぼ等しくなっている[1]。日本の農政においては、2012年から青年の新規就農者の確保に向けた支援政策を進めているが[2]、農業労働力の多くは65歳以上の高齢者が占めている状況にある。

　本章では、高齢化が進む日本農業の労働力に焦点をあて、以下の点について考察する。第一に、日本の農業労働力の状況、および高齢化の特徴と要因について農林業センサス結果表を用いて分析を行う。第二に、高齢化に対応した農業労働力の確保方策として、他産業を定年退職した後に就農する定年帰農者に着目する。日本における定年帰農者の特徴と課題の分析から、高齢化社会における農業労働力の確保方策を考察する。

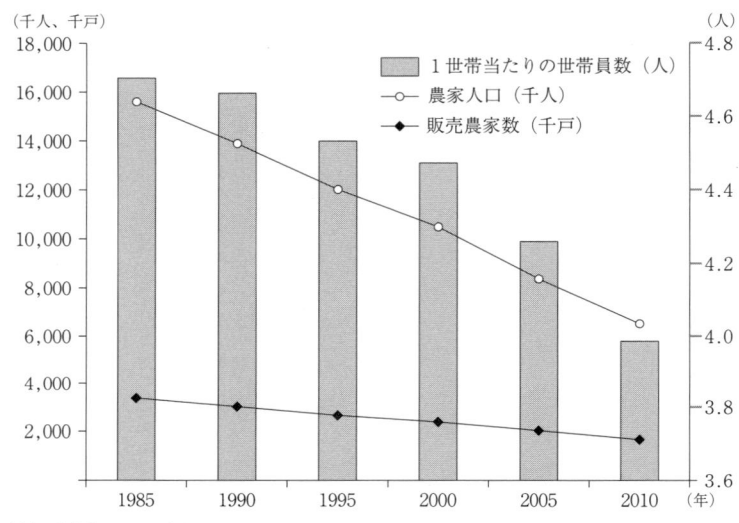

図4-1　販売農家数、販売農家1世帯当たりの世帯員数の推移

資料：農林業センサス各年版。

2．日本の農業労働力の高齢化の現状

2.1．農家世帯の減少と高齢化の要因

　最初に日本の農業労働力の現状について確認する。日本の販売農家数は減少を続けており、1985年の331.5万戸から2010年には163.1万戸へと25年間で半数以下に減少した[3]。

　近年の特徴は販売農家数の減少に加えて、農家人口の減少率も高くなっている点である。農家人口の年次的な推移をみると、1985年時点で1,563万人存在していた農家人口は2010年には650万人にまで減少している。販売農家1世帯当たりの世帯員数は、1985年には4.72人であったが、2010年には3.99人となり4人を下回るまで減少した。1世帯当たりの世帯員の減少幅は2000年以降年々拡大しており、2005年から10年にかけては0.28人の減少とこれまでで最大の減

第4章　農業人口の高齢化と労働力確保方策　249

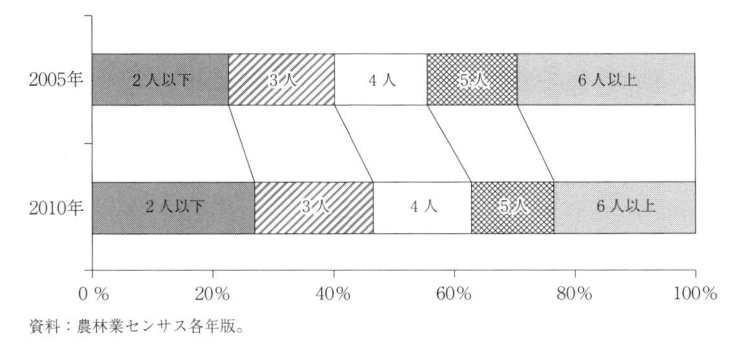

図4-2　販売農家の世帯人数別の割合

年	2人以下	3人	4人	5人	6人以上
2005年					
2010年					

資料：農林業センサス各年版。

少幅となっている（図4-1）。

　その結果、農家の世帯員数をみると、世帯員2人以下しかいない世帯の割合が高まっている。2005年の販売農家の世帯員数は6人以上いる世帯が29％を占め、親世代、子世代などの多世代による世帯員が同居していた。だが、2010年においては、6人以上いる世帯が24％に減少する一方で、2人以下の世帯が27％に増加し、農業生産の多くが一世代世帯の高齢農家によって担われている（図4-2）。

　農家世帯員が減少する最大の要因は、国内の農業労働力を支え続けてきた「昭和一桁世代」といわれる世代の世帯員が、1990年代以降急減しているためである。「昭和一桁世代」とは1925～1934年に生まれた人たちであり、それ以前に生まれた人は、戦争に召集されることで人口が減少し、1934年以降に生まれた人たちは、戦後の高度経済成長によって農業以外の他産業に労働力として吸引された。その結果、戦後の国内の農業労働力の多くは、1925～1934年生まれの世代の人たちによって支えられてきた。だが、「昭和一桁世代」の年齢は2010年時点ですべて75歳を超えており、農業従事が困難な年齢になっている。

　1985年以降について、年齢別に農家世帯員の推移について示したものが図4-3である。5歳刻みの世帯員の年齢層について、昭和一桁世代以上の年齢層を確認すると、昭和一桁世代を一部含んでいる「75～79歳」の数は51.5万人、

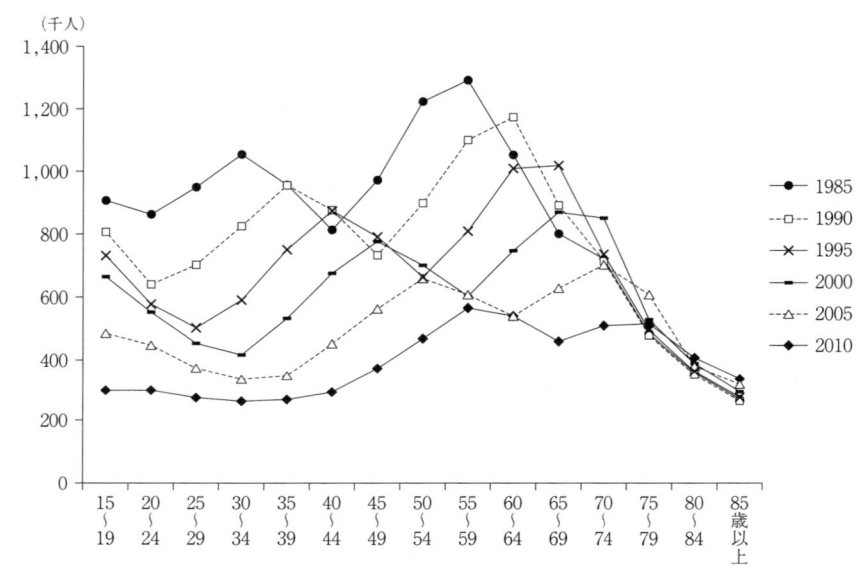

図4-3　年齢別の農家人口の推移

注：1985〜2000年までの「75〜79歳」、「80〜84歳」、「85歳以上」は推定値。
資料：農林業センサス各年版、農業白書付属統計表。

「80〜84歳」は41.1万人、「85歳以上」では33.4万人となり、いずれの年齢層も「55〜59歳」の56.4万人を下回る。すなわち、2010年になってはじめて昭和一桁世代の山（ピーク）が確認できなくなったのである。

2.2. 農業労働力の高齢化の要因

　農家世帯員数が減少する一方で、国内の農業労働力の高齢化は年々進行している。この農業労働力の高齢化については、以下の点が主な要因としてあげられる。

　第一の要因が、若年層の農家人口の急減である。年齢層ごとに農家人口の年次的推移をみると（表4-1）、1985年時点で1,560万人存在していた農家人口は2010年には650万人にまで減少している。年齢別にみると、1985年時点を100とすると15歳未満では21、15〜39歳では30となり、40歳未満の農家人口が1985

第4章　農業人口の高齢化と労働力確保方策　251

表4-1　年齢階層別の農家人口の推移

(単位：千人、%)

		85年	90年	95年	00年	05年	10年
実数（千人）	総　数	15,633	13,878	12,037	10,467	8,370	6,503
	14歳以下	2,886	2,456	1,816	1,390	900	615
	15～39歳	4,743	3,931	3,162	2,631	1,988	1,413
	40～64歳	5,360	4,782	4,154	3,510	2,836	2,245
	65歳以上	2,643	2,709	2,904	2,936	2,646	2,231
（1985年を100とした場合）	総　数	100	89	77	67	54	42
	14歳以下	100	85	63	48	31	21
	15～39歳	100	83	67	55	42	30
	40～64歳	100	89	78	65	53	42
	65歳以上	100	102	110	111	100	84

資料：図4-1に同じ。

年以降、急減している。

　特に問題な点は、子供の数を示す15歳未満人口の減少である。農家世帯の15歳未満人口は、2000年に139万人であったが、2000年から2005年にかけて49万人の減少、2005年から2010年の間に29万人減少し、10年間で半分以下に減少した。販売農家の世帯員に占める15歳未満人口の割合は1985年時点では18％を占めていたが、2010年には9％を占めるに過ぎず（図4-4）、家の継承すら困難になることが予想される農家世帯が多くを占める状況にある。日本全体でも少子化は大きな社会問題となっているが、15歳未満人口の占める割合は、農家世帯の場合、日本人口全体の13％（2010年国勢調査）を下回っており、より少子高齢化が深刻な状況にある。

　農家世帯における15歳未満人口の減少については、子供を持つ割合が高い20代から40代の女性の世帯員が少ないことが影響している。2010年農林業センサスで「20～44歳」の女性世帯員1人当たりの15歳未満人口をみると、日本人口全体では0.84人（2010年国勢調査）であるのに対し、農家世帯員の場合は0.91人となり、「20～44歳」の女性世帯員1人当たりの子供の数は農家世帯のほうが多い。しかし、全体に占める「20～44歳」の女性世帯員の割合は、2010年において日本人口全体では16％であるのに対して、農家世帯では10％に留まり、

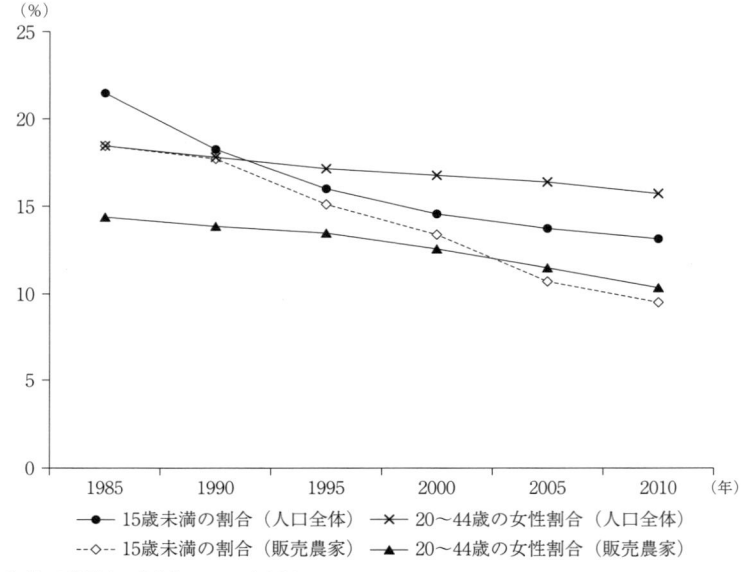

図4-4　15歳未満人口、女性人口の割合の推移（全人口、農家世帯）

- ●— 15歳未満の割合（人口全体）　—×— 20～44歳の女性割合（人口全体）
- --◇-- 15歳未満の割合（販売農家）　—▲— 20～44歳の女性割合（販売農家）

資料：国勢調査、農林業センサス各年版。

「20～44歳」の女性世帯員が非常に少ない傾向にある（前掲図4-4）。

　第二の要因が世代交代の遅れによる農業経営者の高齢化である。2000年以降の全国の農業経営者（男女計）の年齢別の人数を示したものが図4-5である。図をみると、昭和一桁世代の農業経営者が減少する一方で、次世代の農業経営者はほとんど増加しておらず、農業経営者の高齢化が確実に進んでいる。75歳以上の農業経営者の割合は、2010年には22％に達する一方で、50歳未満の農業経営者の割合は、2000年の21％から2010年には9％にまで減少し、50歳未満の若年・中年の農業経営者が全体の1割にも満たない状況にある。

　この変化をより詳細にみるために、2000～2005年、および2005～2010年にかけての年齢別の農業経営者の増減率をみると（表4-2）、55歳未満の幅広い年代で減少率が大きくなっている。特に2005～2010年にかけては、30～55歳未満の年齢層で減少率が40％を超えており、若年・中年の農業経営者数が急減して

図4-5　年齢別の農業経営者数（全国）

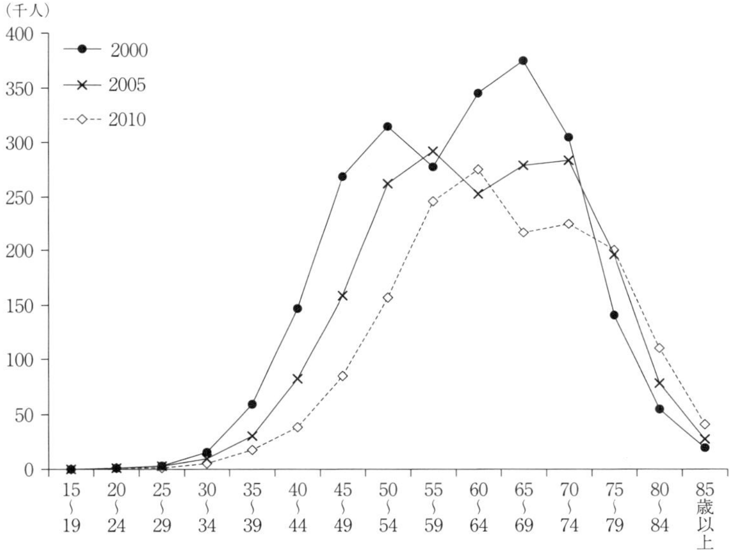

注：2000年の「75〜79歳」、「80〜84歳」、「85歳以上」については推定値。
資料：図4-1に同じ。

いる。一方、農業経営者数が増加している年齢層は、2000〜2005年では「55〜59歳」および「75歳以上」、2005〜2010年にかけては「60〜64歳」、および「75歳以上」の年齢層しか確認することができない。2005年の「55〜59歳」、2010年の「60〜64歳」については、ベビーブームとされる1947年から49年生まれのいわゆる「団塊の世代」を含んでおり、他の年齢層に比べて人口が多いこと、さらには後述する定年帰農の影響によって、これらの年齢層では農業経営者が増加したと考えられる。問題は、2000年以降、75歳以上の農業経営者が着実に増加する一方で、30〜55歳未満の後継者世代への世代交代がほとんど進んでいないという状況である。

　世代交代の状況をより詳細に捉えるために、5年間のコーホート変化をみたものが表4-3である。コーホート変化率をみると、75歳以上の農業経営者がリタイアした場合に経営を継承するはずの40代〜50代のコーホート変化率が非

表4-2　年齢別の農業経営者数と増減率（全国）

(単位：千人、％)

	30歳未満	30～34	35～39	40～44	45～49	50～54	55～59	60～64	65～69	70～74	75～79 (75歳以上)*	80～84	85歳以上	合計
2000年	5	16	59	148	269	316	278	348	376	304	217			2,337
2005年	3	10	31	82	161	263	293	253	280	284	197	78	29	1,963
2010年	2	6	17	39	88	159	248	275	217	226	200	112	42	1,631
増減率（％）														
2000～05年	-31	-37	-48	-44	-40	-17	5	-27	-26	-7	40			-16
2005～10年	-29	-40	-46	-53	-46	-40	-15	9	-22	-20	1	45	46	-17

注：2000年については75歳以上の農業経営者数、および増減率を示している（＊印）。
資料：図4-1に同じ。

表4-3　年齢別の農業経営者数のコーホート変化（全国）

(単位：千人、％)

		20-24～25-29	25-29～30-34	30-34～35-39	35-39～40-44	40-44～45-49	45-49～50-54	50-54～55-59	55-59～60-64	60-64～65-69	65-69～70-74	70-74～75-79	75-79～80-84	80～85-
変化数（千人）	2000～05年	2	6	15	23	13	-6	-23	-25	-68	-92	-107	-111	
	2005～10年	1	4	7	8	5	-2	-15	-17	-36	-54	-84	-85	-64
変化率（％）	2000～05年	330	163	91	39	9	-2	-7	-9	-20	-24	-35	-51	
	2005～10年	271	134	64	25	6	-1	-6	-6	-14	-19	-29	-43	-61

資料：図4-1に同じ。

常に低いことがわかる。2005年時点で「35～39歳」、2010年に「40～44歳」になる年齢層では、変化率は25％の増加（7,820人増）にとどまり、2005年に「40～44歳」、2010年に「45～49歳」の年齢層はわずか6％の増加（5,180人増）にとどまっている。さらにその上の世代の「45～49歳」から「50～54歳」の年齢層では、コーホート変化率が1％の減少となっており、農業経営者数は5年間でむしろ減少している。特に、2000～2005年と2005～2010年にかけての動きを比較すると、2005～2010年にかけては、2000年代前半に比べて若年層、中年層の増加率が低くなっており、農業経営者の高齢化がより進む一方で、世代交代の動きはむしろ弱まる傾向にある。

若年層の世代交代が進まない一方で、65歳以上の高齢者におけるコーホート

表4-4 年齢別の同居農業後継者数の推移（全国）

（単位：千人、％）

	15～19歳	20～24	25～29	30～34	35～39	40～44	45～49	50歳以上	合計	販売農家に占める割合（％）
2000年（千人）	167	196	198	177	197	191	135	80	1,340	57
2005年（千人）	67	102	122	122	113	122	108	113	868	44
2010年（千人）	38	61	84	96	97	87	85	127	675	41
増減率（00→05）	-60	-48	-38	-31	-43	-36	-21	42	-35	
増減率（05→10）	-44	-40	-31	-21	-14	-29	-21	12	-22	

資料：図4-1に同じ。

　変化率は高齢になるほど減少率が拡大している。2005年時点で「70～74歳」、2010年に「75～79歳」になる年齢階層では5年間で29％（8.4万人）の減少率、同様に「75～79歳」から「80～84歳」になる年齢階層では43％（8.5万人）の減少率、「80歳以上」から「85歳以上」になる年齢階層では61％（6.4万人）の減少率となっており、平均寿命などを考えると当然ではあるが、経営者年齢が75歳を超えると農業経営者数が急速に減少することがわかる。

　農業経営者の高齢化によって農業後継者も同様に高齢化している。2005年から2010年の同居農業後継者[4]の推移をみると、86.8万人から67.5万人へと22％の減少になった（表4-4）。販売農家全体に占める同居農業後継者がいる農家の割合は、2005年には44％であったが、2010年には41％にまで減少している。同居農業後継者について年代別にみると特に深刻なのが30歳未満の減少率の高さである。「15～19歳」では5年間で44％、「20～24歳」では40％、「25～29歳」では31％の減少となっており、若年層を中心として同居農業後継者が減少している。その一方で、50歳以上の同居農業後継者数は12.7万人となり、2005年に比べて12％の増加となった。その結果、年代別に同居農業後継者数を比較すると「50歳以上」が最も多くなり、農業経営者からの世代交代の遅れに

表4-5 農業経営者、同居農業後継者の平均年齢

(単位：歳)

| | 農業経営者 ||||||| 同居農業後継者 ||| 経営者年齢との差 |
	男女計	2005年との差	男	2005年との差	女	2005年との差	男女計	2005年との差	
全国	64.5	2.4	64.2	2.4	69.0	2.4	37.8	2.1	26.7
北海道	57.6	1.6	57.3	1.5	63.7	1.9	30.1	1.4	27.5
都府県	64.7	2.5	64.4	2.4	69.1	2.4	37.9	2.1	26.8

資料：図4-1に同じ。

　よって、同居農業後継者自体が高齢化している。全国の農業経営者について平均年齢をみると（表4-5）、2005年から2.4歳増加して64.5歳となり、同居農業後継者も2.1歳増加して37.8歳にまで達している。特に、北海道と都府県を比較すると、都府県では平均年齢が37.9歳と高く、主に都府県を中心として高齢化が進行していることがわかる。

　これらの結果は、2000年以降、農業の世代交代時期が高齢化していることを示しており、同居農業後継者がいる場合でも継承時期が遅れていることを表している。つまり、高齢の農業経営者が農業に従事することが可能な間は農業に従事し、後継者が農業を継承するのは50代以降、もしくはそのまま継承されずに離農に至るケースが増加している。このように世代交代の時期が高齢化した結果、農業経営者に占める高齢者の割合が上昇したと考えられる。

　第三の要因が、上記と関連するが、他産業を定年退職した後に就農する人たちの影響である。このように「他産業に従事していた人が、定年退職後、農業に主として従事する現象」については「定年帰農」と呼ばれている。特に、昭和一桁世代以降に生まれた世代は、農村部への工場進出に伴い、都府県を中心に通年通勤という兼業形態をとった。これらの兼業従事者の中には兼業先の定年時期を迎えたことで、再び農業従事を強める動きがみられる。特に、不況が続く地方の製造業などでは早期退職制度による人員削減を行うケースが増加しており、50代で退職し就農するケースもみられる。

　定年年齢前後の販売農家の農業労働力の動きをみたものが表4-6である。

表4-6 定年年齢前後の農業投下労働規模の変化

農業従事者（男）年齢	農家の農業投下労働規模	2000年⇒2005年 増減戸数	増減率	2005⇒2010年 増減戸数	増減率
55～59⇒60～64	1.0未満	−34,773	−22.8	−33,073	−20.4
	1.0～2.0	2,423	4.2	2,301	3.3
	2.0以上	5,999	9.6	2,524	3.3
60～64⇒65～69	1.0未満	−45,525	−28.2	−33,662	−28.5
	1.0～2.0	−3,196	−3.9	1,034	1.7
	2.0以上	344	0.4	1,127	1.6

注：都府県の数字である。
資料：図4-1に同じ。

　国内の販売農家数は2005年から2010年に17％の減少となるなど大幅に減少したが、定年年齢前後の世代では、農業労働力を示す指標である農業投下労働規模[5]が多い経営が増加している。2005年時点で「55～59歳」の農業従事者（男）がいる農家について、2010年時点（「60～64歳」の農業従事者）の農業投下労働規模別の増減戸数をみると、農業投下労働規模「1.0～2.0」では2,301戸（3.3％）、「2.0以上」では2,524戸（3.3％）の増加となっている。同様に、2005年時点で「60～64歳」の農業従事者（男）がいる農家について、2010年時点（「65～69歳」の農業従事者）の農業投下労働規模別の増減戸数をみると、投下労働規模が「1.0～2.0」、「2.0以上」の層で増加している。これらの傾向からは、2005年から2010年にかけて、60代の定年年齢の前後で農業への投下労働を増やす動きが確認できる。このように兼業従事者において定年年齢前後で農業を強める動きが、農業労働力の高齢化を促す一因と考えられる。

　一方、定年帰農の動きは農業労働力の高齢化を促進する要因ではあるものの、75歳以上の農業経営者の大幅な減少、若年・中年層への世代交代時期の遅れの中で、農業従事を強める唯一の年齢層ともいえる。そのため見方を変えると、定年帰農者は、農業労働力が急減する中で農業労働力を支える貴重な補給源としてみることができる。前述したように世代交代時期の遅れによって、同居農業後継者の最も多い年齢層は50歳以上となり、定年後に農業を継承するケースが多くなりつつある。このような実態を踏まえると、他産業に従事していた農

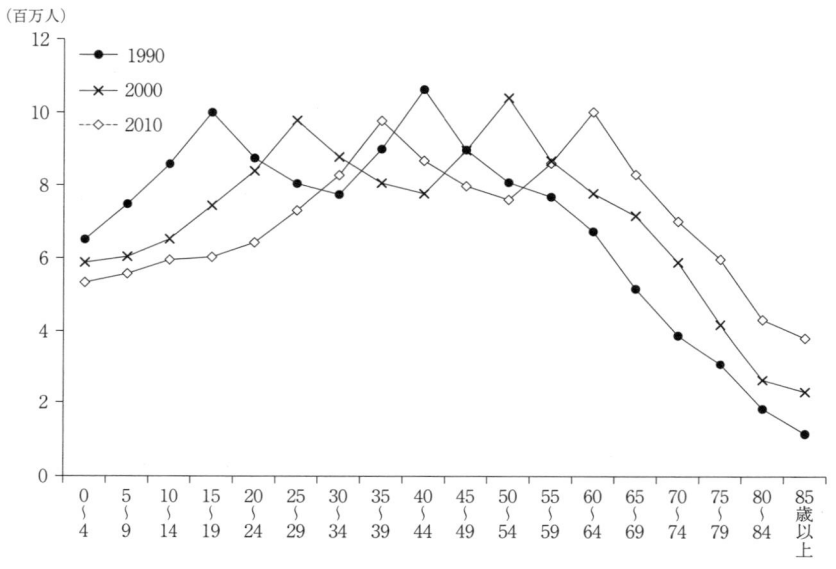

図 4-6　年齢別の人口の推移（男女計）

資料：国勢調査各年版。

家世帯員が定年後に就農できるような仕組みを整備することが求められている。

　また、この定年後に農業に従事する動きは、販売農家の世帯員だけに限定した動きではない。非農家出身者においても、定年退職後に農業への参入を希望する人たちは多く存在する（以下、この人たちを「定年農業参入者」とする）。特に、日本の年齢別人口構成をみると、現在最も人口が多い世代といわれる1947年から49年生まれの「団塊の世代」が定年退職の時期を迎えている（図4-6）。「団塊の世代」の中には、定年退職を契機として農村部への移住を希望する人も多い。農業労働力のさらなる減少を食い止めるためには、非農家出身者を含む定年帰農者を受け入れ、農業生産の維持、発展につなげていくことが求められる。そこで、以下では定年農業参入者に焦点を当てて、その特徴と課題について考察する。

3．定年農業参入者の特徴と課題

3.1．新規参入と定年農業参入者

　非農家出身者が農業に参入する新規参入は、近年、さまざまな地域でみられるようになっており、農業政策としても青年就農給付金をはじめとして多くの支援策が取られるようになっている。新規参入に対するこれまでの研究では、新規参入する際の参入障壁として、「農地」、「住宅」、「資金の確保」、「農業技術の習得」が課題であることが指摘されてきた[6]。また、稲本［1993］は農家子弟との比較から、新規参入者に対する参入障壁として①農地の取得に対する制度上の制約、②技術の習得期間までの長さ、③一定の農業所得を得るまで長期間かかること、④資金調達の難しさ、⑤農村（集落）社会への参入と信用基盤の形成に長期間を要することをあげ、新規参入が抱える経営的な問題を具体的に整理した。だが、これらの課題は主に年齢が若い新規参入者向けの課題であり、比較的高齢になってから参入する定年農業参入者にとっては必ずしも当てはまらない場合が多い。特に、定年農業参入者の場合は、職業の一つとして農業を選択し農業所得の拡大をめざすというよりは、農村生活に対するあこがれといった理由から参入する場合が多く、若年層の参入とは別に定年農業参入の課題の抽出が求められる。

　そこで、ここでは2007年、2010年に全国新規就農相談センターが行ったアンケート結果[7]をもとに、定年農業参入者の特徴を把握する。なお、ここでは就農開始年齢が50歳以上を定年農業参入者とする。50歳の年齢で区切る理由は、地域経済の低迷、企業の業績悪化などから、他産業においては早期退職制度により50代の退職者が多くなっていること、また、50代の参入と60代以降の参入者の特徴を分けて把握するためである。ここでは就農時の年齢が「50歳未満」を若年層、「50〜59歳」を早期定年農業参入者、「60歳以上」を後期定年農業参入者とすることでその特徴を捉える。

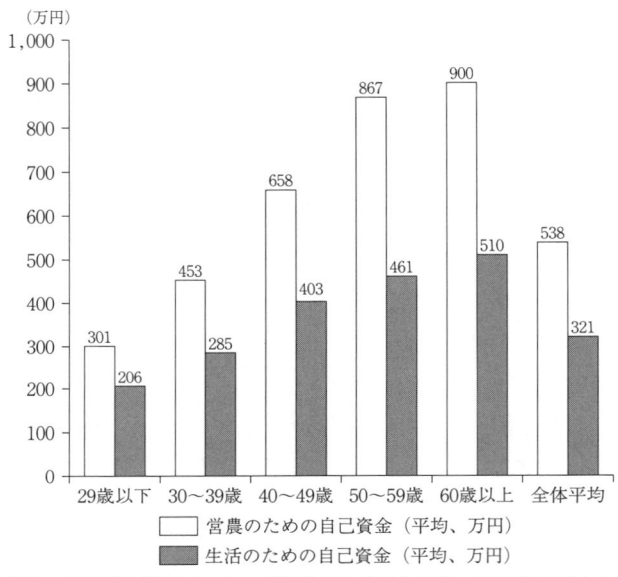

図4-7　新規参入者の年齢別の平均自己資金額

(万円)

年齢	営農のための自己資金	生活のための自己資金
29歳以下	301	206
30～39歳	453	285
40～49歳	658	403
50～59歳	867	461
60歳以上	900	510
全体平均	538	321

資料：全国新規就農相談センター「新規就農者（新規参入者）の就農実態に関する調査結果」2008年。

3.2. 近年の定年農業参入者の特徴

　最初に、50歳以降参入した定年農業参入者の特徴について考察する。定年農業参入者の特徴は、他産業での勤務者が多いため、若年層に比べて営農、生活の両面での自己資金が多い点である（図4-7）。新規参入者のアンケート調査（2007年実施）から、年齢別の平均自己資金額をみると、「29歳以下」では自己資金額が301万円であるのに対して、「50～59歳」では867万円、「60歳以上」では900万円と「29歳以下」と比べて倍以上の自己資金額を有している。また、生活のための自己資金の保有額においても「29歳以下」が206万円に対して、定年農業参入者である「50～59歳」では461万円、「60歳以上」では510万円に達し、高い自己資金額を有している。農業への新規参入の場合、一般的に生活費を含めた多くの参入資金の確保が重要となるが、定年農業参入者では若年層

表4-7　就農する際に苦労した点（複数回答）

(単位：％)

	農地の確保	資金の確保	住宅の確保	営農技術習得	地域の選択	相談窓口さがし	家族の了解	その他	不明
新規参入者・計	57	47	34	28	16	13	10	4	4
若年層（50歳未満）	57	50	37	28	15	11	9	4	4
定年農業参入者層（50歳以上）	58	26	22	29	21	22	15	5	8

注：複数回答のため、100％を上回る。
資料：図4-7に同じ。

に比べて資金面での課題が少ないとみることができる。

　次に、新規参入への準備時において苦労した点をみると、割合が高いのは若年層、定年農業参入者ともに「農地の確保」となっており、若年層では57％、定年農業参入者層では58％に達している（表4-7）。年代別に違いがみられる点は、若年層では「資金の確保」が50％と高いのに対して、定年農業参入者層では26％と低い。一方で、定年農業参入者層では「相談窓口さがし」（22％）、「地域の選択」（21％）、「家族の了解」（15％）をあげる割合が若年層に比べて高くなっている。これらの結果からは、定年農業参入者は、自己資金の多さから資金面での障壁は少ないものの、相談窓口や地域の選択、家族の了解といった参入前の準備段階での課題が多いことがわかる。

　次に、定年農業参入者の農業経営の特徴と展開について考察する。2010年の調査結果から定年農業参入者の農業労働力を確認すると、定年農業参入の場合、夫婦二人での就農がほとんどであるが、配偶者の農業への関わりに違いがみられる（表4-8）。「50歳未満」の新規参入者の場合、「配偶者も一緒に農業している」割合が54％と高いが、「50～59歳」、「60歳以上」の定年農業参入者では割合が低く、特に「60歳以上」の場合は「補助的な手伝い」（46％）、「農業に従事していない」（26％）とする割合が高い傾向にある。この結果からは、定年農業参入者の多くが他産業に勤務していた男性主体の動きが中心であり、配偶者まで本格的に一緒に農業従事する傾向は少ないことが窺われる。

　就農1年目の作目（販売金額第一位）をみると、新規参入者全体では「露地

表4-8　配偶者の農業の従事状況

	配偶者も一緒に農業している	配偶者は補助的に農業を手伝っている	配偶者は農業に従事していない	合計
50歳未満	348	186	115	649
50～59歳	93	83	55	231
60歳以上	40	67	38	145
割合（％）				
50歳未満	54	29	18	100
50～59歳	40	36	24	100
60歳以上	28	46	26	100

注：不明を除く。
資料：全国新規就農相談センター「新規就農者（新規参入者）の就農実態に関する調査結果」2011年。

表4-9　就農1年目の作目（販売金額第1位のもの）

（単位：％）

	水稲	麦・雑穀類・豆類	露地野菜	施設野菜	花き・花木	果樹	その他の耕種作物	畜産	合計
新規参入者全体	13	2	27	26	7	15	3	7	100
50～59歳	20	2	32	22	5	15	2	2	100
60歳以上	25	5	42	6	2	17	1	2	100

資料：表4-8に同じ。

野菜」、「施設野菜」を主体とする経営が多いが、定年農業参入者においては特に「露地野菜」の割合が高く、「50～59歳」では32％、「60歳以上」では42％に達している（表4-9）。また、全体と比べると「水稲」の割合が高く、これらの点から定年農業参入の場合は、省力でかつ自給自足が可能な作物を生産する傾向にある。

そのため、年代別で大きな違いがみられるのが、就農時の経営耕地面積である。年代別にみると、定年農業参入の場合、全体に比べて平均経営耕地面積が小さく、「50～59歳」では2ヘクタール、「60歳以上」では0.9ヘクタールとなっている（図4-8）。しかし、参入後から調査時点までの営農展開をみると「50～59歳」では2.5ヘクタールに、「60歳以上」では1.1ヘクタールへと平均経営規模が拡大しており、高齢の定年農業参入者の場合でも面積を拡大する動きが

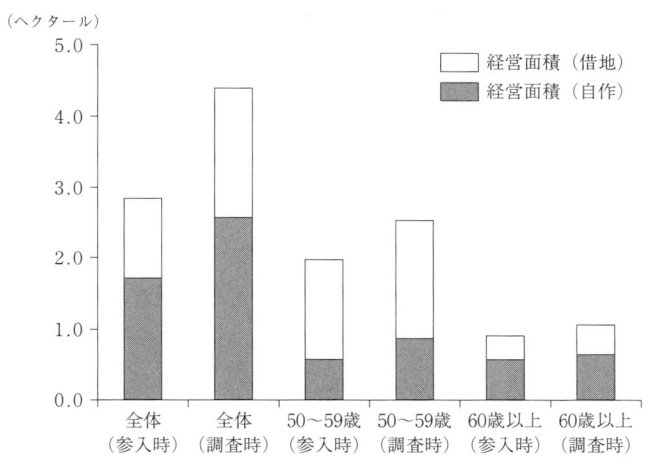

第4章 農業人口の高齢化と労働力確保方策　263

図4-8　定年農業参入者の参入後の経営面積の推移

(ヘクタール)

凡例：経営面積（借地）／経営面積（自作）

横軸：全体（参入時）／全体（調査時）／50〜59歳（参入時）／50〜59歳（調査時）／60歳以上（参入時）／60歳以上（調査時）

資料：表4-8に同じ。

みられる[8]）。また、農産物販売金額（平均）をみても、「50〜59歳」の場合、就農1年目では205.8万円であったが、調査時点では381.4万円に販売金額が拡大している。「60歳以上」の場合でも、就農1年目の91.2万円から130.7万円に販売金額が増加しており、零細な規模にもかかわらず、販売規模を拡大する傾向が確認できる（表省略）。

中でも定年農業参入者の営農の特徴は、有機農業、減農薬に取り組んでいる割合が高い点である。新規参入者全体では「全作物で有機農業に取り組んでいる」割合は21％であるのに対して、「50〜59歳」の定年農業参入者の場合には26％と高く、何らかの形で有機農業に取り組んでいる定年農業参入者は81％を占める（表4-10）。また、中心的な販売先に関しても、消費者への直接販売が「50〜59歳」では23％、「60歳以上」では36％を占めるなど、参入者自身で販売まで行っているケースが多い特長がある（表省略）。

定年農業参入者の経営を成立させている要因が、就農前からの貯蓄と年金収入である。就農時に要した費用を年代別にみると（表4-11）、機械施設費用は新規参入者平均で562万円であるのに対して、「50〜59歳」では552万円、参入

表4-10　有機農業や減農薬の取り組み

（単位：％）

	合計	全作物で有機農業に取り組んでいる	一部作物で有機農業に取り組んでいる	できるだけ有機農業に取り組んでいる	これから取り組みたい	当面取り組む予定はない
新規参入者全体	100	21	6	46	11	16
50～59歳	100	26	8	47	10	9
60歳以上	100	22	10	46	12	10

資料：表4-8に同じ。

表4-11　就農1年目の平均費用と自己資金

（単位：万円）

		営農面					就農1年目農産物売上高
		機械施設費用A	営農費用B	費用合計A+B	自己資金C	差額C−(A+B)	
新規参入者計		562	160	721	488	−234	341
就農時年齢	29歳以下	687	235	922	337	−585	558
	30～39歳	563	178	741	344	−397	428
	40～49歳	573	177	750	463	−288	379
	50～59歳	552	116	668	763	95	188
	60歳以上	419	87	506	620	115	83

資料：表4-8に同じ。

規模が小さい「60歳以上」では419万円と低くなっている。一方、費用と自己資金との関係をみると、自己資金については定年農業参入者の方が高額の資金を有しており、費用に比べて自己資金が上回る状況にある。そのため、若年層の新規参入者と比較して資金面での余裕があり、参入初期の経営リスクを軽減することが可能になると考えられる。

　もう一つの要因として、年金収入などの農業以外の収入の影響があげられる。新規参入者の農業所得での生計の成立状況をみると（表4-12）、「50～59歳」の定年農業参入者は90％、「60歳以上」ではすべての参入者が農業では「生計が成り立っていない」と回答しており、ほぼすべてが「就農前からの蓄え」、「農業以外の収入等」から所得を補填することで生計を維持している。特に定年農業参入者の場合は、公的年金を含めた年金収入が多いと考えられ、預貯金、年

表4-12 農業所得での生計の成立状況

(単位：人、%)

| | 合計 | おおむね生計が成り立っている | 生計が成り立っていない | うち所得不足分の補てん方法* |||||
				就農前からの蓄え(貯金等)	身内からの借り入れ	金融機関から借り入れ	農業以外の収入等（家族の農外収入含む）	その他
新規参入者・計	1,427	395	1,032	424	115	60	578	96
50歳未満	828	328	500	183	81	39	301	31
50～59歳	256	26	230	125	12	10	112	24
60歳以上	159	0	159	64	4	3	86	27
割合（%）								
新規参入者・計	100	28	72	41	11	6	56	9
50歳未満	100	40	60	37	16	8	60	6
50～59歳	100	10	90	54	5	4	49	10
60歳以上	100	0	100	40	3	2	54	17

注：＊は複数回答のため100%を上回る。
資料：表4-8に同じ。

金収入などによって生計の維持が可能になっている。

3.3. 農外からの定年農業参入者の課題

　このように定年農業参入者の経営状況をみると、これまでの預貯金、農業以外の収入によって経営リスクが低くなっており、労働力に見合った農業経営を展開しているといえる。前述したように農業労働力の減少、少子化が続く状況においては、青年、中年層の農業労働力の確保には限界があり、定年農業参入者を含めて新規就農者の確保に取り込んでいくことが求められる。他産業の定年退職者において潜在的な農業参入希望者が多い中で、今後、定年農業参入者の確保に向けた課題として以下の3点があげられる。

　第一に、定年農業参入者の体力的な問題である。アンケート結果から生活面の不安をみると、新規参入者全体では「健康上の不安（労働がきつい）」(23%)、「思うように休暇がとれない」(21%)が高いが、特に、定年農業参入者においては「健康上の不安（労働がきつい）」をあげる割合が36%と最も高くなっている（表省略）。高齢での就農であるために、体力的な面での負担が大きいことが反映していると考えられる。また、「交通・医療等生活面の不便さ」も高く、定年農業参入者の場合、高齢に伴う自分自身の健康上の不安、医療面の不便さ

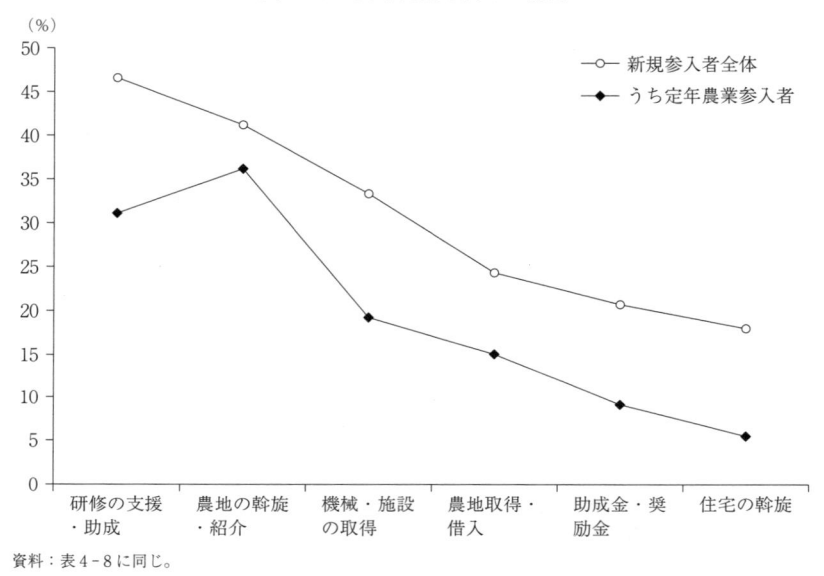

図4-9　公的支援を受けた割合

(%)
項目	新規参入者全体	うち定年農業参入者
研修の支援・助成	46.5	31
農地の斡旋・紹介	41	36
機械・施設の取得	33.5	19
農地取得・借入	24	15
助成金・奨励金	20.5	9
住宅の斡旋	18	5.5

資料：表4-8に同じ。

が参入後の一つの課題であることがわかる。

　第二の課題が、定年農業参入者の公的支援の少なさである。定年農業参入者に対しては、国、都道府県による助成金などの支援は少なく、アンケート結果をみても、新規参入者全体に比べて支援を受けている割合が低い状況にある（図4-9）。特に、「機械・施設の取得」、「農地取得・借入」の支援は20％を下回っており、「住宅の斡旋」は5％しかない。また、定年農業参入者の多くが、農業技術の習得に苦労しているものの（前掲表4-7）、研修の支援助成を受けた割合は少ない状況にある。つまり、現状の定年農業参入者の多くは、支援を受けずにほぼ自助努力によって就農している状況にある。

　第三の課題が、資金面での課題である。営農開始の費用は、小規模での営農となるために通常より少ないものの、農地・住宅を新たに購入取得する場合には多くの参入費用がかかる。アンケート結果から、就農するまでの参入費用の平均額をみると（表4-13）、農地購入においては平均569万円（10アール当た

表4-13 定年農業参入者の営農開始までの費用

(単位:万円)

	営農開始費用（平均）		農地購入費用（平均）	10アール当たり	住宅購入費用（平均）			参入費用計	
	機械施設等の取得費用	営農費用（資材費等）			中古住宅購入費用	修繕費用	新築費用	中古住宅購入の場合（修繕含）	新築住宅購入の場合
定年農業参入者・計	532	111	569	25	943	321	2,532	2,477	3,745
50～59歳	566	120	574	24	897	324	2,847	2,480	4,106
60歳以上	476	97	563	27	1,006	317	1,903	2,460	3,040

注：農地、住宅に関しては、購入した人の平均額である。
資料：表4-8に同じ。

り25万円）、さらに住宅を購入する場合には、中古住宅の場合、修繕費用と合わせて平均1,264万円がかかり、合計で平均2,477万円の参入費用がかかっている。なお、新規に住宅を購入する場合は、営農の開始費用と合わせて3,745万円の参入費用を要している。定年農業参入の場合、多くの自己資金を有する傾向にあるが、住宅、農地などを購入し、新規で営農を開始する場合には相応の費用がかかる点は一つの課題となろう。

これらの課題の解決については、定年農業参入者に対するさまざまな支援を図る支援組織の役割が重要になってくる。特に農地の仲介斡旋に関しては、農業委員会など公的機関がサポートすることで、参入費用を低下させることが可能である。また、定年帰農者が就農する上での課題になっている技術習得に関しても、普及支援組織の指導、研修機会の創設によって改善が可能となる場合が多い。さらに、農村地域の住宅においても、地域の空き屋情報をまとめ、提供することで参入費用の低減を図ることができる。以上のことは、一部の市町村では実施されているが、多くの地域では支援体制が十分整備されておらず、受入体制の構築を図ることが求められている[9]。

4．農業人口の高齢化と労働力の確保方策

これまでみてきたように国内の農業労働力の高齢化、減少は急速に進んでいる。農業労働力の確保には、青年、中年層の労働力の確保が重要となるが、人

口減少が進む中で、青年、中年層の農業労働力の確保は非常に難しい状況にある。また、統計分析から示されたように、販売農家においては農業経営の世代交代の時期が高齢化しており、他産業に従事可能な間は従事し、定年退職近くになって農業に従事する就農パターンが多くなっている。このような農業労働力の高齢化の現状を踏まえると、現実的には定年帰農者などの就農者までを視野に入れて、農業労働力の確保に向けた取組を一層推進していくことが求められる。

前述したように定年帰農者は、年金などの農業以外の収入によって安定的な所得を得ることが可能であり、退職金などによって自己資金も多い特徴がある。特に、定年農業参入者の就農状況をみると、参入当初の経営面積は小規模ではあるものの、有機農業への取組、消費者への直接販売の割合が高い特徴があり、就農後に経営面積、農産物販売金額を拡大する動きが確認できる。

高齢者の体力的な問題や後継者問題などから、定年帰農者に対する支援は未だ不十分な状況が続いているが、農業労働力の確保に向けて団塊の世代を含めた高齢者の受入体制を早急に整備し、農村への人口移動を促すことが求められる。

注
1） 公的年金制度は、国民すべてが加入することになっているが、老齢基礎年金は原則として65歳から受給開始となる。老齢基礎年金の平成27年度の年金額は満額で78万100円となっている。
2） 農林水産省では2012年から新規就農・経営継承総合支援事業を開始しているが、その支援の中心となるのが青年就農給付金制度である。この制度は、原則45歳未満の青年層を対象として、青年の就農意欲の喚起と就農後の定着を図るため、就農前の研修期間（2年以内）および経営が不安定な就農直後（5年以内）の所得を補填するものであり、条件を満たした場合、年間150万円が支給される。
3） 2005年から2010年にかけての販売農家数の減少については、水田地域を中心に集落営農の設立に伴って、販売農家の一部が組織経営体に含まれて把握されたことが影響している。本章での農家労働力、農家人口の高齢化の分析については2010年センサス分析の結果（澤田［2013］）をもとに加筆修正したものである。

4） 同居農業後継者とは、15歳以上の者で、次の代でその家の農業経営を継承する者をいい、予定者を含むものである。
5） 農業投下労働規模とは、年間農業労働時間1,800時間（1日8時間換算で225日）を1単位の労働規模として示したものであり、具体的には、農業経営に投下された総労働日数（雇用労働を含む）を225日で除した値によって分類される。
6） 新規参入、定年帰農に関する用語、レビューに関しては、拙著（澤田［2003］）を参照のこと。
7） 全国新規就農相談センター「新規就農者（新規参入者）の就農実態に関する調査結果——平成18年度——」、「新規就農者（新規参入者）の就農実態に関する調査結果——平成22年度——」のアンケート結果をもとに分析している。アンケートは、2006年12月、2010年11月に行われたものであり、調査対象は農家以外の出身の新規就農者（新規参入者）、または農家出身でも土地・資金などを独自に調達して新たに農業経営を開始した経営主を対象にしている。
8） 参入から調査時点までの平均就農年数は、就農時年齢「50～59歳」の場合で4.1年、「60歳以上」の場合は2.9年である。
9） 定年帰農に関する地域的な支援については、山口県周防大島の取組（農協共済総合研究所・田畑保編［2005］）、および、福島県の取組（高橋巌編［2010］）を参照のこと。

【引用文献】

稲本志良［1993］「農業における後継者の参入形態と参入費用」『農業計算学研究』25、1-10頁。

農協共済総合研究所・田畑保編［2005］『農に還るひとたち——定年帰農者とその支援組織——』農林統計協会。

澤田守［2003］『就農ルート多様化の展開論理』農林統計協会。

澤田守［2013］「家族農業労働力の脆弱化と展望」安藤光義編著『日本農業の構造変動——2010年農業センサス分析——』農林統計協会、31-63頁。

高橋巌編［2010］「高齢化及び人口移動に伴う地域社会の変動と今後の対策に関する学際的研究報告書」全国勤労者福祉・共済振興協会。

第Ⅳ部

「自由貿易」と地域経済

第1章　グローバル化に対する中小企業の事業展開と地域の対応

清水さゆり・里見泰啓

1. はじめに

近年「グローバル化」という言葉がしばしば耳目に触れる。グローバル化は激変をもたらすといわれ、スピード、空間、量、質といったさまざまな側面において企業間競争にも影響を与えてきた。こうした大きな潮流は、大企業だけでなく中小企業の事業活動にも大きなインパクトを与えている。本章では、存続と成長を意図する中小製造業と地域のグローバル化への対応について、個別具体例を取り上げつつみていくことにしたい。

まず、日本経済の発展とそれを支えてきた中小企業についてみてみよう。

2. 中小企業を取り巻く情勢の変化

2.1. 日本の製造業を支える基盤としての中小企業

明治以降の近代化、産業化が急速に進むとともに中小企業は増大した。第二次世界大戦を経て、日本経済が再び発展するなかで旺盛な創業活動を伴いながら、中小企業は著しい増大をみせた。

日本経済は、戦後復興期から高度成長期にかけて著しい成長を遂げた。1973年のオイルショック後も80年代にかけて、先進国のなかでは相対的に高い率で

安定した成長をみせていた。1970～80年代は、アメリカの金ドル交換停止を契機に円高が進み、一方で NIEs が経済を発展させ工業製品の国際競争力を高めていた。このようななかで、日本の産業の一部は国際競争力を低下させていたが、半導体の幾何級数的発達に支えられたマイクロエレクトロニクス技術を取り入れた機械工業はむしろ競争力を高め、CNC 工作機械や家電製品、測定機器やカメラといった精密機器などは圧倒的な競争力を誇った。生産コストだけでなく環境負荷を軽減する技術を確立するなど品質面でも優位に立った自動車産業は、世界の自動車市場を席巻する勢いであった。

こうした日本の産業の国際競争力の高まりを支えたのが、中小企業である。中小企業は、創意工夫を重ねながら技能や技術を高め、高品質化や高効率化に努めていた。こうして培った中小企業の高度な技能や技術が高品質でコスト優位性のある工業製品を実現する基盤となっている。

2.2. グローバル化の進展と中小企業をめぐる情勢の変化

戦後成長基調にあった日本経済をめぐる情勢は近年大きく変化した。成長を続けた結果、成熟期を迎え、国内需要が飽和し、企業は国内に新しい成長機会を見出すことが難しくなった。他方、グローバル化も日本経済の発展条件に影響を与えた。1990年代に入ると、NIEs のほか、ASEAN 諸国の経済が発展し、改革開放を進めた中国の経済も飛躍した。これらの国々では、海外からの直接投資を梃子に工業基盤を整えてきた。一方、1985年のプラザ合意以降、円高が進み、日本国内で生産する工業製品のコスト競争力は低下し、経済発展が進むアジア諸国からの製品輸入比率が拡大した。衣服等の開発輸入ばかりではなく、家電製品やエレクトロニクス製品、カメラなどの精密機器といった品目でも輸入比率が高まった。

アジア諸国からの製品輸入が増えた一因は、日本企業の海外進出であった。ソ連崩壊の後、世界市場の一体化とグローバル競争に直面した日本企業は、安い労働コストを求めてアジア諸国に直接投資し、国内の生産を移管していった。製品技術が確立し、生産技術も定型化した相対的に労働集約的な品目の生産を

アジア諸国に移管する傾向が強まったのである。

以下では、日本の産業がグローバル競争に直面するとともに、アジア諸国との分業体制が中小企業に与える影響と新たな環境の下での展開をみていく。

3．中小企業のグローバル化への対応

3.1．産業の空洞化

経済産業省「海外事業活動金調査」から製造業について国内全法人ベースと海外進出企業ベースの海外生産比率みると、1985年度の海外生産比率は、国内全法人ベースでは2.9％、海外進出企業ベースでは8.0％であったが、2013年度には国内全法人ベース22.9％、海外進出企業ベース35.6％となっている。対外直接投資の増加に伴い海外生産が拡大してきたことがわかる（図1-1）。

国内生産拠点についてみてみると、日本企業が生産拠点を海外に展開するとともに、国内事業所の減少が著しくなっていることがわかる。経済産業省「工業統計表」によれば、製造業の1985年の国内全事業所数は74万9,366、従業者数は1,154万人であったが、2000年には事業所数58万9,713、従業者数970万人、2010年には事業所数43万4,672、従業者数809万人というように減少を続けている（図1-2）。海外生産比率の上昇、国内事業所数の減少という状況の下で、「産業の空洞化」が議論を呼ぶことになった。産業の空洞化については諸説あり、論者によって定義もさまざまだが、「従来の生産基盤、産業の縮小」という点は、ほぼ共通している。産業の空洞化に対する懸念は、プラザ合意の後に拡がったが、バブル景気の到来とともに立ち消えていた。しかし、バブル崩壊後の1990年代半ばになると、円高の定着、アジア諸国の経済発展とグローバル競争の顕在化といった事態のなかで産業の空洞化の議論は再燃する[1]。

従来日本の産業は、「フルセット型」（関［1993］）の構造によって成り立っていた。基礎技術の研究開発から製品開発、量産に至るまでの機能をフルセットで持ち、工業製品の開発から量産までに必要な技術を蓄積していた。そして、

図1-1　海外生産比率の推移

(％)

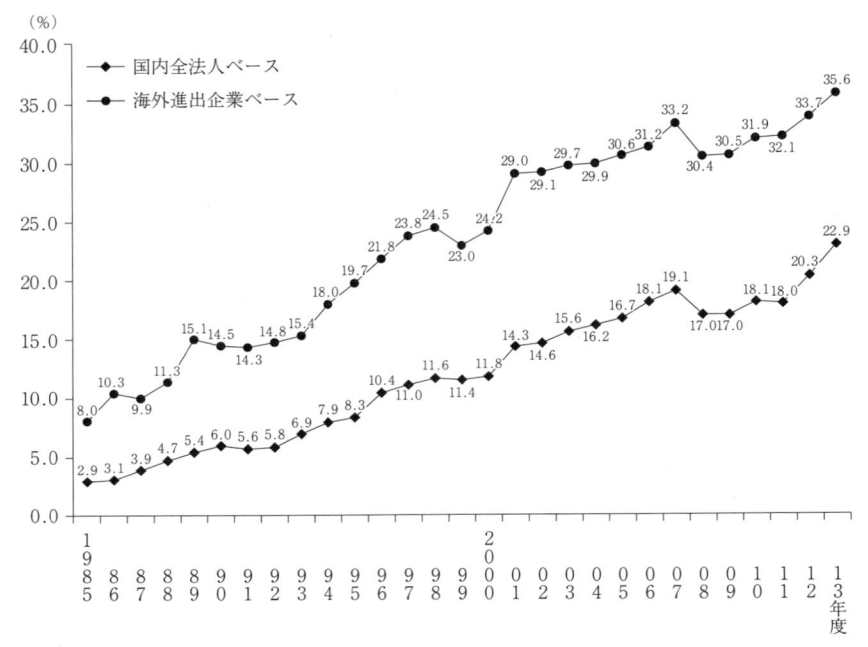

年度	国内全法人ベース	海外進出企業ベース
1985	2.9	8.0
1986	3.1	10.3
1987	3.9	9.9
1988	4.7	11.3
1989	5.4	15.1
1990	6.0	14.5
1991	5.6	14.3
1992	5.8	14.8
1993	6.9	15.4
1994	7.9	18.0
1995	8.3	19.7
1996	10.4	21.8
1997	11.0	23.8
1998	11.6	24.5
1999	11.4	23.0
2000	11.8	24.2
2001	14.3	29.0
2002	14.6	29.1
2003	15.6	29.7
2004	16.2	29.9
2005	16.7	30.6
2006	18.1	31.2
2007	19.1	33.2
2008	17.0	30.4
2009	17.0	30.5
2010	18.1	31.9
2011	18.0	32.1
2012	20.3	33.7
2013	22.9	35.6

注：海外進出企業ベース比率＝現地法人売上高（製造業）/現地法人売上高（製造業）＋本社企業売上高（製造業）。
　　国内全法人ベース比率＝現地法人売上高（製造業）/現地法人売上高（製造業）＋国内法人売上高（製造業）。
資料：経済産業省「海外事業活動基本調査」、財務省「法人企業統計調査」。

国内需要を国内生産で満たし、さらに輸出するという「国内完結型」（渡辺［1997］）という構造を持っていた。しかし、産業の空洞化によって生産能力だけではなく、フルセット型構造を可能にした機能や技術を喪失し、国内経済の停滞、あるいは成長力の低下に繋がるという懸念が拡がってきた。

　グローバル化の進展は、中小企業にも大きな影響を与えることになる。工業製品は一般的に、分業システムによって生産される。大量生産される家電製品や自動車などは、最終製品を供給するアセンブリーメーカーと多くの部品供給メーカーとの分業によって製品が完成する。このような分業システムのなかに、部品供給を担う多くの中小企業が存在する。この分業システムを研究開発から量産に至る機能の側面からみると、研究開発に必要な試作開発部品を供給する

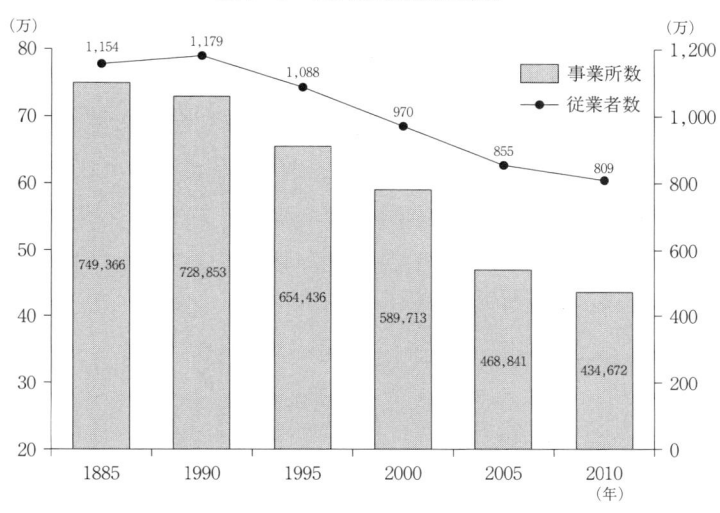

第1章　グローバル化に対する中小企業の事業展開と地域の対応　277

図1-2　国内事業所数の推移

年	事業所数	従業者数(万)
1885	749,366	1,154
1990	728,853	1,179
1995	654,436	1,088
2000	589,713	970
2005	468,841	855
2010	434,672	809

注：従業者数3人以下の事業所を含む。
資料：経済産業省「工業統計表」。

中小企業、量産部品の供給を担う中小企業があり、研究開発から量産に至る過程で、中小企業はアセンブリーメーカーへのVA（Value Analysis）・VE（Value Engineering）提案によって生産の効率化や最終製品の高品質化に寄与している。

日本の分業システムにおいて、最終製品を生産するアセンブリーメーカーと部品供給企業との間に長期継続的取引関係があり、この長期継続取引下での迅速な意思疎通によって納期、品質、コストの管理がアセンブリーメーカーと協調的に行われる。また、VA・VE提案による成果による利益はシェアするといった濃密な関係に特徴があった[2]。

しかし、海外生産が拡大するとともに、日本の分業システムも変容をみせるようになった。中国が社会主義市場経済化を進展させ、「世界の工場」となるにしたがって、アセンブリーメーカーは、生産拠点を展開するだけではなく、コスト低減を図るために部品や材料の現地調達率を高めていった。日本の製造

業の分業構造は国内に留まらず東アジアとの地域間分業へと拡がることになり、日本の中小企業は、国内だけではなく国外の企業との競争も余儀なくされるようになった。

　このような動きに呼応して部品供給メーカーも中国などに工場を進出させるようになり、中小企業のなかにも海外進出を図る企業が現れた。ただ、すべての中小企業にとって海外進出が可能なわけではなく、とりわけ小規模、零細規模の企業が海外に量産工場を運営させることは難しく、そうした中小企業は国内に立地して活路を開く必要に迫られた。

3.2. 中小企業のグローバル化への対応

　国内に立地する中小企業のグローバル化への対応を追ってみよう。

　産業の空洞化についての議論が盛んであった1990年代の半ば、『中小企業白書　1996年』は、国内生産体制の維持という観点から、具体例を基に国内に立地する中小企業が国際分業のなかで競争力を高めていくための方向性を示唆している。中小企業が東アジアをはじめとしたグローバル化に対応するために「技術精度の高度化」や「小ロット対応」をはじめ「製品の高付加価値化」「新製品開発」「新市場・新販路の拡大」を重視していること、国内の生産体制がフルセット型から研究開発機能の比重が高いものへと変化しつつあることを踏まえて、「市場高感度型企業」、「技術高度化型企業」、「独自性追求型企業」の３つの方向を示唆した。示唆の内容は、次のようなものである。

① 市場高感度型企業

　国内需要の変化への敏感な対応が海外生産に対して競争力を持ちうるとし、２つのタイプを示している。１つは、市場ニーズ即応型企業である。これは、消費者ニーズの多様化や需要の変化が著しくなるなかで、中小企業の意思決定の速さと機動性や柔軟なポートフォリオ・マネジメントによって、顧客ニーズに迅速に反応し素早く製品開発し需要に素早く応えることで、価格競争力のある海外製造業に対して優位なポジションを築いているタイプである。

もう1つは、小ロット対応（多品種少量生産）型企業である。これは、ニッチ市場の需要にきめ細かく対応することで、海外からの参入に対して優位性を持っているタイプである。

② 技術高度化型企業

　日本の中小企業が培った技能や技術を基に高度設備を駆使し、海外の製造業の追随を許さず存立基盤を築いた企業である。1つは、超精密加工型企業であり、東アジアなど海外企業が供給できない高精度な部品などを製作する中小企業を挙げている。もう1つは試作開発型企業である。このタイプは、日本の製造業の分業体制が東アジアをはじめ海外に拡がり、日本国内は研究開発拠点としての性格が強まるという流れの下で、高度な技能や技術によって先進的製品の研究開発需要に応える試作開発部品を製作するタイプである。

③ 独自性追求型企業

　長年培った技能や技術に加え、独自の発想やノウハウのよって他社との差別化をする中小企業で、1つは独創的製品開発型企業を挙げている。これは、従来にない独創的な製品の開発により競争力を持つ企業である。また、独自生産工程・ノウハウによって競争力を有する企業も挙げている。後者は、ある特定の品目について独自の製造技術を持ち、高品質で効率的な生産をすることによって優位なポジションを築いている企業である。

　『中小企業白書　1996年』が示唆するグローバル化への対応は、成熟経済のなかの多様なニッチ市場の需要に応えること、秀でた技能や技術を基礎に高度な部品や試作開発需要に応えることといったように、国内立地を活かして国内需要に応えていくというものである。また、独創性によって従来にないものを開発し、市場を創出する対応も示されており、この対応は、国内需要に限らず海外の需要にも応えられる可能性を持っている。

　換言すれば、『中小企業白書　1996年』の指摘は、世界規模での大量生産を

前提としたものではなく、中小企業が効率的に生産できる規模の市場で、特異な技術やノウハウによって価格に左右されない優位なポジションを築くことともいえるだろう。

しかし、中国をはじめ経済発展が続くアジア諸国は、高度な技術を吸収しながら技術レベルを高めている。日本の中小企業が優位なポジションを保っていくには、事業経験を通して培われたノウハウを活かし、一層の技術進歩を図り、アジア諸国の追随を許さないとともに先進的なニーズを発見していくことが重要になるだろう。

3.3. 事例―国内立地企業

国内に立地しながらグローバル化の進展に対応し、新しい経営基盤を築いている中小企業の具体例をみることにする。

① S社

S社は東京の品川区で操業している。自動改札機の入口側にあるICカードをタッチし記憶内容を認識する部分の面発光モジュールをほぼ独占的に供給しているほか、独自に考案した、水に溶ける紙灯籠などを製作している。この紙灯籠はお盆の時期に、各地の灯籠流しで使われている。同社のこのような製品の基になっているのはスクリーン印刷であり、スクリーン印刷の技術や製品を考案している。

同社は1972年に創業、ヘッドライトなどの自動車部品メーカーからダッシュボードに並ぶスイッチ類のマークやオーディオ機器のレベルメーターの目盛などの印刷を受注していた。1990年代の初めまで、業績は堅調に推移していたが、それ以降は受注が激減し、業績は急激に悪化した。受注の減少は、主要取引先の自動車部品メーカーがS社に発注していた部品の生産を海外に移管したためだった。

同社は、自動車内装部品以外の分野への進出を模索する。お祭や縁日などで使われる提灯や供養用の回転灯籠といったスクリーン印刷を活用した商品を考

案し、灯篭流しに使う水に溶ける紙灯籠も商品化した。これらの商品が業績の回復に寄与しはじめると、LEDなど発光体を使った表示板の分野への進出を始めた。LEDを使った表示板が乗物や建物で使われる兆しを見てとった同社社長は、1990年代の終わりからスクリーン印刷を使って表示面の絵や文字をLEDの光によって鮮明に映し出す方法を試行錯誤していた。LEDから発する光の導光性、拡散性に優れた表示板の印刷法を確立し、LEDの発光モジュールの製作も始めた。同社は、このLED表示板を使って公園や道路、医療施設などで使う案内標示器などを製作するようになった。そして、鉄道駅にある自動改札機のICカードを翳す部分の標示器に採用されたのを契機に業績を急速に回復し、ディスプレイ関連の仕事が主力事業になった。

② T社

東京の台東区にあるT社は、メッキ材料や鋳鉄添加物用の合金の鋳造をはじめ、オーディオアクセサリーや錫合金を用いた建築用壁材などの自社製品も製造販売している。

同社は、1914年に創業し、錫合金で主に活版印刷用の活字の鋳造をしていた。大手新聞各社に活字を納めていたが、オフセット印刷などの平版印刷や光学印刷の技術が発達すると活字の需要は減少した。

同社は、このような状況のなかで、活字を鋳造してきた経験を基に、配合比や添加物などを工夫し、試行を重ねて装飾性のあるキャストメタル用の合金を完成させた。そしてアクセサリーの鋳造を手掛けるようになり、これが同社の主要事業の一つとなった。しかし、アクセサリーの生産が次第に中国に移管されるようになり、キャストメタルの売上が低迷するようになった。

同社は、錫がかつては高級食器の材料であったことにヒントを得て、錫鋳物の独特の光沢と流動性を活かした独特の模様を持つ内装用壁材を開発した。壁材の開発に際しては、試行錯誤を重ねたが、独自の鋳造法を考案し開発に成功した。この壁材は有名寿司店、老舗旅館をはじめレストラン、ブティック、和菓子店などの内装に採用されるようになり、同社の主要事業となった。近年、

ヨーロッパや中近東でも販売されるようになった。

　中小企業のグローバル化への具体的な対応は、それぞれの企業が置かれた状況によりさまざまであろう。ここでみた2社の保有する技術やノウハウは異なり、新たに開拓した市場なども異なる。しかし、両社の共通点をまとめてみると、長年培った技能や技術の進歩を図り、独自の技術を創出している。そして、独自技術を基に先進的で高度なニーズ、もしくは高い所得水準下で生まれるニーズに対応することで、独自のポジションを築いているといえるだろう。

　ここまで、日本の分業システムを念頭に部品供給を担う中小企業に主眼を置いてグローバル化が中小企業に与える影響と国内に立地する中小企業に注目してグローバル化への対応をみてきた。

　次にグローバル化への対応として海外進出という選択をした企業についてみてみよう。

3.4. 中小企業の海外進出の実態

　以上見てきたように、1980年代以降日本の大手企業は海外直接投資を含む本格的な海外展開を進めてきた。こうした動きは、日本から海外への生産拠点の移動を意味するものともみえる。とりわけ製造コストの削減を目的とした海外展開は、中小製造企業の事業活動に大きな影響を与えてきた。結果として、従来国内の大手取引企業からの発注に依存していた中小企業は、企業の存続および成長のための新たな方途を追求する必要に迫られることになった。

　個別企業の視点からいえば、企業が成長するためには、製品ないしは技術と市場の2つを軸として、既存の製品や技術を活用し、既存市場で市場浸透による成長を図るか、新規の製品や技術を生みだし、既存市場における新製品開発による成長を図るか、既存の製品や技術を活かしながら新規市場を追求するか、新規製品や技術を生み出し、しかも新規市場における成長、すなわち多角化を図るかという方法があると考えられる。すなわち、既存事業の拡張による成長、新事業分野への参入（多角化）による成長、新市場や原材料供給源の確保を含

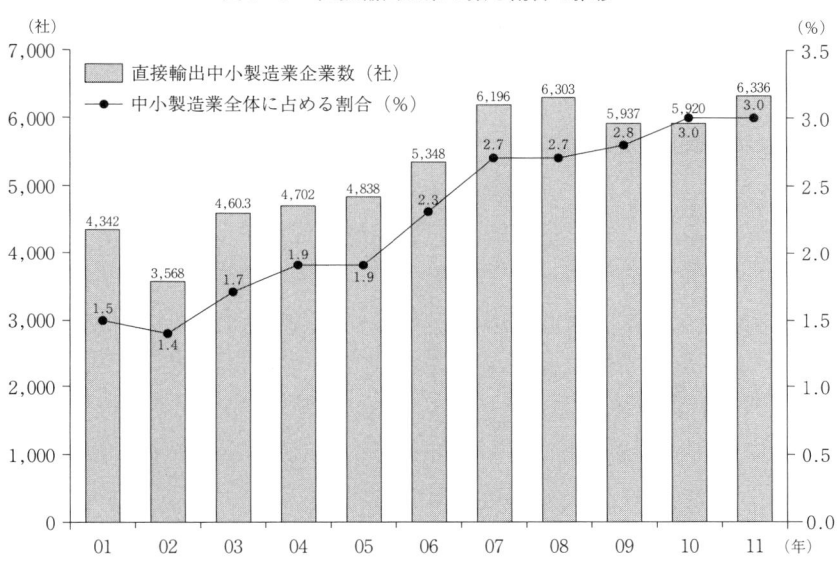

第1章 グローバル化に対する中小企業の事業展開と地域の対応　283

図1-3　直接輸出企業の数を割合の推移

年	直接輸出中小製造業企業数（社）	中小製造業全体に占める割合（％）
01	4,342	1.5
02	3,568	1.4
03	4,603	1.7
04	4,702	1.9
05	4,838	1.9
06	5,348	2.3
07	6,196	2.7
08	6,303	2.7
09	5,937	2.8
10	5,920	3.0
11	6,336	3.0

出所：『中小企業白書　2014』。
資料：経済産業省「工業統計表」、総務省・経済産業省「平成24年経済センサス——活動調査」。

めた海外ないし遠隔地への進出による成長といった方法が採られる[3]。

　中小企業はこれまで、日本経済の発展と軌を一にして技術と技能を進歩させながら企業の存続と発展を遂げてきた。しかしながら、近年の環境の激変によって、日本の中小製造企業にとっても企業の存続および成長を追求するためには、新たな方法を探ることが課題となってきている。とはいえ、中小製造企業においては、ヒト、モノ、カネ、情報といった経営資源における制約が極めて厳しく、いずれの成長方法を採るかについての選択肢も限られてくる。また、経営資源の将来的な獲得を前提とした成長戦略の選択も難しい。というのは、近年の経済環境の変化は早く、製品のライフサイクルは短縮化され、需要は見る間に変化し、世界規模で発生する企業間競争がますます激しくなっており、事前に十分なビジョンをもち、計画を立てたうえで、十二分な時間とコストを費やして新たな事業を展開するための戦略を実行する猶予はないのである。そ

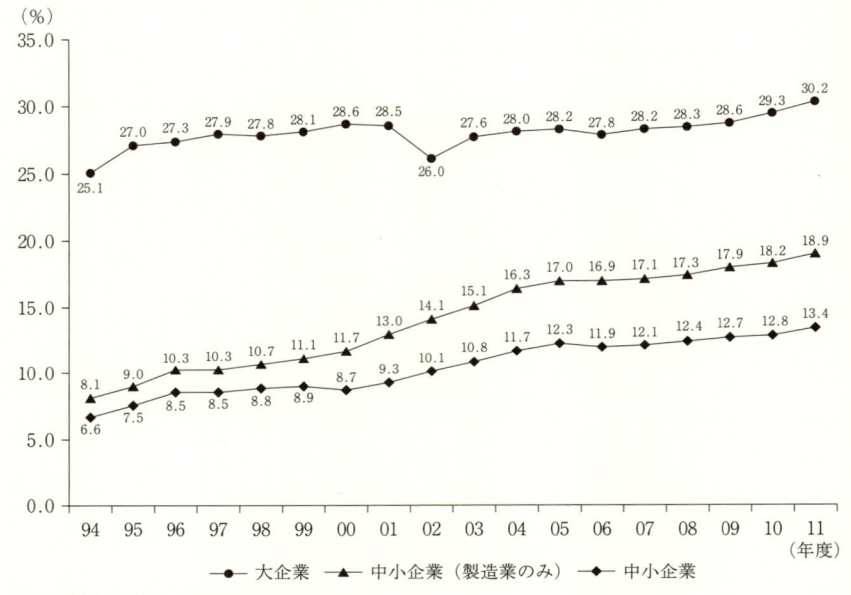

図1-4 海外子会社を保有する企業の割合の推移

大企業: 94: 25.1, 95: 27.0, 96: 27.3, 97: 27.9, 98: 27.8, 99: 28.1, 00: 28.6, 01: 28.5, 02: 26.0, 03: 27.6, 04: 28.0, 05: 28.2, 06: 27.8, 07: 28.2, 08: 28.3, 09: 28.6, 10: 29.3, 11: 30.2

中小企業（製造業のみ）: 94: 8.1, 95: 9.0, 96: 10.3, 97: 10.3, 98: 10.7, 99: 11.1, 00: 11.7, 01: 13.0, 02: 14.1, 03: 15.1, 04: 16.3, 05: 17.0, 06: 16.9, 07: 17.1, 08: 17.3, 09: 17.9, 10: 18.2, 11: 18.9

中小企業: 94: 6.6, 95: 7.5, 96: 8.5, 97: 8.5, 98: 8.8, 99: 8.9, 00: 8.7, 01: 9.3, 02: 10.1, 03: 10.8, 04: 11.7, 05: 12.3, 06: 11.9, 07: 12.1, 08: 12.4, 09: 12.7, 10: 12.8, 11: 13.4

出所：『中小企業白書 2014』。
資料：経済産業省「企業活動基本調査」。

のため、中小企業は持てる資源を活用するだけでなく、不足する経営資源を補完するための柔軟な取り組みが重要となる。

　企業活動および経済のグローバル化の進展に伴う日本の中小製造企業の海外展開についてデータをみてみよう。図1-3からわかるように、直接輸出を行う中小製造企業数および中小製造企業全体に占める直接輸出を行う中小製造企業の割合はともに右肩上がりで増加していることがわかる。また、海外子会社を保有する中小製造企業の割合も増加し続けていることがみてとれる（図1-4）。つまり総体でみると、国内中小製造企業は輸出のみならず、海外生産も含めた海外展開を徐々にではあるが確実に進展させてきているといえる。

　ここで、海外に生産拠点を持つ企業の事例についてみてみよう。

3.5. 事例—海外展開企業：N社

　N社は、1955年設立された油圧シリンダーメーカーであり、N社が開発・製造している油圧シリンダーの主要な取引先は自動車メーカー[4]である。自動車メーカーは80年代以降積極的に海外生産を行っており、N社はグローバル化への対応と顧客である自動車メーカー等取引先の要求への迅速な対応を目的としてタイのアマタナコン工業団地に現地法人を2002年設立、その後2006年にオオタ・テクノ・パーク（OTP）の開設に合わせて第1号企業として入居した。3ユニットからスタートし、汎用シリンダーの製造を中心としていたが、当初は日本本社工場で受注した仕事のコスト削減が目的となっていた部分も大きかったという[5]。

　大企業の場合、海外子会社の活動に対して日本本社による相応の関与が存在するのが通常のケースであり、またそうした海外拠点への関与が可能となる経営資源を保有している。企業規模の小ささは、一面では経営資源の制約による事業活動の拡大ないし展開に制約を与えるが、他面では、経営資源の制約がゆえに分工場、海外拠点の自立性を高める傾向をもあわせ持つ。実際N社においても、日本本社から派遣されているマネジャーに一任されており[6]、工場のオペレーションだけでなく、新たな販路の開拓などもタイ子会社が積極的に行ってきた。

　『中小企業白書　2014年』が示しているように、中小企業の海外直接投資にあたっての当初の目的は、既存の取引先への追随要請への対応が26.7％、人件費等のコスト削減目的が21.2％、新規取引先・市場の開拓が30.1％、投資利益の獲得が4.7％、原材料・部材等の仕入れ・調達が7.6％となっているが、現在（投資後）の目的は、既存の取引先への追随要請への対応が16.3％、人件費等のコスト削減目的が15.7％、新規取引先・市場の開拓が38.2％、投資利益の獲得が10.1％、原材料・部材等の仕入れ・調達が9.8％と変化がみられる。つまり、所期の目的がコスト削減にあっても、事業の継続に伴い、新たな取引先の開拓など現地法人による積極的な事業運営が求められるようになることがわかる。

N社においても、タイ国内における新規取引先の確保だけでなく、立地優位性を活用した取引先の拡大を求めて、タイ工場をASEANおよびインド向けの輸出拠点として位置づけて[7]、インド出身者を営業スタッフとして採用するなど、タイ拠点におけるタイ国内および周辺国での販路の開拓にも注力しており、こうした展開は「リーマンショック後の苦しい時期も、タイの生産子会社が、非常によく稼ぎ」[8]「グループとしての利益確保」[9] に寄与することになった。現在はOTPの賃貸工場スペースが手狭になったためOTPを卒業し、アマタナコン工業団地内に新設した自前の新工場に移転し、すでに一定の設計機能を保有し、現地の需要に応えられる[10] レベルに達している。また、日本では行っていないメッキ塗布工程もタイ工場では行えるような設備を備えるなど、海外生産拠点であるタイ工場は現地ニーズへ応えることができるような成長を遂げている。

　以上、中小企業のグローバル化への対応について国内立地と海外進出という立地的な側面からみてきた。
　ところで、全国各地に工業集積地があり、それぞれの集積地の特質が地域内の中小企業の存立条件に影響を与える側面もある。しかし、グローバル化の進展とともに、各地の工業集積地のあり方も変容しており、地域内の中小企業の存立にも影響を与えている。また、工業集積の変化の影響は、地域のさまざまな側面に波及する可能性もある。このような状況のなかで、グローバル化に対応した活力のある工業集積の再編を模索する自治体もある。以下では、工業集積の視点からグローバル化が中小企業に及ぼす影響、また、グローバル化に対応して工業集積の活性化をめざす自治体の対応をみることにする。

4．地域の対応

4.1　工業集積

　日本においては、明治期以降各地に工業集積地が形成されるようになった。工業集積地のなかでのさまざまな企業間関係が個々の企業の存立に影響を持つ場合がある。

　工業集積地は分析の目的や関心事に応じてさまざまに類型化されているが、企業間関係や生産品目などに注目すると、企業城下町型、産地型、都市型という3つのタイプに分類する場合が多い。企業城下町型工業集積は、ある特定業種の大企業とその協力会社である多くの中小企業が集積し、大企業を頂点に一次、二次と連なる縦の生産系列があるタイプである。産地型工業集積は、ある特定の品目を中小企業が分業して生産するタイプの集積である。都市型工業集積は、ある特定の技術に専門特化した中小企業で構成され、中小企業同士のネットワークによって多種多様な工業製品や部品を造るタイプである。

　企業城下町型工業集積地では、海外生産の拡大に伴う大企業事業所の生産機能の縮小や機能転換などにより、中小企業への発注額の減少などが起きた。産地型工業集積地には消費財を生産するところが多く、アジア諸国で軽工業が発達し、輸出産業に成長した時期から、コスト面で優位なアジア諸国との競争に直面し集積が縮小した。都市型工業集積地もグローバル化の影響を受ける。都市型工業集積地には大阪府の東大阪地域や墨田区をはじめとした東京城東地域、大田区を中心とした東京城南地域がある。

　大田区に工業が集積するようになったのは、明治期終わりから大正期にかけて日本特殊鋼や東京瓦斯電気工業の大規模事業所が設立されたことが発端である。その後、新潟鉄工所や北辰電機、山武ハネウェル、三菱重工、日本精工などの事業所が進出し、その下請中小零細工場が林立した。戦後、高度成長期にかけて大規模事業所が地方に展開し、中小零細の町工場主体の集積を形成する。

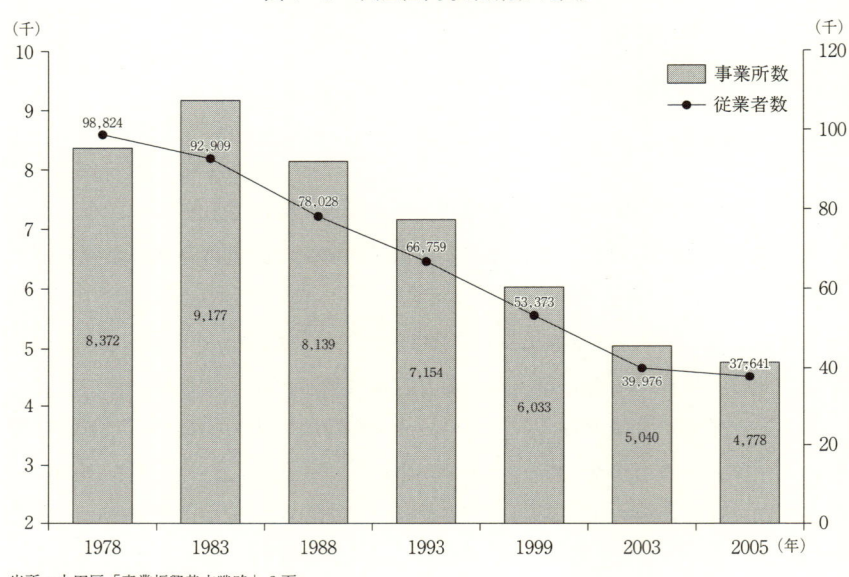

図1-5　大田区内事業所数の推移

(千)　事業所数
従業者数

年	事業所数	従業者数
1978	8,372	98,824
1983	9,177	92,909
1988	8,139	78,028
1993	7,154	66,759
1999	6,033	53,373
2003	5,040	39,976
2005	4,778	37,641

出所：大田区「産業振興基本戦略」8頁。
資料：経済産業省「工業統計表」。

　特定の基盤技術に専門特化した高度な技能や技術を持つ中小企業の相互補完的なネットワークにより日本の研究開発機能を支えるナショナルテクノポリスを形成することになった（関・加藤［1990］）。日本のフルセット型産業構造のなかで研究開発機能や高度な工業製品に必要な基盤技術を担う工業集積地として発展したともいえるだろう。

　大田区内の製造業の事業所数は、1983年に9,177に及んだが、バブル崩壊後、漸減する傾向にあり、2005年には4,778事業所にまで減少した（図1-5）。事業所数の減少は、国内経済の成熟化など、さまざまな要因があると考えられるが、東アジア諸国との競争による受注の減少が原因となり、廃業する中小企業があったと考えられる。

　大田区の工業集積のなかには、以前から規模的成長を遂げ、東日本を中心に地方工場を展開する中小企業も存在した。このような中小企業は、進出先の地

域で地元の中小企業とのネットワークを強化している企業もあった。また、独自製品を持って海外にも市場を開拓している企業があり、海外に拠点を置いてグローバル競争に対応している企業もある。実際、140社を超える大田区内企業が海外へ進出しており、従業員20人以上の企業についてみてみると約40％が海外進出している[11]。

　産業の街として栄えた大田区は、こうした中小企業を取り巻く情勢と中小企業の事業展開の変化に適応し、新しい環境の下で区内工業を活性化するための多面的な施策を展開している。

　以下では、大田区のさまざまな施策の中で、立地にかかわる政策を中心に見ていく。上述したように、大田区の工業集積のなかには、地方工場を設け、進出先の地域で地元の中小企業とのネットワークを強めている中小企業が存在する。また、海外に拠点を置いてグローバル競争に対応している企業もある。グローバル化に対応する施策の一つとして、この国内外に広がるネットワークを活用した広域連携により世界の需要に応えいくことを大田区は模索している（（財）大田区産業振興協会［2010］）。

　大田区の工業集積には、地域外から受注を呼び込む域外需要対応型の中小企業と域外需要対応型中小企業から受注し、高度な加工を行う域外需要対応企業を支える中小企業とが存在した。このような企業の連関が「ナショナルテクノポリス」の形成を可能にした。域外需要対応型の中小企業と域外需要対応型中小企業を支える中小企業の連関は、企業間の信頼関係にも基づくものであり、さまざまな仕様要求に相互に工夫を凝らしながら技能や技術を高めた側面があった。これがナショナルテクノポリスといわれるようになった一つの要因である。

　グローバル化の進展によって、工業集積の振興には、地域外から受注を呼び込み地域内の経済循環を活性化する側面と国内外に広域展開する企業への支援という側面との複眼的視野がますます重要になったことを示唆していると考えられる。

4.2. 海外への展開

　近年、日系大手企業の海外生産拠点の拡張など中小企業を取り巻く環境が大きく変化している。大田区産業振興協会は1994年以降、タイや中国などで開かれる海外見本市への区内企業の共同出展を支援してきた。2013年にはドイツで開催されている医療機器部品の国際展示会への共同出展もスタートさせ、医療機器や航空宇宙などのより付加価値の高い分野での参入をめざす事業を支援するため、大田区内企業のものづくり技術を日本国内のみならず、海外へ広く広報するための支援活動を行っている[12]。

　こうした大田区[13]のような支援活動は、一面的にみると、国内（地域）企業の海外進出を後押しすることとなり、地域産業および地域経済へネガティブな影響を与えるものであるととらえられかねない。企業の生産活動の海外展開がすべての面においてポジティブな影響を企業経営に与えているとはいえず、資金繰りや営業利益などの面では必ずしも即効性があるとはいいかねる状況[14]にあるのも事実ではある。しかしながら他方で、生産機能における海外直接投資を行った中小企業は、国内事業によい影響を与えているとする調査結果もある[15]。国内雇用に関しては必ずしもネガティブな影響を与えているとは言い切れず、むしろポジティブな影響が存在する可能性もみえるのである（図1-6）。

　すでに述べたように、大田区は特定の基盤技術に専門特化した高度な技能と技術をもつ中小企業の相互補完的なネットワークを形成するに至った産業都市である。その後、企業を取り巻く環境変化への対応として、さまざまな施策を迅速に展開しながら、区内企業および工業の活性化を図っている。

　1970年代以降、区内企業の中には生産スペースと労働力を確保することなどを目的として、北関東地域や東北地域などに地方工場を展開する企業がみられたが[16]、大田区に本社を置き続けることで、本社との連携を図りつつ立地優位性を活用しながら新たな事業分野の開拓を図っていた[17]。すなわち、大田区内における生産機能の縮小あるいは区外への展開が進んではいたが、他方、大田

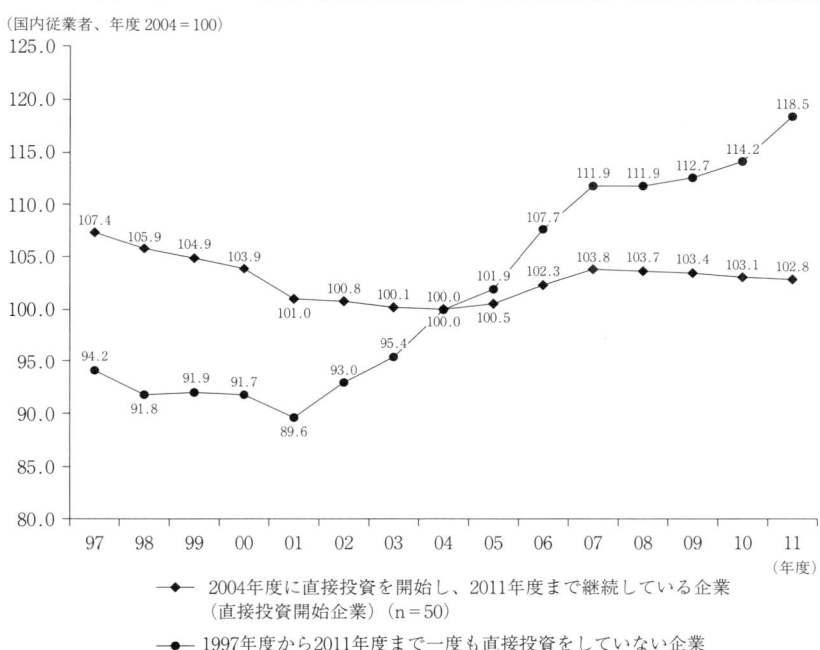

第1章　グローバル化に対する中小企業の事業展開と地域の対応　291

図1-6　中小企業における海外直接投資開始企業の国内従業者数の変化（2004年度開始）

（国内従業者、年度2004＝100）

年度	直接投資開始企業(n=50)	直接投資非開始企業(n=5,114)
97	107.4	94.2
98	105.9	91.8
99	104.9	91.9
00	103.9	91.7
01	101.0	89.6
02	100.8	93.0
03	100.1	95.4
04	100.0	100.0
05	101.9	100.5
06	107.7	102.3
07	111.9	103.8
08	111.9	103.7
09	112.7	103.4
10	114.2	103.1
11	118.5	102.8

──◆── 2004年度に直接投資を開始し、2011年度まで継続している企業
（直接投資開始企業）（n＝50）

──●── 1997年度から2011年度まで一度も直接投資をしていない企業
（直接投資非開始企業）（n＝5,114）

出所：『中小企業白書　2014』。
資料：経済産業省「企業活動基本調査」。

区内の事業所数は増加傾向にあった。1970年代から90年代終わりまでの大田区の産業集積は、集積の厚みを増しながら広域展開によって集積が拡散していたとみることができるだろう。

　しかし、2000年代に入ると事業所の減少が続き、集積が縮小するようになったが、区内での本社中枢機能や営業機能、開発機能等の比重が高まる兆し[18]をみてとり、集積の縮小が続くなかで、高地価の大田区でも安定した操業の場を確保するため、テクノWING大田、テクノFRONT森崎といった工場アパート、また、開発機能を重視した企業の創業の場を確保するため創業支援施設を設置した。

また、取引先大手企業が生産拠点の海外展開を進展させるようになると、大田区内の中小企業の中にも、輸出や海外直接投資を含めた海外展開を行う企業がみられるようになってきた。こうした区内中小製造企業の動向に対応するように、大田区産業振興協会による区内企業の海外展開への支援として海外見本市への出展サポートが行われてきており、2006年には大田区内の中小製造業のタイへの進出を支援する工場アパート「オオタ・テクノ・パーク（OTP）」をアマタナコン工業団地内にオープンするに至った[19]。OTPは、アマタナコン工業団地を運営するアマタ社が出資、工場アパートを建設、OTPの運営サポートを行う一方で、大田区産業振興協会が区内企業の進出をサポートする形式をとっているため、大田区によるOTPへの出資は行われていない。

　OTPが提供する工場アパートは、3万3,600バーツの共益費[20]で、常駐の担当者によるBOI（タイ投資委員会への申請）、法人登記等進出のための書類作成、会計、法務、物流、人材確保、オフィス家具の購入先、住居などの広範なサポートを受けられるうえ、会議室、駐車場、守衛室などの共有施設も利用できるため、中小企業にとって海外展開時の大きな障害となる情報収集や現地での手続きの問題などの解消や間接費の削減にも役立っている。しかも、アマタナコン工業団地には日系企業が多数進出していることもあり、日系企業との公式、非公式なネットワークを通じた情報の収集、取引先へのアクセスなども利点となっている。

　大田区では、区内中小製造企業がOTPへの進出サポートを受けるにあたって、「大田区に本拠地を置き続けること、分工場として進出することを条件」とし、OTPへの中小製造企業の進出を「大田区産業の拡張戦略」[21]ととらえている。1970年代以降、生産スペースの問題から北関東や東北へ工場を移転・拡張しながらも大田区に基盤を置き、事業を存続させてきたのと同様に、現在の経済環境への対応として、海外への工場の拡張によって、大田区内中小企業と工業の活性化を図っているのである。

5．中小企業の事業展開と地域の関係

　本章で見てきたのは、成熟期を迎えた日本経済と需要が飽和化した国内市場に直面した日本企業が、新たな成長機会をどのように見出しているのかというものであった。一方で、グローバル化の進展に伴ってグローバルな企業間競争が激化した。これに対し、日本企業は、著しい経済発展を遂げている新興工業国、とりわけ東アジアに進出することによって対応してきた。

　これまで日本企業は、国内需要の増大に対応するために技術力と生産力を高めてきた。こうして培った国内生産能力によって国内需要を満たし、その余剰分を輸出することによって成長を遂げてきたが、日本企業の海外展開はこの構図の終焉を意味するものでもあった。フルセット型産業構造あるいは国内完結型といわれる従来の日本の産業構造は、東・東南アジアとの広域的な分業構造によって、グローバルな需要に応えるという構図へと変化してきた。

　日本の産業の発展条件の構図の変化を中小企業の目から見ると、重工業分野の部品需要が海外に移るとともに、中小企業が担っていた消費財の生産も海外に移り、存立基盤を揺るがされた。

　すなわち、中小企業もグローバル競争のなかで新たな存立基盤を築く必要性に迫られるようになった。本章で見たように、その具体的な対応策はそれぞれの中小企業が置かれた立場によって異なる。技能や技術の蓄積を基に、先進工業国で生まれる高度な需要に対応した、先進的な技術や製品の開発によって市場を開拓したS社やT社のような例が存在する。これらの企業は、小規模経営の利点を生かして高度でニッチな需要に応えることによって、国内にのみ拠点を置きながら新しい環境の下で存立基盤を築いている企業である。一方、海外に拠点を展開し成功している企業も存在する。海外へ生産拠点を展開している中小企業には、世界市場を席巻した自動車やエレクトロニクスなど競争力のある日本企業に部品を供給してきた企業もある。本章で取り上げたN社は、独自の製品をもつ中小専業メーカーのケースである。自動車やエレクトロニク

図1-7　工業集積の縮小

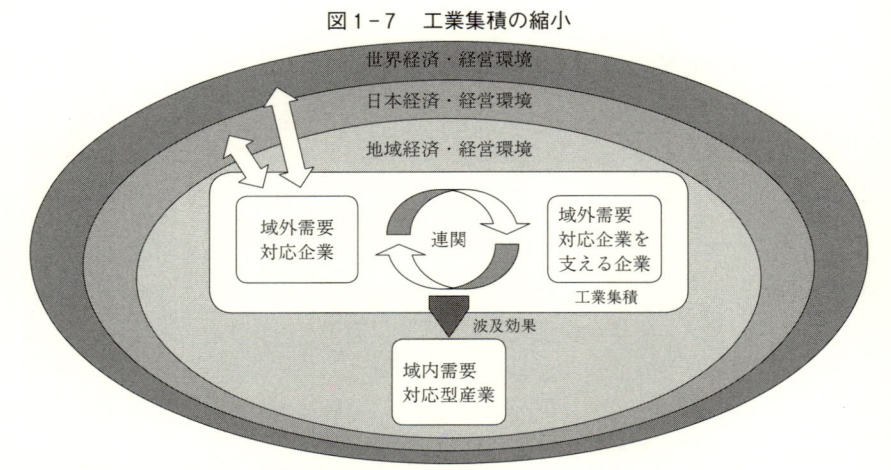

注：矢印は、受発注およびその波及効果を意味する。
　　域内需要対応型産業とは、小売業、不動産業、飲食業、生活関連サービス業など。
参考：「大田区産業構造の変化と方向性調査」[2007] を修正。

ス製品に比べると小さな市場規模ではあるが、世界に競合メーカーが存在するため、生産を海外に展開し、先進製品の開発機能を国内において強化している事例である。

　地域についてみてみると、日本にはいくつかのタイプの工業集積が存在する。それぞれの工業集積はそれぞれの特質をもっており、その特質が集積を構成する中小企業の存立条件にも影響を与える。他方、日本の産業の変化も工業集積の存立条件に影響を与え、また、集積に立地する中小企業にも影響を与えてきた。

　本章では、中小企業で構成される工業集積地に着目し、ナショナルテクノポリスといわれた大田区の工業集積を取り上げた。大田区の工業集積は、高度な基盤技術に専門特化した中小企業の相互補完関係によって、高度な技術的要求に応える形で発展してきたが、グローバル競争に対応するように変化してきた日本産業の構図の変化は、工業集積のあり方とともに、個別の中小企業の存立条件にも大きな影響を及ぼしてきた。

　大田区の工業集積には、地域外から受注を呼び込む域外需要対応型の中小企

業と域外需要対応型中小企業から受注し、高度な加工を行う域外需要対応企業を支える中小企業とが存在した。グローバル競争が顕在化し、域外需要対応企業が大田区外に拠点を移し、広域的な分業システムを形成するようになったが、それに対応できずに姿を消した中小企業もみられる。それとともに域外需要対応企業を支える中小企業のなかにもそのまま姿を消した企業もある。工業集積の縮小は、商店街などの域内の需要に対応する域内需要対応企業の衰退に繋がる懸念もある（図1-7）。大田区は、このような事態に対して太田区外に展開した中小企業と区内のみに立地する中小企業との広域的ネットワークを通して「グローバルテクノポリス」の形成を模索しているものと考えられる。

　成熟した経済の下での中小企業や地域の発展について考えるとき、世界を視野に入れながら、個々の中小企業が自社の活路を見出すとともに、個々の中小企業の対応力を加速的に高める広域的な企業間関係と分業体制の構築が必要になるだろう。

注
1）「産業の空洞化」についての議論は、その後も起こっている。2000年代には、中国がWTOに加盟するとともに「世界の工場」として台頭したこと、日本企業の生産拠点の新興国への進出が続いていることから空洞化に対する懸念が高まり、議論が盛んになった。
2）浅沼［1993］は、このような完成品メーカーと部品メーカーの間のリスク分担と利益分配のあり方がインセンティブとなって、承認図メーカーは競争者の少ない先端技術の開発をめざし、貸与図メーカーは承認図メーカーへの進化をめざすと指摘する。浅沼［1993］は完成品メーカーと一次下請との間の取引を対象にしているが、青木［1991］はこのようなインセンティブ・システムを二次、三次へと連なる下請グループ全体に広げて考察している。
3）Ansoff［1957］、Chandler［1962］等参照。
4）金型メーカーと金型を使用し生産する成形・鋳造メーカーや自動車メーカー。
5）『日刊工業新聞』2011年6月27日。
6）『日刊工業新聞』2011年6月27日。
7）『ダイカスト新聞』2012年6月30日。
8）『日経ビジネス』2012年8月20日。

9）　山田［2009］112頁。
10）　『日経産業新聞』2014年6月19日。
11）　『日経産業新聞』2011年10月14日。
12）　大田区産業振興協会［2014］。
13）　実際には、大田区の外郭団体である大田区産業振興協会によるもの。
14）　『中小企業白書　2014年度版』318頁。
15）　『中小企業白書　2014年度版』318頁。
16）　大田区産業振興協会［2010］8頁。
17）　大田区産業振興協会［2010］9頁。
18）　大田区産業振興協会［2010］4頁。
19）　オオタ・テクノ・パークに関する記述については、特に注釈のない場合、山田［2009］、大田区産業振興協会［2014］による。
20）　タイ国内の平均的な賃貸工場のサイズは1,000〜2,000平米であるが、OTPが提供する賃貸工場は、中小企業にとって適切なサイズと賃料となっている。発注側の大手企業から数えると3次ないし4次にあたる大田区内の中小企業にとって、一般的な賃貸工場は大きすぎて無駄が多く、また賃料も高価である。一般的に賃料も面積が小さい工場の方が単価が高くなるが、OTPでは1平米3バーツに設定し、1ユニット320平米、1ユニットの月額賃貸料は6万4,000バーツとしていた。
21）　山田［2009］。

【参考文献】

Ansoff, I. [1957] Strategies for Diversification, Harvard Business Review 35-5.
青木昌彦［1991］『日本経済の制度分析——情報・インセンティブ・交渉ゲーム——』筑摩書房。
浅沼萬里［1993］「取引様式の選択と交渉力」京都大学経済学会『経済叢論』1-26頁。
Chandler, A. D., Jr. [1962] Strategy and Structure: Chapter in the History of the American Industrial Enterprise, MIT Press.（有賀裕子訳［2004］『組織は戦略に従う』ダイヤモンド社）．
中小企業庁［1997］『中小企業白書　1996年度版』ぎょうせい。
中小企業庁［2001］『中小企業白書　2000年度版』ぎょうせい。
中小企業庁［2015］『中小企業白書　2014年度版』ぎょうせい。
公益財団法人大田区産業振興協会［2010］『城南地区ものづくり企業の広域展開調査報告書』。
公益財団法人大田区産業振興協会［2014］『大田区ものづくり2014——歴史と現状』。

関満博・加藤秀雄［1990］『現代日本の中小機械工業──ナショナル・テクノポリスの形成──』新評論。
関満博［1993］『フルセット型産業構造を超えて』中央公論社。
東京都大田区［2007］『大田区産業構造の変化と方向性調査』。
渡辺幸男［1997］『日本機械工業の社会的分業構造』有斐閣。
山田伸顯［2009］『日本のものづくりイノベーション──大田区から世界の母工場へ』日刊工業新聞社。
吉田敬一［2010］「地域振興と地域内経済循環」（吉田敬一・井内尚樹『地域振興と中小企業──持続可能な循環型地域づくり』ミネルヴァ書房）。

第2章　アーミッシュ社会における農業の恵みと重み

大河原 眞美

1．はじめに

　日本が抱えている問題に少子高齢化があることは言うまでもない。平成26年の日本の総人口における65歳以上の高齢者が占める割合は25.4%であるのに対して、農家人口に占める高齢者の割合は37.4%[1]であり、特に農村において高齢化が顕著である。

　一方、アメリカには18世紀の生活様式を堅持しているアーミッシュというキリスト教の一派の集団がある。アーミッシュにとって、農業は宗教上の理由から最も望ましい職業であり、現代的な農耕機械などを使わず、馬や牛を中心とした18世紀の形態で農業を営んでいる。人の生死は神の恩寵と考えて避妊や延命治療などを行わないのが本来的なアーミッシュ（旧派アーミッシュ）の信仰に基づいた生活形態であるため、多子若年化の社会を構成している。

　そこで、本章では、アーミッシュの中で宗教的教義を厳格に実践している旧派アーミッシュが実施している村八分と言うべき「社会的忌避」に焦点をあてて、「社会的忌避」によりアーミッシュの伝統的な農村社会が守り続けられていることを論じる。特異に見えるアーミッシュであるが、アーミッシュの農業はウェーバー（Max Weber）の経済活動における禁欲的プロテスタンティズムの一つの実践でもあることも強調しておきたい。

　本章では、旧派アーミッシュの人口構成を紹介した後、アーミッシュの成立

図2-1　インディアナ州エルクハート郡・ラグランジ郡のアーミッシュ人口と全米農村人口の比較（1980年）

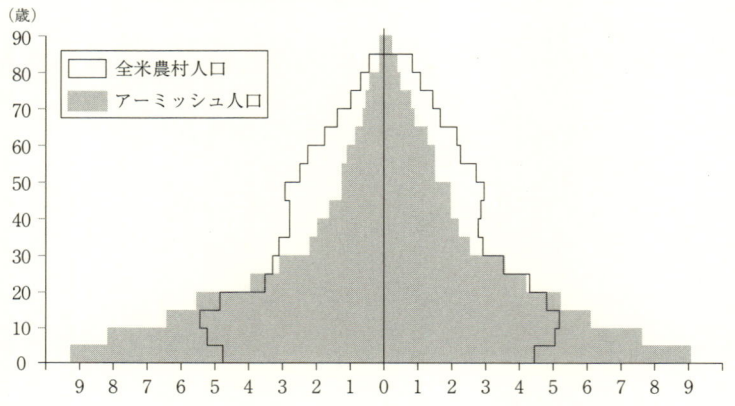

の経緯、アーミッシュの職業観、アーミッシュの教会組織、アーミッシュの結束意識、アーミッシュの破門事件について論じて、アーミッシュの「社会的忌避」の効能を考察する。

2．アーミッシュの人口構成

　アーミッシュ全体の出生率や人口構成を表したものはない。後に述べるが、アーミッシュはアーミッシュ以外の人や外部社会と必要以上に接触をもたないことが宗教的信条の一つであるからである。アーミッシュは、アーミッシュ人口の多い地域、例えば郡レベルで、その郡内の教区ごとに、教区の世帯を単位として個人個人の生年月日を中心に記載した住所氏名録を作成している。研究者は、それを元に集計して一地域のアーミッシュの人口統計を作成しているが、住所氏名録は10年に1回程度で作成されることが多いので、政府の統計のように全体を把握した最新のデータではない。図2-1の人口ピラミッドは、1980年のインディアナ州エルクハート（Elkhart）郡とラグランジ（LaGrange）郡のアーミッシュの人口ピラミッドを全米の農村人口と比較したものである[2]。

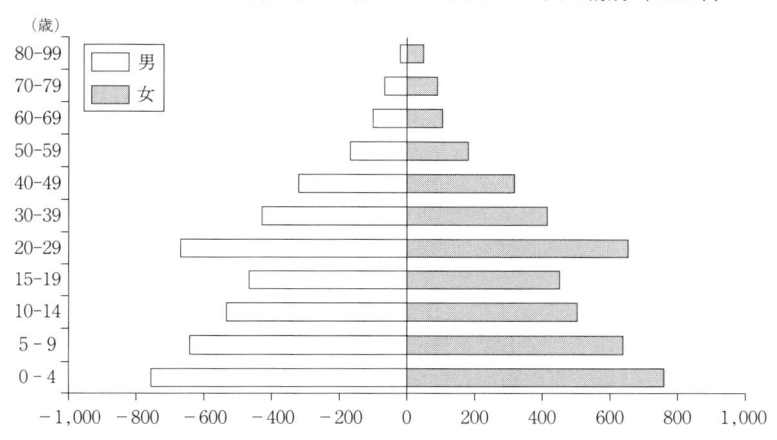

図2-2　オハイオ州ジョーガ郡のアーミッシュの人口構成（1993年）

アーミッシュの人口が三角形型であるのに対して、全米農村人口が筒状であることがわかる。

　比較的新しいものとして、1993年の「オハイオ州ジョーガ（Geauga）郡のアーミッシュの人口構成のグラフ」[3]を紹介したい（図2-2）。アーミッシュ総人口の46％は14歳以下で60歳以上は5.2％である。多くの若年層が少数の高齢者を支える人口構成の社会を形成していることがわかる。

　ジョーガ郡のアーミッシュの1988年から1998年の出生率は7.7[4]である。それと比較的近い時期の平成7（1995）年の日本の合計特殊出生率が1.42[5]である。アーミッシュの出生率は厚労省の算出方法と同一の方法で得られたものではないが、アーミッシュ社会が多子若年化社会で、日本社会と対極的な人口構成であることがわかる。実際にアーミッシュの家庭を訪ねると、8人前後の子供はいることを実感する。

3. アーミッシュの成立の経緯

3.1. 再洗礼派

　アーミッシュは、その起源を16世紀の宗教改革期のスイス兄弟団（Swiss Brethren）から起きたメノナイト（Mennonite）に遡る。宗教改革が進むにつれ、ルター（Martin Luther）やツヴィングリ（Ulrich Zwingli）が提唱した本来の「信仰のみ」「聖書のみ」の宗教改革が現実主義的に変遷していく、とツヴィングリの追従者の中から異を唱える者が出てきた。この急進派グループは、スイスのチューリッヒで1525年にツヴィング派から分離して新しい信仰のグループを結成したためスイス兄弟団と呼ばれている。スイス兄弟団の信仰運動は近隣諸国へと拡大していったので、スイス人のみに限定されていない。

　スイス兄弟団の教義では、プロテスタントの教会観が国家権力を認め国家教会の樹立に向かうとして、教会を国家や世俗社会から分離することを提唱し、聖書に基づいた個人の宗教的体験を重要視した。自分の意志でキリスト教の教えに従うことを旨として、自分たちが受けていた幼児洗礼を無効にして再度洗礼を受け直したため、再洗礼派（Anabaptist）[6]と呼ばれるようになった。

　再洗礼派は、カトリックや他のプロテスタントと異なって「忌避」を厳格に実践している。「忌避」とは、新約聖書の『コリントの信徒への手紙二』（6.14）の「あなたがたは、信仰のない人々と一緒に不釣り合いな軛につながれてはなりません。正義と不法とにどんなかかわりがありますか。光と闇とに何のつながりがありますか。」[7]と記してあるキリスト教の教理の一つであって、再洗礼派独自の教理ではない。しかしながら、再洗礼派の「忌避」の実践は、世俗的なものを避けるのみならず、世俗的になった信者の除名追放をも含む徹底したものであったことに、その特色がある。

　再洗礼派は、1527年スイスのシュライトハイム（Schleitheim）に秘かに参集して、『シュライトハイム信仰告白』（Schleitheim Confession of Faith）と

言われる7カ条からなる信仰告白文を採択した。『シュライトハイム信仰告白』は、宣誓、公職就任、兵役、暴力行使の拒否、成人洗礼の実践、逸脱者の破門と追放という主張があり、世俗社会との忌避を根幹としている[8]。再洗礼派は、世俗社会の忌避のみならず軍役も拒否するために、反国家的な危険思想の宗教として捉えられていた。17世紀頃の中央ヨーロッパの封建領主は、迫害を恐れて潜伏している再洗礼派を見つけると水責めの刑や火刑に処して弾圧を加えた。

1535年にドイツのミュンスターで起きた再洗礼派運動の失敗により、北ドイツからオランダにかけて再洗礼派は壊滅状態になった。カトリックの司祭のメノー（Menno Simons）は、ミュンスター事件で官憲に追われていた再洗礼派を援助しているうちに、再洗礼派の教義に共鳴するようになった。カトリックの司祭をやめて再洗礼派運動の指導者になり、1536年にオランダ系再洗礼派を再組織した。メノーに従った再洗礼派は、メノーの名前に因んでメノナイトと呼ばれるようになった。メノーも、「忌避」の徹底した実践を提唱していた。

再洗礼派への弾圧が強まるなか、メノナイトの間で厳格な「忌避」の実践について混乱がみられるようになった。統一を図るために、1632年にオランダのドルトレヒト（Dordrecht）にオランダ系のメノナイトが参集して、『ドルドレヒト信仰告白』（Dordrecht Confession of Faith）を採択した。『ドルドレヒト信仰告白』の第16条には教会からの追放除名、第17条には追放に処せられた者の忌避が明確に規定されている。教会から破門された者に対しては、教会員は、教会の聖餐の交わりだけでなく、日常生活の飲食やそれに類すること、すべて関係を持ってはならないとなっている。『ドルドレヒト信仰告白』は、オランダ系メノナイトだけでなく1660年にアルザス地方の再洗礼派（メノナイト）も採択している。

3.2. アーミッシュの成立

アルザスやスイスでは、スイス系再洗礼派（メノナイト）に対する迫害は続いていた。しかし、そのようななか、ルター派やカルヴィン派等の主流教派の信者の中にメノナイトを密かに援助する者も出てきた。再洗礼派を支援する者

は、「中途再洗礼派」(Half-Anabaptist) と呼ばれ、メノナイトとしての洗礼を破棄して他の教派に転向した者と同様に、交流を持つことは、飲食も含む一切の社会的忌避を明記している『ドルドレヒト信仰告白』に違反する行為であった。しかし、スイス系メノナイトは、中途再洗礼派に対する社会的忌避を緩和して、聖餐礼拝の交流のみ禁止し、その他の日常の交流は認めるようにした。

　このようななか、ヤコブ・アマン (Jacob Ammann) は、スイスからアルザス地方に移住して再洗礼派の教区の教役者となった。アマンは、『ドルドレヒト信仰告白』の厳格な適用を求め、メノナイトの意識改革のために聖餐礼拝を従来の1回から2回に増やすことを提唱した。拡大解釈を実践していた長老のハンス・ライスト (Hans Reist) との間で社会的忌避の解釈をめぐって、激しい論争を展開することになった。アマンは、拡大解釈する再洗礼派の教役者を次々と追放に処したので、アルザス地方の再洗礼派は2分された。1693年にアマンは厳格解釈に賛同する教会員を連れて分派した。アマンに従った信者は、アマン (Ammann) の名前に因んでアーミッシュ (Amish) と呼ばれるようになった。アーミッシュは、社会的忌避の厳格適用から生まれた教派である[9]。

　1730年頃になると、アーミッシュの中には信教の自由を求めてアメリカのペンシルバニアに移住する者が現れた。現在では、ペンシルバニア州からオハイオ州、インディアナ州、ウィスコンシン州、アイオワ州、カナダのオンタリオ州などとかなり多くの地域に広がってコミュニティを形成して居住している。一方、ヨーロッパに残ったアーミッシュは、メノナイトやルター派や改革派などに改宗して20世紀初めに消滅してしまった。

4．アーミッシュの職業観

　アーミッシュは、成立の当初から農業を選択して農村社会を形成したわけではない。再洗礼派に対する迫害を避けるために、都市から農村に移住せざるをえなくなり、小作人として農業に従事にしていた。中欧ヨーロッパからアメリカに移住するようになると、新大陸でアーミッシュは農地を所有することがで

きるようになった。この世は神が創ったと信じているアーミッシュにとって、この世を「耕す」ことは神の僕として神の御心に叶う行為である。農業は、アメリカ移住後のアーミッシュにとって宗教的意義のある職業になっている。

　ウェーバー（Max Weber）は、宗教改革の影響という観点から宗教的献身と経済的活動の関連性について考察している。カルヴァンは、聖職者が富を所有することそのものは、聖職者の地位を向上させると考え、仕事の妨げとならない限り、財産を投資して利益をあげることも容認していたのである。倫理的に否定されるのは、富の蓄積によ怠惰になることであって、富の蓄財は問題視されていなかった[10]。プロテスタンティズムの禁欲の精神は、労働者には勤勉な労働を奨励し、実業家の営利活動を容認した。労働者は労働を「天から与えられた職業」と考え、自分が救われていることを確信するための最善の手段である労働に意欲的に励んだ。また、事業家の労働者の搾取を伴う営利活動も「天から与えられた職業」であり、合法化されたのであった[11]。

　坂井は、アーミッシュの農業活動が、ウェーバーの経済活動における禁欲的プロテスタンティズムの倫理的フレームワークにあてはまると論じている[12]。アーミッシュにとって、禁欲的な精神で励む労働の成果は富であり、富は神の祝福を示す証明である。得られた富の多さは勤勉と労働の神の祝福を示す証であるため、富の多さは恥ずべきことではなく、神の祝福の多さと解される。ただ、神の祝福の賜物の富を快楽のために浪費するならば、それは神に背く悪しき行いになる。アーミッシュは、余剰の富を蓄財し、コミュニティの生活困窮者を支援して富の分配をはかり、また、農場購入にあて、さらに勤勉と労働に励んで富をふくらませる。富の分配と蓄財の投資は、アーミッシュにとってキリスト教的管財の責務とみなされている。

　実際にアーミッシュのコミュニティを訪ねると、裕福なアーミッシュもいれば、決して豊かでないアーミッシュも相当数いる。さらに、観察を重ねると、経済的に成功しているアーミッシュからコミュニティのリーダーたる教役者が選ばれる。教役者のアーミッシュは、コミュニティの信仰を支え、農業を中心とした日々の労働にも励んでいる。

アーミッシュ社会は、家族を単位として構成されている。教育も、読み書き算数で十分とみなし、幾多の訴訟を経て、1972年の連邦最高裁のヨーダー裁判[13]でアーミッシュの教育年数は信教の自由により中学2年までで可という判決が下されている。このため、アーミッシュの子供たちは、15歳以降は通学せずに農作業の手伝いを家族の下でする。アーミッシュの親にとって、教育費の負担がなく、農業従事ということで失業の心配もない。熱い信仰心も加わり、犯罪も極めて少ない。延命治療や高度な治療をしないため医療費の負担も少ない。高齢者人口が少なく、多くの子供がその少ない高齢者を施設ではなく家庭の中で支えている。現代社会の抱える多くの問題が解消されたかのような社会を、アーミッシュは農村で構築している。

オハイオ州やペンシルバニア州やインディアナ州のアーミッシュの人口の多い居住地の近くが工業化により土地が高騰するようになってきた。安い土地を求めて、ウィスコンシン州やミネソタ州などのような西側の州に移住するアーミッシュもいる。移住するアーミッシュの中には、安い農地ではなく掟（Ordnung）の規制を強く受ける農業からの解放を求める者もいる。そのようなアーミッシュの移住先の土壌は農地に適さないこともあり、移住先では大工や店舗経営などに従事している[14]。

工場労働に関わるアーミッシュもいる。インディアナ州の北部のネパニー（Neppanee）やエルクハート、ラグランジ地域では、アーミッシュの男性労働人口の60％が工場に勤務している[15]。経営者が非アーミッシュ、労働仲間も非アーミッシュ、タイムカードでの管理、月曜から金曜までの労働体制、社会保障制度の給付金などが、工場労働のアーミッシュの世俗化を推し進めている。工場労働により、夫が給与所得者となり妻が専業主婦になり、男女間の地位にも変化が見られる。また、急な葬儀の場合に工場から休暇が取れず葬儀の手伝いができなくなり、コミュニティの結束にも影響が出ている。

留意しておかなければならないのは、すべてのアーミッシュが農業から工業に転換しているわけではない。アーミッシュの人口の増加には目覚ましいものがあり、非アーミッシュとの接触が求められる工場業務に従事するアーミッシ

ュが増加しても、アーミッシュ社会は、農業に従事する保守的なアーミッシュの数を確保している。

アーミッシュは一枚岩の宗教集団ではない。成立時の18世紀頃の生活様式を堅持している旧派アーミッシュと呼ばれるグループから、電話の設置（屋外に限る）を認める新派アーミッシュ、電気や車（黒色に限る）の使用を認めるビーチー・アーミッシュなどから構成される保守度の濃淡が変わる連続体である。工場労働に従事するようになると保守的なアーミッシュから離脱してビーチー・アーミッシュなどの進歩的なアーミッシュに信仰を変えていく。旧派アーミッシュの農業を中心とする生活形態を維持するには、伝統的な教会戒律を遵守するコミュニティの宗教的純粋性が必要である。コミュニティの純粋性を保持するために、後述する社会的忌避を使って、逸脱者を排除するのである。

5．アーミッシュの教会組織

5.1．アーミッシュの教区

アーミッシュの教区は、30程度の世帯からなる生活共同体である。各教区の教役者は、「監督」（bishop）が1名、「説教者」（minister）が2名、「執事」（deacon）が1名である。

監督は、聖餐式、結婚式、葬式、逸脱者への社会的制裁、社会的政策を受けた者の復権などを司る教区の最高責任者である。説教者は、礼拝で説教し監督を補佐する役職で、説教者（preacher）と呼ばれることもある。監督や説教者が、自分の教区で礼拝がない週に、教会戒律が同じで交流のある教区（姉妹教区）の礼拝にゲストとして説教をすることも珍しくない。執事は、礼拝では聖書を読み、洗礼式で監督が聖水を注ぐのを補佐するなど教会儀式の補助の役割に加えて、教区の者が教会戒律を遵守しているか見守る役割もある。生活困窮者や洗礼志願者の世話などをするコミュニティの生活管理の業務もある。

アーミッシュの教役者というポストは、教区の既婚男性から選ばれ、特別の

資格や教育を要せず、無報酬で終身務める役職である。

　教役者の選出は、教役者が死亡等で欠員が生じたときに行う。監督は説教者から互選で決めるが、説教者と執事については、教区の既婚男性から選ばれる。選出方法は、①各教会員の推薦により候補者を絞り込む、②絞り込まれた候補者からくじで選ぶ、③選ばれた教会員を「監督」が任命する、という3段階の手続きを踏まえて行う。

　アーミッシュの教役者は、ウェーバーの宗教的献身と経済的成功のフレームワークに沿うかのように、教区の中で大農場を所有し職業的に成功を収め、共同体の宗教信仰を実践している社会的地位の高い者から選出されている。カナダのエルモア（Aylmer）のアーミッシュでも、ストール（Stoll）家からアーミッシュの教役者が選出されている。ストール家は、家具と農場経営でアーミッシュの中では裕福な家系である。実際に、他のアーミッシュの家庭の子供より躾も厳しく、将来の監督を担う教育も行き届いている。

5.2. アーミッシュの教会戒律

　アーミッシュの教区は、宗教上の教会区だけではなく生活共同体としての単位も兼ね備えている。旧派アーミッシュには、旧派アーミッシュ全体で共有されている忌避や無抵抗や除名についての大まかな教会戒律がある。これとは別に、各教区が取り決めた服装等の規程の細かな教会戒律がある。各教区の教会戒律は、その教区の教会員が遵守しなければならず、それを破ればその教区から放逐（社会的忌避）される。教会戒律は、教区の教会員のみが共有し、口頭で伝授される。最近では、文書化することもあるが、教区の教会員以外には原則非公開である。戒律から仔細な事でも外れると逸脱したとして社会的忌避の対象になる。また、戒律の仔細な改変を求めて教区から分派するグループもいる。このため、戒律の文言一つ一つは重要である。

6．アーミッシュの結束意識

6.1．破門

　アーミッシュは、良心的兵役拒否者として知られ、柔和な人と考えられている。アーミッシュの社会では、謙虚さ、慈善、温順、忍耐が美徳とされている。その一方で、アーミッシュの宗教実践に従って行動できない仲間については、破門（excommunication）し、村八分のような社会的忌避（独：Meidung、英：shunning）を実践して、教会戒律を守れない者を徹底的に排除する。アーミッシュの社会において、Meidungというドイツ語は、Mite[16]という短縮語で使用されている。

　アーミッシュに限らず、キリスト教の多くの教派では、異端的信仰を持つ信者に対して教会内における宗教的権利を剥奪する破門を行う。しかし、アーミッシュの場合には、破門されると社会的忌避が加わる。この社会的忌避によって、アーミッシュの社会での生活が実質的に不可能となる。徹底した社会的忌避の実践は、アーミッシュ特有のものである。そもそもアーミッシュは、厳格な社会的忌避を主張してスイス系メノナイトから分派した集団である。

　アーミッシュの社会において、洗礼を受けるという行為は極めて重要なことである。アーミッシュの若者は10代後半から20代前半に洗礼を受けて教会に参加するか否かを決める。洗礼を受けたら教会の掟を守らなければならない。教会の掟を破れば執事から注意を受ける。そこで反省して掟を守るようにすればそれ以上の咎めはない。しかし、掟を守らなければ、次は監督の注意を受ける。注意後に罪を告白して悔い改めれば許される。しかし、それを拒否すれば、破門され、社会的忌避という制裁を受けることになる。

　アーミッシュの若者が、洗礼を受ける前に、メノナイトなどの他の教派に入っても、社会的制裁の対象にならない。その若者は、アーミッシュの教会員にもともとなっていないからである。しかし、アーミッシュの教会で洗礼を受け

た後でメノナイトに改宗すれば、社会的制裁の対象となる。

6.2. 転会状

アーミッシュが破門されないで村を出る場合、転会状（letter of withdrawal）がもらえる。アーミッシュの村を去っても、キリスト教の何らかの教派を信仰することになるので、次の教会の所属の便宜をはかるためのものである。

転会状というのは、住民票の転出証明書のようなものである。転居するときにこれまで住んでいた町の市役所から転出証明書をもらって、転出先の市役所等にこの転出証明書を添えて転入届を出すように、所属を希望する教会に転会状を出して入会を認めてもらう。宗教の場合、転会状がなくてもその教派に対する本人の信仰が真摯であることが確認されれば入会が認められることは多い。それでも、転会状は、以前の教会を円満に別れたという証で、入会作業が速やかに円満に進む。洗礼を受けていないアーミッシュは、正式には教会員ではないので、転会状が出ることは、奇妙は奇妙である。当然のことながら、Miteと呼ばれる社会的制裁の場合は、転会状は出してもらえない。

7. アーミッシュの破門事件

社会的制裁は、アーミッシュにとって生殺与奪に値するものである。以下に、社会的制裁が関与した1940年代のアンドリュー・ヨーダー事件、サミュエル・ホクステトラー事件を取り上げる。アンドリュー・ヨーダー事件からは社会的制裁の効能、サミュエル・ホクステトラー事件からは社会的制裁の回避について論じる。近年も行われている社会的忌避の事例として、洗礼後にアーミッシュをやめた女性の手記から社会的忌避の実態を紹介する。

7.1. アンドリュー・ヨーダー事件[17]

7.1.1. 事件の概要

オハイオ州ウェイン郡のノース・ヴァリー（North Valley）の旧派アーミッ

シュの教区に、アンドリュー・ヨーダー（Andrew Yoder）という名のアーミッシュがいた。乳児のリッジー（Lizzie）の体が弱く、25km離れたウースター（Wooster）で定期的に医療の治療を受ける必要があった。25kmという距離は、馬で行ける距離ではないので、車の所有が認められているバンカー・ヒル（Bunker Hill）のビーチー・アーミッシュ[18]の教会員になりたく、1942年7月1日からビーチー・アーミッシュの教会に行くようになった。

　ヨーダーが所属する旧派アーミッシュの教区の教役者は、ヨーダーの家に赴き、ビーチー・アーミッシュの教会に行くようになった理由を尋ねたが、ヨーダーは特に説明をしなかった。そこで、教役者は、ヨーダーに礼拝に来て釈明するように通知を出したが、ヨーダーは礼拝に行かなかった。教役者は、再度、通知を出したが、ヨーダーは釈明に教会に行くことはなかった。

　ヨーダーは、所属している旧派アーミッシュの教会を破門され、引き続き社会的忌避も行われた。ヨーダーは、教区の旧派アーミッシュから徹底的に無視されるなどの社会的忌避の制裁を受けるようになった。教区に住むヨーダーの親族もヨーダーと接触を持つことも禁止された。親族が、教会の禁止を無視してヨーダーと交流すると、教役者は、その親族に対して破門・社会的忌避の対象になると脅しのような助言をした。その結果、ヨーダーは、教区内でまったく孤立することになった。

　4年後の1946年7月に、ビーチー・アーミッシュの教区の説教者のエブナー・シュラバック（Abner Schlabach）は、ヨーダーがいた旧派アーミッシュの教区の監督のジョン・ヘルムス（John Helmuth）に、ヨーダー夫婦は、ビーチー・アーミッシュの教区で尊敬を集めている立派な信者であるので、社会的忌避を解除するように要請した。しかし、旧派アーミッシュの教区のヘルムスからは何の回答もなかった。

　そこで、ヨーダーは、アーミッシュの教育裁判で実績のあるジョーンズ弁護士（Charles C. Jones）に相談した。ジョーンズ弁護士は、1946年11月に、ヘルムスに書簡を送り、直接に会談して、ヨーダーの社会的忌避の解除を要請した。しかし、それでも、何の進展もみられなかった。

1947年2月、4人の教区の教役者、ジョン・ヘルムス（John Helmuth）、ジョン・ニスリー（John Nisley）、アイサック・ミラー（Isaac Miller）、エマニュエル・ウェンガード（Emanuel Wengerd）を相手に、ヨーダー夫妻が社会的忌避により被った損害賠償1万ドル（合計4万ドル）と社会的忌避の解除を求める訴訟を提起した。ヨーダーにはジョーンズ弁護士が代理人を務めたが、旧派アーミッシュの教役者である被告らは本人訴訟で受けた。

　1947年11月、陪審員はヨーダーの損害賠償を認める評決を下した。ただ、損害賠償の金額は合計4万ドルから5,000ドルと大幅に減じた。しかし、被告の4人の教役者は賠償金を払おうとしなかった。そこで、保安官は、まず、監督であるヘルムスの農場を競売にかけた。ヘルムスの農場の売却代金は5,000ドルに達しなかった。すると、ジョン・ニスリー（John Nisley）という偽名で評価額の残金を支払う人がいた。残金が支払われたので、残り3人の教役者は農場を手放さずにすんだ。社会的忌避については、裁判官は解除するように教役者の被告らに命じた。

　ヨーダー勝訴に終わった事件であるが、社会的制裁を加えた側、受けた側にとって不幸な結末になった。農場を失ったヘルムスは、悲嘆のあまり死んでしまった。ヨーダーの病弱な娘のリッジーも判決後に死んだ。その後、ヨーダー自身も自殺をしてこの世を去った。

7.1.2. 社会的忌避の結末

　アーミッシュの社会的忌避は法的に有効なのであろうか。アンドリュー・ヨーダー裁判では、裁判所は、社会的忌避そのものの有効性について直接的な判断はしなかった。原告は旧派アーミッシュの教区の教会員ではなかったので、被告ら教役者には原告に対して管轄権がないと述べている。教会員の脱会にあたっては教役者の応諾が必要という会則（教会戒律）があるのならば、原告への社会的制裁は正当化されるが、そういう会則がない以上、原告は脱会した時点で教会員でない。このため、社会的制裁を科すことができないと結論している。

一方、被告らは、原告は、洗礼にあたってどのような状況であれ教会を去るときは社会的忌避をされることについて十分に知っていたと主張した。さらに、原告が提起した訴訟は、司法の力を使って、教会に神と教会員との関わり方について強制するものである。信仰の契約は神と個々の教会員との間でなされるものであり、教会員が戒律を破ったことによって受ける社会的制裁は、神と教会員との間のことであって、教会には神の意向に沿った社会的忌避を解除する権限はない。アーミッシュの社会的忌避は連邦憲法より古いことも付け加えていた。

　確かに、ヨーダーがビーチー・アーミッシュの教会に行くことによってもたらされる重大な結果も十分に予想していたという被告の主張は正しい。ただ、通常の会の入会や脱会と異なって、アーミッシュの子供は、アーミッシュになることを期待されて育っているので、洗礼を受けないという選択肢が十分に保障とされているとは言い難い。入会について自由な選択肢がないなかで会員となり、後に脱会（改宗）すると、日常生活にまで及ぶ社会的忌避を科すことは酷であると思われる。

　特に、改宗の理由が、子供の通院のための自動車の所有であるならば、自動車の所有を認めない旧派アーミッシュの教会戒律は、家族の犠牲も厭わないことになる。子供の通院のために車が必要というのは、一般社会では同情を集める論点であるが、アーミッシュの社会では車に乗せてもらえるように手配すればよいということから、改宗がやむをえないという判断理由にならない。しかし、長期間にわたって定期的に非アーミッシュによる交通手段を確保するというのは、経済面も含めて現実的に相当困難が伴う。

　さらに、科せられた社会的忌避により、忌避された原告は、教会員として教区に残っている親族との交流が禁止されているのは、不当であると言わざるをえない。アンドリュー・ヨーダーは、同じ教区の実父の農場を借りていたので、実父との交流は親族関係の交流だけでなく生活面でも必要なものであった。社会的忌避は、当該脱会者のみならず、その親族まで実質的に制裁を科していることになる。

洗礼を受けたアーミッシュが非アーミッシュとの結婚や外界に出ることを理由に教会員をやめるときは、信仰だけでなく住む場所も変わることが多い。よって、教区のアーミッシュからの無視や、教区に残っている親族との交流の有無を日々監視されることもない。ヨーダーの場合は、農場をアーミッシュの実父から賃借しており、生活のために、教区に残って居住していた。このため、受ける社会的制裁の程度が大きかった。このように、アーミッシュは、逸脱者を徹底的に排除して、コミュニティの宗教的純粋性を保つ。農業を基盤とした共同社会であるため、社会的制裁は、逸脱者を未然に防ぐ抑止効果がある。

7.2. サミュエル・ホクステトラー事件

7.2.1. 事件の概要

1948年にインディアナ州エルクハート郡で起きたホクステトラー事件は、国内ばかりでなく海外の新聞でも大々的に取り上げられた事件である[19]。

サミュエル・ホクステトラー（Samuel D. Hochstetler）は、インディアナ州エルクハート郡クリントン村（Clinton Township）の旧派アーミッシュの監督であった。1948年1月22日にサミュエル（当時75歳）は、娘のルーシー（Lucy）（当時41歳）に対する暴行殴打罪で逮捕された。ルーサー・ヨーダー（Luther W. Yoder）保安官の発表では、サミュエルは、アーミッシュをやめたがっていた統合失調症の娘を採光、衛生、換気が不備な部屋に数年にわたってベッドに鎖でくくりつけて監禁したということであった。逮捕の翌日に開かれたエルクハート巡回裁判所[20]では、サミュエルはプトヌムヴィル（Putnumville）の農場刑務所での6カ月の懲役刑を言い渡された。

クリントン村近くの一番大きな町であるゴーシェン（Goshen）地方の新聞では、ベッドに鎖でくくりつけられているルーシーの写真を掲げた記事で報道された。このセンセーショナルな報道に対して、サミュエルの息子のイラム（Elam）は、ルーシーがアーミッシュをやめたがっていたという事実はないという声明をいくつかの新聞に出した。

メノナイトの教授であるガイ・ハーシェバーガー（Guy F. Hershberger）と

第2章 アーミッシュ社会における農業の恵みと重み 315

　ジョン・アンブル（John Umble）は、精神病院のような公的施設に頼らずに家族で統合失調症の病人を介護するというアーミッシュの伝統的な方針がアメリカ社会で理解されていないと主張して、サミュエルの赦免運動を始めた。赦免運動は功を奏して、1948年4月15日にサミュエルは3カ月たたずに釈放された。以上が、ホクステトラー事件の顛末であるが、以下に供述調書等の捜査関係者の資料[21]も含めて解説する。
　被害者のルーシーは、15歳のときの1921年に洗礼を受けた。ルーシーは、16歳になると通学している学校の同級生のメノナイトのロイド・ミラー（Lloyd Miller）と交際するようになった。ロイドがアーミッシュではないことから二人の交際は教会戒律に違反する行為となった。ロイドとルーシーは、細心の注意を払って交際がルーシーの家族に見つからないようにしていた。
　ある特別の夜に、ロイドはルーシーにチョコレートとスカーフをプレゼントした。ルーシーは、ロイドからのプレゼントを大事に机の引き出しにしまっていた。ところが、母親のマグダレーナ（Magdalena）がこのプレゼントを見つけ、ルーシーに質した。ルーシーは、ロイドのことをすべて話した。マグダレーナはひどく怒り、ルーシーを叩き、プレゼントを燃やし、ロイドには二度と会うなと言った。
　ロイドと会えなくなり、ルーシーは家出をした。ゴーシェンで家事手伝いの仕事を見つけ、ロイドとの交際を続けていた。1カ月後、サミュエルとマグダレーナはルーシーの所在をつきとめ、家に連れ戻した。ロイドは、サミュエルの家にルーシーに会わせてくれとルーシーの家まで来たが、怒鳴られて追い返された。
　ルーシーは、ロイドとの交際を禁止されてからも家出を試みていたが、家から1マイル（1.6km）も行かないうちに、いつも見つかり連れ戻された。以降、サミュエルとマグダレーナは、ルーシーが庭で草取りをするときも、縄でくくりつけるようになった。ルーシーは、縄を歯で噛み切って逃げようとしたので、両親は、ついに鎖でくくりつけるようになった。
　ロイドとの交際禁止後、ルーシーには舞踏病と呼ばれる病状が出始め、時間

を経て統合失調症を発症するようになった。近所のアーミッシュは、ルーシーはアーミッシュをやめていたがっていたことを知っていた。

　ルーシーの凶暴性は悪化の一途であった[22]。家族は、それに応じた対応をせざるをえなくなった。食べ物を部屋の中で撒き散らすので、壁は油布で覆った。ベッドのマットレスを噛みちぎるので、マットレスでなく藁を使うようになった。マグダレーナは、ルーシーの看護を一人で担った。精神病院に入れてはという意見が家族や親族間で出ると、「自分で出来る間はルーシーの世話をずっとしていきます。自分が出来る限りは、この負担を他の人に背負わしたくありません。」と言っていた。

　サミュエルの逮捕後、ルーシーはロガンズポート（Logansport）にあるロングクリフ精神科病院（Longcliff Asylum for the Insane）入院し、1972年には退院するまでに回復した。サミュエルは、減刑されて教区に戻り、監督職に復帰した。

7.2.2. 社会的忌避の回避

　ルーシーは、ロイドとの結婚を考えていたようである。非アーミッシュとの交際および結婚は、教会戒律違反となる。サミュエルは、教区の監督であるので、娘を教会からの破門し、コミュニティ内における社会的忌避を率先して行わなければならない立場にあった。娘を心から愛し、アーミッシュの教義を信奉している両親にとっては、認められるべき交際ではなかった。さらに、アーミッシュは神に選ばれた民であると信じていたので、娘を家に監禁してアーミッシュをやめるのを阻止するのが娘の幸福に繋がると考えていたと思われる。

　ルーシーの度重なる家出、舞踏病や統合失調症の発症は、ロイドとの交際の禁止が原因とも考えられる。ルーシーは、ロイドとの交際を認められたならば、病気にかからずにすんだかもしれない。

　非アーミッシュの世界に惹かれたアーミッシュの女性が、教会戒律を破って非アーミッシュの青年と結婚することによって教区を去る例は多い[23]。ペンシルバニア州ランカスター郡の1920〜1929年のアーミッシュ離脱率は、21.7％[24]

である。この数値は、２割強と比較的高い数値であるが、洗礼前にアーミッシュの教区を去る者の比率を示している。洗礼後にアーミッシュの教区を去った者の比率はタブー的要素があり明らかでない。ルーシーの両親は、娘が洗礼を受けた後なので、娘のために監禁してまでもタブーの社会的忌避を回避したのである。

7.3. 社会的忌避の実態

ルーシーは、監禁されることにより社会的忌避を回避できたが、メノナイトの青年との結婚は叶わなかった。一方、周囲の反対を押しきって非アーミッシュのカメラマンと結婚して社会的忌避を受けたルースという名のアーミッシュの女性がいる。以下にルースの手記[25]から社会的忌避の顚末を紹介する。

ルースは、アーミッシュの風景の写真を撮って生計をたてているアーミッシュでもメノナイトでもない一般のアメリカ人のカメラマンと恋に落ちた。ルースは、洗礼を受けていたため、駆け落ちのような形の結婚をした。結婚後は、アーミッシュの実父母に会う場合は、他のアーミッシュに見つからないように、例えば、早朝や深夜に実家に帰るしか方法がなかった。また、ルースの夫となったカメラマンは、ルースと結婚後は、アーミッシュの写真を撮ることを許可されなくなった。

ルースがアーミッシュの村を出てから 6 週間後に、叔父でもある教区の監督から社会的忌避（Meidnung）の決定を伝える手紙[26]が来た。社会的忌避の決定には、最低 6 週間の猶予期間をおくのが一般的である。

アイリーン様
イエスという神聖な名において神に膝まずいてざんげをし、挨拶をします。
今日は、雨が少し降って涼しくなりました。カラスムギはびっくりしたかの様子で、とうもろこしは大きくなり、神の創りたもうた世界の美しい光景を示しています。
あなたが、？？？？を求めて、家、家族、近所、教会を離れてから 6 週間

が過ぎました。このことによって、文頭で書いたあなたの故郷にうつろな空虚さがもたらされました。

　聖書によれば、あなたがしたことは、神の目には喜びを与えるようなことではありません。イエス自身も「同棲の場合は別だが、それ以外の場合に妻を出す人は、妻に姦通の機会を与えることであり、出された女をめとる人も、姦通することになる」（マテオ5.32）と言っておられる。ガラツィア人の手紙19節では、肉のおこない、とりわけ姦通、このようなことをおこなう人は、神の国を嗣がないとあります。

　神はお許し下さると思えるかもしれません。しかし、神は、私たちが後悔した時のみしかお許しになりません。私達が悔い改めない限り、私達は神の国を嗣ぐことはできないでしょう。

　あなたも十分理解しているように、教会の宗務は、このようなことを許容しないことです。よって、教会の総意により、あなたは破門されました。このことは、破門は昨日おこなわれました。

　今、あなたは、あなたを好きな人はいない、あなたを必要としている人はいないということを考えているでしょう。でも、少し待ってください。あなたが出て行ってから私は涙を流しながら、私の心はあなたとあなたの魂のことを考えてまだ痛みます。

　ああ、あなたは（破門の）猶予期間で悔い改めるかもしれません。
　この手紙は、あなたへの愛情や心配から書きました。
　　あなたの隣人、叔父、そして教区の監督であるエルモア・T・ミラーより

　この手紙の発信により、ルースは正式に社会的忌避をされることになった。アーミッシュの村に留まらずカメラマンの夫と通常のアメリカの生活をしているため、ヨーダーのように村八分的な対応を日々受けるわけではない。しかし、教区の監督は叔父であり、父母や兄弟姉妹がアーミッシュの教区に残っているので、親族関係から切り離された絶縁状態である。アーミッシュの社会的忌避は、残酷なまでに厳格な制度である。この制度によってアーミッシュの伝統的

な農業共同体が維持されている。

8. おわりに

　アーミッシュは、アメリカ社会で特異な存在であるが、アーミッシュの農業を基盤とした勤勉な労働に支えられた農業社会は、ウェーバーの宗教改革の影響を受けた宗教的献身と経済活動のフレームワークの実践例の一つである。神から与えられた職業である農業は宗教活動の一環であり、勤勉な労働にもたらされた富はさらなる農業の拡大やコミュニティの維持のためにあてる。

　高齢化が進んでいる日本の農村社会において、アーミッシュのような若年層が高齢者を支えるコミュニティが成立されれば理想的であることは言うまでもない。アーミッシュの場合には迫害の歴史を背負った宗教観があり、大家族があり、農村を基盤としたコミュニティがある。コミュニティの逸脱者には社会的忌避を行使して、コミュニティの結束を保っている。よって、日本においても持続的で自律的な農村社会の創生を求めるならば、アーミッシュの宗教に代わる、コミュニティの結束を醸成する日本型農業共同体としてのコミュニティ観のようなものが求められる[27]。

　日本の家制度が変容していくなか、アーミッシュの宗教的信条に代わる日本型のコミュニティの理念の構築は容易ではない。しかし、アーミッシュの農業共同体が迫害の歴史に基づく過去の歴史からの遺産であると考えるならば、日本型の農業共同体は現代の日本社会が抱える問題についての将来に向けての対策とも考えることができる。一朝一夕に解決策が見出されるわけではないが、今後の研究が待たれる領域であることは間違いない。

注
1）『農林水産基本データ集』「農村の現状に関する統計」。
　　http://www.maff.go.jp/j/tokei/sihyo/data/12.html（2016年1月4日閲覧）。
2）Hostetler, J. A. [1993] *Amish Society*, 4th Ed., The Johns Hopkins University Press, p. 105.

3）「アーミッシュの人口構成」のグラフは、Greksa [2002] のジョージア郡の旧派アーミッシュの1993年の人口構成の表（195頁）を元に筆者が作成した。ジョージア郡には、54教区の旧派アーミッシュの教区があり、合計世帯数は1,608世帯で、総人口は8,345人である。

4）Greksa, L. P. [2002] "Population growth and fertility patters in an Old Order Amish settlement", *Annals Human Biology* Vol. 29, No. 2, pp. 192-201. アーミッシュ人口の多いオハイオ州ジョーガ（Geauga）郡の旧派アーミッシュの一つのコミュニティの出生率（1988年から1998年）について、同地区のアーミッシュの住所氏名禄を使って抽出したものである。よって、アーミッシュ全体の人口の統計数値ではないが、旧派アーミッシュの出生率の傾向を示している。

5）『平成25年（2013）人口動態統計（確定数）の概況』「第5表　年齢（5歳階級）・出生順位別にみた合計特殊出生率（内訳）」（厚労省ホームページ）。
　　http://www.mhlw.go.jp/toukei/saikin/hw/jinkou/kakutei13/index.html（2015年11月19日閲覧）。

6）再洗礼派（Anabaptist）という言葉は、ana（再び）＋baptize（洗礼する）に語源を持つギリシャ語であり、4世紀頃から使用されている言葉である。洗礼は、キリスト教への入信の儀式であるため、本来は一度しか受けてはならないものである。よって、キリスト教社会では、二度洗礼を受けた者を異端として扱い、再洗礼派というレッテルを貼り、死刑に処していた。再洗礼派という言葉には、神への冒涜という意味がある蔑称であった。

7）『聖書』（日本聖書協会）の新共同訳。

8）詳細は、坂井信夫『アーミッシュ研究』（教文館、1977年、44-46頁、Hostetler, John [1993] *Amish Society* (4th ed), The John Hopkins University Press, pp. 28-29. を参照されたい。

9）詳細は、Hostetler, John [1993] *Amish Society* (4th ed), The John Hopkins University Press, pp. 31-48やRoth, John D. [2002] *Letters of the Amish Division* (2nd ed.), Mennonite Historical Society を参照されたい。

10）マックス・ウェーバー［2010］『プロテスタンティズムの倫理と資本主義の精神』中山元訳、日経BP社、395-396頁。

11）前掲書、485-486頁。

12）坂井［1977］『アーミッシュ研究』406-414頁。

13）Wisconsin v. Yoder, 406 U. S. 205.

14）Kraybill, Donald & Steben Nolt [1995] *Amish Enterprise*, 2nd Ed., The John Hopkins University Press, p. 228.

15) Nolt, Steven & Thomas J. Meyers [2007] *Plain Diversity: Amish Cultures and Identities*, The Johns Hopkins University Press, p. 17.
16) マイト（mite）は、ペンシルバニア・ジャーマンでは、meide で、ドイツ語の meiden（英語の to shun）からきた用語である。1632年に制定された Dortrecht Confession of 1632の Article XVII によるものである。
17) アンドリュー・ヨーダー事件は、Weisbrod, Carol [2002] *Emblems of Pluralism: Cultural Differences and the State*, Princeton University Press の Chapter 4 の Another Yoder Case: The Separatist Community and the Dissenting Individual に依る。
18) ビーチー・アーミッシュは、1927年に旧派アーミッシュから分派したアーミッシュのグループで、服装はアーミッシュの服装であるが、車の所有、電気や電話の使用等を認め、保守度は、メノナイトと旧派アーミッシュの中間である。
19) サミュエル・ホクステトラー事件は、アーミッシュやメノナイト社会では、アーミッシュに対する偏見に満ちた冤罪の代表的事件として解釈されている。しかしながら、大河原が行った1995年から1996年にかけての調査からは、冤罪事件ではないことが明らかになった。詳細は、大河原眞美 [2014]『法廷の中のアーミッシュ』（明石書店）の第10章のサミュエル・ホクステトラー事件を参照されたい。
20) State of Indiana vs Samuel Hochstetler, In the Elkhart Circuit Court, February, 1948 TERM, Historical Manuscripts 1-66, Archives of Mennonite Church, Goshen, Indiana.
21) ボントレガー元保安官代理（Levi Bontrager）のホクステトラー事件の報告書（18頁）、同氏から大河原への1995年9月4日付けの書簡（14頁）と同氏に対する聞き取り調査（1996年8月18〜22日）に依る。
22) Fannie Otto, Diary from 1926 to 1935 concerning Lucy Hochstetler, 6 pages, Historical Manuscripts 1-66, Archives of Mennonite Church, Goshen, Indiana.
23) Kasdorf, Julia Spicher [2009] The Gothic Tale of Lucy Hochstetler and the Temptation of Literary Authority, *The Body and The Book*, The Pennsylvania State University Press, Originally Published in 2001 by John Hopkins University Press, pp. 143-163.
24) Hostetler, J. A. [1993] *Amish Society* (4th ed), The John Hopkins University Press, p. 103.
25) Garrett, Ruth Irene [2003] *Crossing Over: One Amish Woman's Escape from Amish Life*, Harper San Francisco.
26) 手紙の和訳は筆者訳である。

27）万木孝雄、ジョセフ・F. ドナーマイヤー、リチャード, H. モア［2013］「コミュニティ（共同体）を視点としたアメリカ・アーミッシュと日本の村落社会の比較による考察　第1回」『社会運動』400、52頁。

第3章　産業政策の視点による地方農業の振興方策

河 藤 佳 彦

1．はじめに

　今日では、TPP 交渉の進展に見られるように、保護政策への指向が比較的強い農業政策の分野においても、競争市場を前提とした産業政策の手法の導入を真剣に検討する必要に迫られている。また、その必要性は、大都市部に比べ地域産業に占める農業の役割が大きな地方部において一層高いと言える。

　本章では、産業政策に関する国の基本姿勢が概ね今日の形に固まった1990年代以降を近年として捉え、その特色を踏まえつつ今日における地方部の農業（以下、「地方農業」とする）の振興方策について、地域視点から考察することを目的とする。

　近年における産業政策の特色としては、次のような点が挙げられる。

　第一に、自由な市場経済を前提とした自立的な産業の発展促進である。すなわち、政府主導による特定産業の強力な発展誘導ではなく、自立的な取り組みを行う企業や事業者（以下、「企業」とする）を側面的に支援することが政策の基本となっている。その前提としては、企業が創造的な活動に積極的に取り組める環境整備が求められる。そのため、規制緩和が進められ、対外的な取引や企業の海外展開が積極的に推進されるようになった。

　ただし、10年オーダーの中長期的視野に立ち政府が積極的に振興を主導することが、将来における主要産業の創出のために必要な政策もある。2013年6月

に策定された『日本再興戦略』は、健康長寿産業を戦略的分野の一つに位置づけ、健康寿命延伸産業や医薬品・医療機器産業などの発展に向けた政策、保育の場における民間活力の活用などが盛り込まれている。また、医療・介護分野を成長市場に変え、質の高いサービスの提供や制度の持続可能性を確保する必要性など、中長期的な成長を実現するための課題が残されていると言及している。

農業については、担い手への農地集積・集約や、企業参入の拡大などに係る施策が盛り込まれている。農業・農村全体の所得の倍増を達成するためには、農業の生産性を飛躍的に拡大する必要があり、そのために、企業参入の加速化等による企業経営ノウハウの徹底した活用、農商工連携等による6次産業化、輸出拡大を通じた付加価値の向上、若者も参入しやすくするため「土日」、「給料」のある農業の実現などを追求し、大胆な構造改革に踏み込んでいく必要性について言及している。農業についても、自立化の促進を前提とした、中長期的な視点からの国の積極的な関与が必要であろう。

また同戦略は、国を挙げての対外的なマーケティングの包括的取り組みという異なる観点から、インフラ輸出やクールジャパンの推進などのトップセールスを含め、官民一体で戦略的に市場を獲得し、同時に日本に投資と観光客を取り込む体制を整備するなど、政府が民間と一体となり取り組むことも必要と捉えている。さらに、産業政策と密接な関連性を有する、女性のさらなる活躍の場の拡大や海外の人材の受入れの拡大など、雇用制度改革・人材力の強化の必要性についても言及している。

第二に、重厚長大型の重化学工業から、知識集約型の産業分野への重点産業のシフトの進展である。この流れは、1970年代の2度にわたる石油危機の経験を踏まえた、エネルギー多消費型産業から、情報関連、環境関連、医療福祉関連など、エネルギー節約型の高付加価値産業分野への産業構造の転換の必要性の高まりを契機として始まった。同時に知識集約型産業分野における発展は、その成果を重化学工業分野において活用することにより、この分野の効率化・省エネルギー化も促進する。この流れは今日に至るまで継続的に進行しており、

先述の環境関連分野などは世界的にも優位性を持つわが国の新たな成長分野に育ちつつある。

　第三に、地方の重視である。かつてのように国が、限られた数のリーディング・インダストリーを、強いリーダーシップのもとに重点的に振興するという方法を採るだけでは、国の産業自体が、多様化と個性化が進む国内・国外市場において生き残っていくことが困難な状況にある。そこで、地方が有する多様な個性や地域資源を活用し多様に発展することを、国が自ら積極的に支援する方策を採るようになった。

　近年における以上のような産業政策の特色は、少子高齢化のなかで国際化が進むわが国の産業政策の方向性として今後も必然性を持ち続けるものと考えられるが、そのことを客観的に確認するためには歴史的な視点が必要である。そこで、第二次世界大戦後（以下、「戦後」とする）の産業政策に関する先行研究や国の政策資料などを踏まえ改めて検討する。

　そのため、本章の構成は次のとおりとする。第1節では、本論のテーマについて確認する。第2節では、産業政策の意義と国の基本的な姿勢について確認する。第3節では、近年のなかでも取り分け2000年以降の、最近における国の産業戦略に注目し、その特徴について考察する。なお、産業政策にその具体的な実施方策も含めたものを「産業戦略」として捉える。第4節では、地域視点から地方農業の課題を捉え、その振興方策について考察する。そして第5節では、地域経済における農業振興の重要性と発展方策についてまとめる。

2．産業政策の意義と国の基本的な姿勢

　本節では、産業政策の意義と戦後における国の基本的な姿勢について確認した上で、移行期としての1980年代を経て国の基本姿勢にかなり明確な転換が見られた1990年代以降の状況について確認する。

2.1. 先行研究に基づく考察

ここでは、産業政策の意義と国の基本的な姿勢について、先行研究に基づき確認する[1]。

(a) 産業政策の意義

小宮ほか［1984］は、産業政策の内容について次のように論じている。「(1) 産業への資源配分に関するもの：(a) 産業一般の infrastructure（工業用地・産業のための道路港湾・工業用水・電力供給等）にかかわる政策、(b) 産業間の資源配分（interindustry resource allocation）にかかわる政策、(2) 個々の産業の組織に関するもの：(c) 分野ごとの内部組織に関連する政策（産業再編成・集約化・操短・生産および投資の調整等）、(d) 横断的な産業組織政策としての中小企業政策。以上のうち (b) は（中略）「狭義」の産業政策である」。さらに、「産業政策（狭義の）中心課題は資源配分に関する「市場の失敗」に対処すべきものである」として、独占の排除、幼稚産業の育成、研究開発・技術進歩の奨励、研究開発・技術進歩の奨励、公害の防除と規制などをその事例としている（3-6頁）。この見解は、産業政策の意義の本質を的確に表現している。産業一般の infrastructure の整備も、市場の失敗の補完としての産業政策の一環として捉えてよいと考えられる。

このような市場の失敗の補完としての産業政策の本質については、小野［1999］も次のように論じている。「一言で言えば「産業活動に関連した行政府による調整行為」として受け止められている」（25頁）。さらに、その内容について次のように説明している。「通商産業政策は、このように包括的ではあるが、その中ではハードなもの（法規制／財政支援／所得控除等）よりソフトなもの（行政指導／金融／特別償却／JIS 規格等）のウェイトが高い。しかも、より立ち入って調べてみると、呼び水的なもの（誘導指針／協調融資等）が中心であり、かつ、限時的色彩が濃いもの（幼稚産業育成／構造調整等）に限定されている。その点は、国営／公営企業等による直接参加ないし介入の多い欧米と

比べて、より市場のメカニズムに依存する姿勢が貫かれていると言えよう。すなわち、通商産業政策は、基本的には産業／企業の「自助努力」に重点が置かれているのである」（28頁）。

(b) 産業政策への国の基本的な姿勢

小宮ほか［1984］は、戦後初期から高度経済成長期の産業政策の特徴について、次のように論じている。戦後初期については、「多かれ少なかれ統制経済的なシステムのもとで、「重要」産業あるいは「基幹」産業と考えられた産業に補助金・低利融資等が投入され、輸入割当が優先的に与えられた。当時は政策当局の権限は強く、企業経営者のなかには簡単なことでも通産省に日参しなければ埒があかないと不平をこぼす人が少なくなかった」。また高度成長期については、次のように評している。「産業政策当局のイデオロギーは「重化学工業化」「産業構造の高度化」というスローガンによって象徴される。製造業のなかでも、(1) その製品に対する需要の所得弾力性が高いこと、(2) その産業の生産性上昇率が高いこと、という二つの基準を満たす産業を積極的に育成していくという「ビジョン」が示された」（8頁）。

戦後初期には、産業政策における国の主導性が極めて強く、高度経済成長期においても、国は産業の成長を主導する期待産業を具体的に指定し、ビジョンという非権力的な方法を基本としつつ法律や行政指導といった具体的な手法を併用することにより、かなり強力に産業界を誘導していたと言える。

終戦直後の産業活動に対する国の強力な関与については、井村［2000］も次のように論じている。「占領下という特殊条件のもとでの、占領政策による資本主義的復興の強行ということが、日本の経済活動・経済立法に対する政府・官僚機構の力をきわめて強大なものとし、政府・官僚機構に優れた人材を集め、それらの経済政策の策定・実施の経験を豊富にしその力量を高めていく役割を果たしたのである。他方、財閥解体や公職追放による支配機構の消失と支配者の追放の後に、新しく登場した大企業の経営者層は、この政府・官僚機構と強く結合し、自らに有効な国家政策を引き出しつつ企業の発展をはかっていくこ

とに活路を求めていく。ここに、政府・官僚機構と産業界との癒着が、戦後新たに形成・強化され、他の先進資本主義諸国よりもさらにいっそう強力な経済政策・産業育成政策が遂行されることになったのである」(134頁)。

　戦後復興初期の産業政策の特徴についてはさまざまな解釈があり得るが、共通している点は、政府が積極的に産業活動に介入してそのあり方を主導していったこと、またその背景には強力な占領政策が存在していたことを指摘していることである。占領状態が終結した後の1950年代から高度経済成長期においても、占領政策の時期には及ばないにしても、産業政策における政府の主導性は強い状況が続いた。

2.2. 国の姿勢の転換

　前項では、産業政策の意義と、戦後における国の基本的な実施姿勢について確認した。産業政策の意義は、市場の失敗の補完として実施されるものである。しかし、戦後の長い期間、わが国の産業政策は、この意義を基本としつつも政府の主導性の強いものであった。

　けれども、2度の石油危機を経験するなかで高度経済成長が終結した1970年代を経た後の1980年代以降、国の産業政策への姿勢には変化が見られる。1980年代の産業政策は、政府が設備廃棄や産業再編成を誘導する産業構造改革の時代であったが、同時に国の姿勢の転換への移行期でもあった。そして1990年代には、かなり明確な転換が見られた。すなわち、市場メカニズムが健全に機能するよう補完的な政策を講ずる、産業政策の本来の機能に重点が置かれるようになった。そこでは、資金や税制の面での支援に加え、産業活動の自由度を高め企業が本来の能力を発揮するための規制緩和も重要な政策手段となった（通商産業省・通商産業史編纂委員会［1994］、通商産業政策史編纂委員会［2013］)。

　1990年代以降は、このような変化に加え、地域の個性と多様性に即した産業政策が注目されるようになったことも特筆すべきことである。すなわち、国内だけでなく新興国における所得水準の向上に伴い、人々は物質的豊かさの先にある豊かさ、すなわち精神的豊かさを求めるようになったため、商品やサービ

スについても、個性や多様性、ブランド性が重要となってきた。この要請に的確に応え得るのが、多様な地域における多様な産業である。そして、地域資源の有効活用など、地域視点の産業政策としての「地域産業政策」の担い手として、自治体や商工会議所・商工会などの役割が大きくなってきた。

2.3. 小括

わが国の産業政策の特徴は、基本的には市場メカニズムを前提として産業・企業の自立性の強化を図ることを目的としていることにあると言える。しかし、その方策は時代により一律ではない。戦後復興期においては、民間による産業の自律的復興が極めて困難な状況にあったことから、政府が資金や原材料などの面で強力な主導性を発揮した。その状況は計画経済に近い性格を有していた。その後、民間の産業が自立性を高めるに従い、政府の直接介入の程度は弱まっていく。しかし、高度経済成長期においては、国の産業発展を先導できる可能性の高い産業を政府が特定し、重点的に支援する方式が採られた。これも、政府の介入度の高い産業政策であると言える。その後の1980年代も、政府の積極的な関与のもとに産業構造改革が進められた。

しかし1990年代以降、産業政策においては市場メカニズムを重視し、健全にその機能が作用できるようこれを補完し、規制緩和などにより市場ルールを維持向上させることに重点が置かれるようになった。産業政策の本来の意義に則した取り組みと言える。さらに、国を主体とする産業政策とともに、自治体や商工会議所など地域の公的主体を主な実施主体とする地域産業政策が重要な役割を担うようになってきたことも注目される。

3．最近の国の産業戦略

本節では、今日の産業政策の視点から農業政策のあり方について検討するため、2000年以降における、最近の国の産業戦略を概観する。既述のとおり、「産業戦略」は「産業政策」にその具体的な実施方策も含めたものをとして捉える

ことができる。

主な戦略として、『新産業創造戦略』〔2004（平成16）年5月〕、『新産業創造戦略 2005』〔2005（平成17）年6月〕、『新経済成長戦略』〔2006（平成18）年6月〕、『新成長戦略』〔2010（平成22）年6月〕、『日本再生戦略』〔2012（平成24）年7月〕、『日本再興戦略』〔2013（平成25）年6月〕〔2014（平成26）年と2015（平成27）年に改訂版〕などがある。その中から、特色ある次の3つの産業戦略に着目し概観する。

3.1. 『新経済成長戦略』〔2006（平成18）年6月〕

この戦略の注目すべき点は、「わが国の新たな成長のあり方として「新しい成長」という概念を提示していることである。これは、先進国として戦後初めて経験する継続的な人口減少と世界最高水準のスピードで進む高齢化に伴う成長制約を克服する持続的な経済成長の実現を目標とするものであり、「強い日本経済」の再構築のために「国際競争力の強化」と「地域経済の活性化」の重要性を強調している。わが国の経済が国際社会において競争力をもち続けるためには地域経済の果たす役割が重要であるという認識が、国の政策の柱の一つと位置づけられていることが、注目すべき点である」（河藤［2009a］）。

「新経済成長戦略」では目標として、「新しい成長」のほか、次の事項を挙げている。

① イノベーションと需要の好循環：「日本の成長とアジアの成長の好循環」、「地域におけるイノベーションと需要の好循環」という2つの好循環が成長に貢献。

② 製造業とサービス産業が経済成長の「双発エンジン」：GDPの7割を占めるサービス産業が「もう一つの成長エンジン」となるよう生産性向上運動を広く展開。

③ 改革の先に見える明るい未来：社会保障制度の持続可能性維持、歳入・歳出一体改革による財政再建。

この戦略は、わが国が直面する厳しい制約条件のもとで、わが国の潜在能力

を伸ばしていこうとする戦略であり、新規性と具体性の高い総合的な戦略として捉えることができる。

3.2.『新成長戦略』〔2010（平成22）年6月〕

　この戦略は、2009年9月に成立した民主党を主体とする政権により策定されたものである。民主党は市場原理を優先する従来の政策に異論を唱え、生活の豊かさを優先する政策を前面に出した。この戦略で目指したことは、可処分所得の増大による安定した内需主導型経済成長への転換、環境関連産業を中心とした成長産業の育成、農業の戸別所得補償や医療・介護人材の処遇改善による、農林水産業や医療・介護の新たな成長産業としての育成である。

　政権は当時、子ども手当、公立高校無料化、農家の戸別所得補償、高速道路無料化などの政策手段により、国民生活を向上させることによって内需を拡大することに重点を置いた経済成長を重視した。しかし、経済の先行きに不安がある状況において所得支援を行っても、必ずしも国民の消費拡大に結びつくとは限らない。所得の拡大が消費に結びつくためには、将来に対する安定した経済発展への展望と、それに裏打ちされた企業経営、そしてそれに基づく十分で安定した収入が必要となる。そのためには、国内における需要サイドに対する一般的な底上げ政策では十分ではなく、明確な新産業創出戦略が求められた（河藤〔2009b〕）。

　これに応えられる供給面の方策については、この戦略の後に策定された『日本再生戦略』〔2012（平成24）年7月〕において供給面の戦略を強化し、今後3年間に優先・集中的に取り組むべき「日本再生の4大プロジェクト」として、次のプロジェクトを位置づけている。グリーン：革新的エネルギー環境社会の実現プロジェクト、ライフ：世界最高水準の医療・福祉の実現プロジェクト、農林漁業：6次産業化する農林漁業が支える地域活力倍増プロジェクト、担い手としての中小企業：ちいさな企業に光を当てた地域の核となる中小企業活力倍増プロジェクト。

3.3. 『日本再興戦略』〔2013（平成25）年～2015（平成27）年〕

　この戦略については、初版に加え2回改訂版が出されている（2016年1月現在）。以下、その全体を概観する。

（a）『日本再興戦略──JAPAN is BACK──』〔2013（平成25）年6月〕
　この戦略は、安倍政権が発足して半年に満たない状況のなかで、デフレマインドを一掃するための大胆な金融政策という第一の矢、そして湿った経済を発火させるための機動的な財政政策という第二の矢に続き、第三の矢として位置づけられたものである。そして、成長戦略が果たすべき役割として、企業経営者、国民一人ひとりの自信を回復し、「期待」を「行動」へと変えていくこととしている。

　そのため、攻めの経済政策を実行し、困難な課題に挑戦する気持ちを奮い立たせ（チャレンジ）、国の内外を問わず（オープン）、新たな成長分野を切り開いていく（イノベーション）ことで、澱んでいたヒト・モノ・カネを一気に動かしていく（アクション）とする。それによって新陳代謝を促し、成長分野への投資や人材の移動を加速することができれば、企業の収益も改善し、それが従業員の給与アップ、雇用の増大という形で国民に還元されることとなる。そうすれば、消費が増え、新たな投資を誘発するという好循環が実現し、地域や中小企業・小規模事業者にも波及していくとする。

　この成長戦略を実現するための道筋としては、次の方策を挙げている。1）民間の力を最大限引き出す：新陳代謝とベンチャーの加速。規制・制度改革と官業の開放の断行。2）全員参加・世界で勝てる人材を育てる：女性が働きやすい環境を整え、社会に活力を取り戻す。若者も高齢者も、もっと自分の能力を活かして活き活きと働ける社会にする。日本の若者を世界で活躍できる人材に育て上げる。3）新たなフロンティアを作り出す：オールジャパンの対応で「技術立国・知財立国日本」を再興する。世界に飛び出し、そして世界を惹きつける（インフラ輸出やクールジャパンの推進など、同時に日本に投資と観光

客を取り込む体制を整備）。4）成長の果実の国民の暮らしへの反映（成長の果実の分配のあり方、企業の生産性の向上や労働移動の弾力化、少子高齢化、及び価値観の多様化が進む中での多様かつ柔軟な働き方、人材育成・人材活用のあり方など）。また、成長戦略の実現方策として、異次元のスピードによる政策実行、「国家戦略特区」を突破口とする改革加速を盛り込んでいる。さらに、「日本産業再興プラン」、「戦略市場創造プラン」および「国際展開戦略」の3つのプランを定め、政策項目ごとに明確な成果指標（KPI：Key Performance Indicator）を設定し、PDCAサイクルを回し、進捗管理することとしている。

(b)『日本再興戦略』改訂2014〔2014（平成26）年6月〕

　この戦略は、(a)の戦略の改訂版として策定されたものである。その基本的な考え方は、戦略を一過性のものに終わらせず、より強力に推進するための重点方策を示すことであり、日本人や日本企業が本来有している潜在力を覚醒し、日本経済全体としての生産性を向上させ、「稼ぐ力（＝収益力）」を強化していくことが不可欠であるということ、経営者をはじめとする国民一人一人が、「活力ある日本の復活」に向けて、新陳代謝の促進とイノベーションに立ち向かう「挑戦する心」を取り戻し、国はこれをサポートするために「世界に誇れるビジネス環境」を整備することである。

(c)『日本再興戦略』改訂2015〔2015（平成27）年6月〕

　さらに2015（平成27）年6月にも、改訂版が策定されている。政府はこの戦略をアベノミクス第2ステージと捉えており、その基本的考え方は次の点にある[2]。1）未来投資による生産性革命：人員削減や単なる能力増強ではない、「投資の拡大」と「イノベーションの創出」による「付加価値の向上」を徹底的に後押し。2）ローカルアベノミクスの推進。ここでの鍵となる施策は、次のとおりである。〔産業の新陳代謝の促進〕1）未来投資による生産性革命（a）「稼ぐ力」を高める企業行動（≒前向投資）を引き出す。①「攻め」のコーポレートガバナンスのさらなる強化、②イノベーション・ベンチャーの創出、③アジ

アをはじめとする成長市場への挑戦。2）新時代への挑戦を加速する（「第四次産業革命」）。3）個人の潜在力の徹底的な磨き上げ。〔ローカルアベノミクスの推進〕1）中堅・中小企業・小規模事業者の「稼ぐ力」の徹底強化：事業者にとっての成長戦略の「見える化」、「よろず支援拠点」の強化。2）サービス産業の活性化・生産性の向上：地域金融機関等による経営支援、官民協同生産性向上運動（5分野）、IT活用、経営支援の参考となる指標（ローカルベンチマーク）の策定。3）農林水産業、医療・介護（ICT化含む）、観光産業の基幹産業化。〔「改革2020」（成長戦略を加速する官民プロジェクト）の実行〕自動走行、水素社会、先端ロボット、観光地経営、対内投資等。

3.4. 小括

本節では、2000年以降の最近における国の主な産業戦略のなかでも特徴的な3つの産業戦略に着目し、その内容について概観した。この期間には、自民党を主体とする政権から民主党を主体とする政権へ、また自民党を主体とする政権への回帰という、大幅な政治的変動があったことから、ここで採り上げた3つの産業戦略においてもその影響が少なからず見られる。

産業戦略は長引く不況を克服し、少子高齢化の進むわが国において経済の新たな発展を実現するため、需要面と供給面の両面の革新により産業の振興を図っていくものであり、3つの産業戦略も基本的にはその要件は共通して備えている。しかし、その重点の置きどころ、具体性には大きな違いが見られる。『新経済成長戦略』〔2006（平成18）年6月〕は、「わが国の新たな成長のあり方として「新しい成長」という概念を提示している点が注目される。『新成長戦略』〔2010（平成22）年6月〕は、需要の強化を重視している。需要を喚起する政策は重要である。ただし、一過性で拡散的な政策では効果は期待できない。持続性のある具体的な方策が求められる。またあわせて、供給面の強化策も具体的に提示される必要がある。

『日本再興戦略』は、先行する新成長戦略と比べ、供給面の強化策が具体化していることが特徴と言える。その強化策は、大きく2つの特徴として捉える

ことができる。1つは新たな成長期待分野や企業活動の振興方策の具体化であり、もう1つは規制緩和による企業の競争力の強化である。このような方策は、例えば農業のように、これまで競争原理が必ずしも優先されてこなかった産業についても、競争市場への対応を迫るものである。農業は国民の食料確保という重要な使命を持つ産業であることから、無条件に競争原理を導入することを肯定することは必ずしも適切ではない。しかし一方で、自由化の波が世界規模で急速に高まりつつある今日においては、農業も競争市場を前提とした競争力の強化への取り組みを、できる限り早期に本格化させることが喫緊の課題でもある。

4．地方農業の課題および振興方策

　本節では、産業によって労働生産性や給与額に格差があることを踏まえ、地方部と都市部の経済格差を主要産業の違いという視点から捉える。すなわち、地方部の人々の収入における農業の位置づけは都市部と比べ大きいこと、その労働生産性や給与額は相対的に他の多くの産業に比較して小さいことが地方経済の厳しさを招く一つの要因となっていることを確認した上で、その振興方策について検討する。

4.1．生産農業所得に関する地方部と都市部の相違

　地方部は都市部と比べて概ね、生産農業所得が大きい。各県民所得の規模は都市部の方が大きいことを踏まえると、相対的に規模の小さな地方部の地域経済において農業の担う役割は大きい。このことを、都市部と地方部の都道府県で具体的に比較する。なお、DID人口比率（対総人口）の大きな地域を都市部とすると、都市部が占める面積比率の大きな都道府県は東京都、大阪府、神奈川県である[3]。

　都市部の都道府県と生産農業所得の大きな地方部の都道府県について、生産農業所得と県民所得、および県民所得に対する生産農業所得の比率、1人当た

表3-1 地方部における農業所得額の大きな都道府県と都市部の都道府県の比較（2012年）

地域	都道府県	生産農業所得（億円）	県民所得（億円）	生産農業所得比率（％）	1人当たり県民所得（千円）
都市部	東京都	73	585,156	0.01	4,423
	大阪府	111	260,301	0.04	2,939
	神奈川県	312	265,454	0.12	2,928
地方部	北海道	3,632	135,051	2.69	2,473
	茨城県	1,439	92,339	1.56	3,137
	千葉県	1,358	176,155	0.77	2,844
	熊本県	1,134	44,117	2.57	2,442
	鹿児島県	1,103	40,338	2.73	2,387

出典：農業所得：農林水産省大臣官房統計部「平成24年 農業産出額及び生産農業所得（都道府県別）」『農林水産統計』（2013年12月25日公表）県民所得：内閣府経済社会総合研究所国民経済計算部『平成24年度県民経済計算について』（2015年6月3日）。

り県民所得を比較すると次のことがわかる（表3-1)[4]。①いずれの都道府県についても、県民所得全体に対する生産農業所得の比率（以下、「生産農業所得比率」とする）は3％未満と小さい。②生産農業所得比率の大きな（2.5％以上）都道府県は生産農業所得比率の小さな都市部の都道府県と比べ、1人当たり県民所得が小さい。以上のことから、地方部においては都市部と比べ所得における農業の位置づけが大きいとともに、生産農業所得比率の大きな都道府県の1人当たり県民所得は小さいと言える。

4.2. 農業（農林漁業）の労働生産性と給与額[5]

農業（利用可能データの制約から、ここでは農林漁業とする）の労働生産性（従業者1人当たり付加価値額）を他の産業と比較すると、農林漁業（個人経営を除く）が2.77百万円であるのに対し、国全体でみた主要産業である製造業は6.07百万円、小売業は3.44百万円、卸売業は7.47百万円となっており、農林漁業の労働生産性が低いことがわかる。また、労働生産性が特に高い産業では、情報通信業が9.09百万円、学術研究、専門・技術サービス業が7.86百万円と、格差はさらに大きい。

また、従業者1人当たり給与総額を他の産業と比較すると、農林漁業（個人

経営を除く）が2.03百万円であるのに対し、製造業が4.27百万円、小売業が2.10百万円、卸売業が4.63百万円となっており、農林漁業の給与額が低いことがわかる。また、給与額が特に高い産業では、情報通信業5.90百万円、学術研究、専門・技術サービス業4.45百万円と、格差はさらに大きい。

　以上のように、農業（農林漁業）の労働生産性と給与額は他の産業と比較して低い。労働分配率（個人経営を除く）は73.1％と他の産業と比較して低くないことを考えあわせると[6]、農業における給与額を増やすためには生産性の向上が重要な課題となると言える。

4.3. 産業政策の観点から有効な政策手段

　農業において高付加価値化や生産性の向上を実現するためには、農地集約による経営効率の改善や経営形態の企業化など経営面での革新を進める必要があるが、あわせて生産物そのものの高付加価値化を図る必要がある。そのため、6次産業化、農商工等連携、海外市場拡大による輸出の増大などに取り組む必要がある。

　『2012年度　食料・農業・農村白書』（農林水産省）によると、6次産業化に取り組んだ目的（複数回答）は、生産・加工・販売の一元化を通じた価格決定権の確保68.9％、規格外品・キズもの、余剰品の活用のため39.5％、雇用等を通じた地域活性化に貢献するため25.7％となっている。6次産業化は、独自のサプライチェーンの確立による市場におけるリーダーシップの向上において重要な意義を持つことがわかる。すなわち、強い競争力を持つブランドの形成が6次産業化や農商工等連携の重要な意義となる。

　第一次産業の高付加価値化・ブランド化を促進するためには、「中小企業者と農林漁業者との連携による事業活動の促進に関する法律」（農商工等連携促進法）（平成20年法律第38号）や「地域資源を活用した農林漁業者等による新事業の創出等及び地域の農林水産物の利用促進に関する法律」（平成22年12月法律第67号）（六次産業化法）が制定されている。

　そのほかにも、農産物を地場産業として捉えての振興方策として、国におい

ても経済産業省が「中小企業地域資源活用プログラム」を推進している。これは、地域の「強み」である産地の技術、地域の農林水産物、観光資源等の地域資源を活用して新商品や新サービスの開発・市場化を行う中小企業者に対して、予算措置、金融・税制措置など総合的な支援を展開するものであり、この政策を強力に推進するために「中小企業による地域産業資源を活用した事業活動の促進に関する法律」（中小企業地域資源活用促進法）（平成19年法律第39号）が制定された。

4.4. 小括

農業が所得において相対的に大きな比率を占める地方部においては、農業の発展が地域経済の発展に大きな役割を担う。しかし現状では、農業の生産性と所得額（給与額）は他の産業と比べて低いことから、その生産性の向上による所得の向上が地方経済の振興に大きな意義を持つ。そのことが、数量分析により確認された。

国が農商工等連携促進法など法的支援策を講じていることは、その対応策として大きな意義を持つと考えられる。農業事業者は、地域の中小企業とも連携してこの制度を有効活用し、地域の特色ある農産物を活かしてその付加価値の増大を図る必要がある。また、地域産業政策の主要な担い手である自治体には、国および農業事業者をはじめとする関係産業の事業者相互のコーディネート役として、制度の利用を促進する役割が求められる。

5．おわりに

農業は、国民の食を支える重要な産業である。そのため、農産物の安定的な供給のためには、すべてを市場原理に委ねることは適切ではない。しかし一方で、世界的に経済の自由化が急速に進展する今日においては、市場競争力のある農産物を創出する必要性に迫られている。この状況を受動的に受けとめるのではなく積極的に活用することによって、わが国の農業には新たな展望が開け

る。

　すなわち、農産物の供給源としての農業の役割に注目し、これを強化することによって、競争力が高く高付加価値が得られる商品を開発する必要がある。一方で日本の農産物は、一次産品の段階においても品質や安全性への信頼性が高く、現状においても既に高いブランド力を持っている。したがって、世界に向けた市場開拓により、需要面においても競争力の強化が期待できる。

　本章の第２節で確認した産業政策の意義の観点からすると、農産物についても競争市場で取引される財として捉え、農業の自立的発展を前提としてこれを側面的に支援することが基本となる。既述のように農業の発展のすべてを市場原理に委ねることは適切ではないが、農業の持続的発展のためには、産業政策の観点から農業を捉え、その振興を図ることが喫緊の課題であると言える。

　『日本再興戦略』改訂2015の「戦略市場創造プラン」には、農林水産業の国際戦略に関する記述が、「テーマ４：世界を惹きつける地域資源で稼ぐ地域社会の実現」における「新たに講ずべき具体的施策」にある。その内容は次のとおりである。４-①世界に冠たる高品質な農林水産物・食品を生み出す豊かな農山漁村社会、ⅰ）生産現場の強化：米政策改革の着実な実施、農地中間管理機構の機能強化（実績等の公表、体制改善）、経営感覚に優れた担い手の確保・育成と法人化の推進、ⅱ）国内バリューチェーンの連結：６次産業化の推進、畜産・酪農の強化、ⅲ）輸出の促進等：ジャパン・ブランドの推進、輸出の環境整備、ⅳ）林業・水産業の成長産業化。

　農業をはじめ農林水産業は、地方の多くの地域にとって重要な産業となっている。従ってその新展開は、地域経済の活性化においても重要な課題である。本章で採り上げた国の政策も、地域における地道で着実な取り組みに支えられることによって初めて実効性が確保される。さらに、多様な地域は、農産物に限っても多様な特産品を有している。この多様性を活かして多様な個性を持つ地域ブランドを創出することで、国の産業全体が世界に向けて多様な魅力を発信できるようになる。上述の生産現場の強化、国内バリューチェーンの連結、輸出の促進等、林業・水産業の成長産業化はいずれも、重要な政策課題である

と受けとめる必要がある。

注
1）2.1項においては、「産業政策」と類似する用語として「通商産業政策」や「経済政策」が使用されている。その異同については、次のように言える。「通商産業政策」は「産業政策」に貿易など対外取引に関する政策を加えたものとして捉えることができる。経済政策と産業政策の違いについては、小野［1999］は次のように論じている。「割り切って論じると、経済政策とは「国民経済の運営」というマクロの視点から取り組むもの（景気調整政策／経済成長政策等）であるのに対して、産業政策とは「産業活動にかかわる調整」というミクロあるいはマクロ／ミクロのいずれでもない一個別企業ないし個別産業の育成から個別産業の諸活動の共通性を基盤にした産業構造の調整までの広がりを持つ一視点から取り組むものと解すべきなのである」（24頁）。また伊藤［2011］は、産業構造、産業組織および地域経済を「セミ・マクロ」の領域として位置づけ、産業政策は、産業間の適正な資源配分のため行われる「産業構造政策」としている（6-8頁）。これらの議論を踏まえると、一義的とは言えないが主な特徴に着目し、経済政策は「マクロ政策」、産業政策は「セミ・マクロ政策」と概ね区別して捉えることができる。
2）『『日本再興戦略』改訂2015』総論概要（内閣府資料）の趣旨を、筆者が整理した。
3）DID人口比率の大きな都道府県は、総務省『統計でみる都道府県のすがた2015』「人口集中地区人口比率（対総人口）（2010年）」の上位3位府県による。
4）農業所得は、農林水産省大臣官房統計部「平成24年　農業産出額及び生産農業所得（都道府県別）」『農林水産統計』（2013年12月25日）、県民所得：内閣府経済社会総合研究所国民経済計算部『平成24年度県民経済計算について』（2015年6月3日）を使用した。
5）総務省統計局／統計トピックスNo.73経済センサスと経営指標を用いた産業間比較　2012年経済センサス：活動調査の分析事例①〔経理項目〕を使用した。
6）2011年1年間の「付加価値額給与総額率（労働分配率）」において大きな数値を示す産業としては、「教育、学習支援業」が88.1％と最も大きく、次いで「社会福祉・介護事業」が85.8％、「他のサービス業」が78.7％などとなっており、これらと比較しても農林漁業の数値73.1％は小さいとは言えない。ちなみに製造業は70.3％、小売業は60.9％である。

【参考文献】

伊藤正昭［2011］『新地域産業論』学文社。

井村喜代子［2000］『現代日本経済論〔新版〕――戦後復興、「経済大国」、90年代大不況』有斐閣。

小野五郎［1999］『現代日本の産業政策――段階別政策決定のメカニズム』日本経済新聞社。

河藤佳彦［2009a］「新しい成長と心の豊かさを先導する地域産業」、佐々木茂・味水佑毅編著『地域政策を考える――2030年へのシナリオ』勁草書房、163-175頁。

河藤佳彦［2009b］「新政権の産業政策と地域経済」東和銀行総合企画部地域経済研究所、TOWA経済レポート、No. 251。

小宮隆太郎・奥野正寛・鈴村興太郎編［1984］『日本の産業政策』東京大学出版会。

通商産業省・通商産業史編纂委員会編［1994］『通商産業政策史　第1巻　総論』財団法人　通商産業調査会。

通商産業政策史編纂委員会編［2013］尾高煌之助『通商産業政策史　1980-2000　第1巻　総論』財団法人　経済産業調査会。

第4章　日本における農村社会の変容と公共事業

天 羽 正 継

1．はじめに

　周知のように、日本では他の先進諸国と比較して、財政支出や国民所得における公共投資の比重が大きい[1]。公共投資もしくは公共事業[2]は、本来は財政学で言うところの「資源配分機能」、すなわちインフラストラクチャー等の整備を行う政府の活動であり、実際に高度成長期にはそうした役割を主として担ってきたが、その後、オイルショックやバブル経済の崩壊、あるいは国際社会からの内需拡大要請[3]など、マクロ的な経済政策が必要とされた際には、財政支出の拡大に寄与することで「経済安定化機能」をも担ってきた。

　このように、財政における比重を高めてきた公共事業であるが、とりわけ農村部を中心とする地方では、人々に雇用機会を提供するという重要な役割を担い、実際に政府はそれを目的として公共事業を積極的に実施してきた（井手[2013]）。しかしその結果、地方には公共事業に依存する経済構造が形成され、そのため、公共事業の削減は地域経済の停滞をもたらすこととなったのである（神野[2002]）。

　本章の目的は、高度成長期以降における農村を中心とした就業構造の変容と公共事業の展開を数値データで追うことで、こうした公共事業依存型の経済構造がどのようにして形成されたのかを明らかにすることである。

図4-1　就業者数の推移

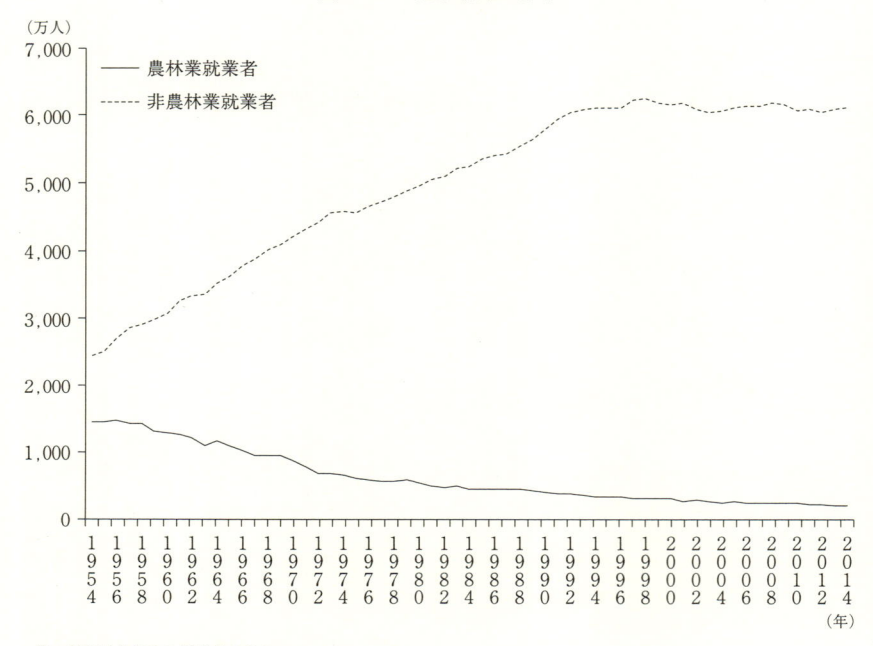

注：数値は各年の1月時点のもの。
出所：総務省統計局『労働力調査　長期時系列データ』より作成。

2．農村における就業構造の変容

　戦後日本の農業は、高度成長を通じて大きな変容を遂げた。図4-1は農林業と非農林業の就業者数の推移を示したものであるが、非農林業の就業者数が高度成長期から1990年代にかけてほぼ一貫して増加したのに対して、農林業の就業者数は現在に至るまで減少を続けている。表4-1は産業別の就業者数の推移を示したものであるが、第2次産業と第3次産業の割合が上昇する一方で、1950年には全体の5割近くを占めていた農業が、高度成長期を経て80年には1割を下回り、2000年には5％を下回るに至ったことがわかる。

第4章　日本における農村社会の変容と公共事業　345

表4-1　産業別就業者数

(単位：千人、%)

年	1950		1960		1970		1980		1990		2000	
総数	36,025	100.0	44,042	100.0	52,593	100.0	55,811	100.0	61,682	100.0	62,978	100.0
第1次産業	17,478	48.5	14,389	32.7	10,146	19.3	6,102	10.9	4,391	7.1	3,173	5.0
農業	16,362	45.4	13,269	30.1	9,400	17.9	5,475	9.8	3,919	6.4	2,852	4.5
林業	426	1.2	439	1.0	206	0.4	165	0.3	108	0.2	67	0.1
漁業	690	1.9	681	1.5	539	1.0	461	0.8	365	0.6	253	0.4
第2次産業	7,838	21.8	12,804	29.1	17,897	34.0	18,737	33.6	20,548	33.3	18,571	29.5
鉱業	591	1.6	538	1.2	216	0.4	108	0.2	63	0.1	54	0.1
建設業	1,543	4.3	2,693	6.1	3,964	7.5	5,383	9.6	5,842	9.5	6,290	10.0
製造業	5,703	15.8	9,572	21.7	13,717	26.1	13,246	23.7	14,643	23.7	12,228	19.4
第3次産業	10,671	29.6	16,841	38.2	24,511	46.6	30,911	55.4	36,421	59.0	40,485	64.3
電気・ガス・熱供給・水道業	224	0.6	235	0.5	290	0.6	349	0.6	334	0.5	351	0.6
運輸・通信業	1,585	4.4	2,220	5.0	3,236	6.2	3,504	6.3	3,676	6.0	3,902	6.2
卸売・小売業、飲食店	3,989	11.1	6,979	15.8	10,136	19.3	12,731	22.8	13,802	22.4	14,391	22.9
金融・保険業	349	1.0	704	1.6	1,129	2.1	1,577	2.8	1,969	3.2	1,758	2.8
不動産業	14	0.0	83	0.2	274	0.5	427	0.8	692	1.1	747	1.2
サービス業	3,332	9.2	5,280	12.0	7,703	14.6	10,298	18.5	13,887	22.5	17,264	27.4
公務（他に分類されないもの）	1,179	3.3	1,340	3.0	1,742	3.3	2,026	3.6	2,063	3.3	2,143	3.4
分類不能の産業	37	0.1	8	0.0	40	0.1	62	0.1	321	0.5	750	1.2

出所：三和良一・原朗［2010］7頁より作成。

表4-2　産業別純国内生産

(単位：10億円、%)

年	農林水産業		鉱工業		製造業		建設業		電気・ガス・水道・運輸・通信		商業・金融・保険・不動産・サービス・公務		合計	
1950	879	26.0	938	27.7	840	24.8	137	4.0	250	7.4	1,180	34.9	3,384	100.0
1955	1,634	23.1	1,729	24.4	1,592	22.5	301	4.2	630	8.9	2,793	39.4	7,078	100.0
1960	1,906	14.9	3,953	30.8	3,743	29.2	701	5.5	1,184	9.2	5,089	39.7	12,833	100.0
1965	2,881	11.3	7,386	28.9	7,165	28.0	1,807	7.1	2,218	8.7	11,379	44.6	25,691	100.0
1970	4,415	7.8	17,759	31.2	17,427	30.6	4,231	7.4	4,556	8.0	26,071	45.8	57,032	100.0
1975	8,301	6.6	34,085	27.2	33,571	26.9	10,795	8.6	9,551	7.6	62,437	49.9	125,169	100.0
1980	8,778	3.5	69,456	27.7	68,093	27.1	22,228	8.9	23,324	9.3	127,195	50.7	250,980	100.0
1985	10,201	3.1	92,262	27.6	91,304	27.3	25,008	7.5	33,799	10.1	172,781	51.7	334,052	100.0
1990	10,916	2.4	118,437	26.2	117,316	25.9	43,406	9.6	43,108	9.5	236,915	52.3	452,782	100.0
1995	9,346	1.8	115,529	22.4	114,669	22.2	40,841	7.9	52,294	10.1	297,690	57.7	515,700	100.0
2000	8,896	1.7	112,006	21.4	111,439	21.3	37,130	7.1	53,115	10.2	311,771	59.6	522,978	100.0
2005	7,507	1.4	105,690	20.3	105,195	20.2	31,701	6.1	51,711	9.9	324,221	62.3	520,830	100.0

出所：三和良一・原朗［2010］9頁。

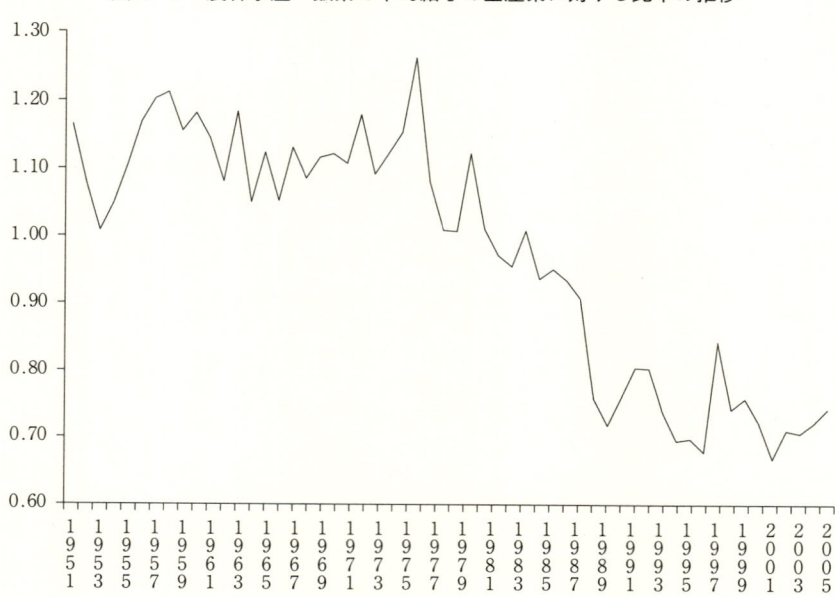

図4-2 農林水産・鉱業の平均給与の全産業に対する比率の推移

注：数値は農林水産・鉱業の平均給与を全業種の平均給与で除したもの。
出所：国税庁「民間給与実態統計調査」より作成。

　割合が低下したのは就業者数だけではなかった。表4-2は産業別の国内生産額の推移を示したものであるが、1950年には全体の約4分の1を占めていた農林水産業が、70年には1割を下回り、95年には1％台にまで低下したことがわかる。

　以上のように、農業は就業者数・生産額ともに、高度成長期を経て全体に占める割合が低下した。しかし、農業就業者の所得がそれに応じて減少したわけでは必ずしもなかった。図4-2は、農林水産業および鉱業の平均給与の、全産業の平均給与に対する比率の推移を示したものである。林業と漁業のデータも含まれているので、農業の給与の実態を正確に示したものではないが、表4-1に示されているように、第1次産業における農業就業者数の比重の大きさを考えれば、大まかな実態を示していると考えられるであろう。この図から

図4-3 農家所得の構成比の推移

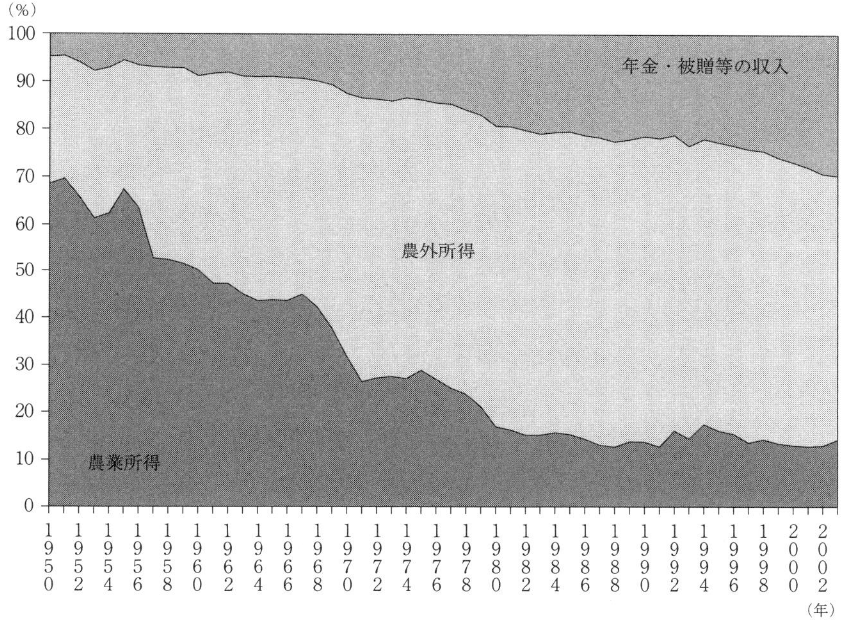

出所:農林水産省「農業経営動向統計」より作成。

明らかなように、農林水産・鉱業の平均給与は、1970年代までは平均を常に上回っていたのである。

それでは、農業生産額が減少する中で、農家はどのようにして所得を維持したのであろうか。図4-3は農家所得の構成比の推移を示したものである。これより明らかなように、本業である農業所得の構成比は1950年以降、ほぼ一貫して低下しており、それに代わって農業所得以外の所得、特に農外所得の構成比が上昇している。すなわち、高度成長期以降の農家は、主として農外所得の増加によって所得を維持したのである。そのことは、表4-3において50年以降、農家戸数における兼業農家、特に農外所得＝兼業収入が農業収入を上回る第2種兼業農家の割合の高まりにも示されている。

こうした兼業農家の増加の背景には、農業技術の向上による生産性の向上と

表4-3 専兼業別農家戸数

(単位：千戸、%)

年	総　数		専業農家		兼業農家					
							第1種		第2種	
1950	6,176	100.0	3,086	50.0	3,090	50.0	1,753	28.4	1,337	21.6
1955	6,043	100.0	2,105	34.8	3,938	65.2	2,275	37.6	1,663	27.6
1960	6,057	100.0	2,078	34.3	3,979	65.7	2,036	33.6	1,942	32.1
1965	5,665	100.0	1,219	21.5	4,446	78.5	2,081	36.7	2,365	41.7
1970	5,342	100.0	832	15.6	4,510	84.4	1,802	33.7	2,709	50.7
1975	4,953	100.0	616	12.4	4,337	87.6	1,259	25.4	3,078	54.7
1980	4,661	100.0	623	13.4	4,038	86.6	1,002	21.5	3,036	65.1
1985	4,376	100.0	626	14.3	3,750	85.7	775	17.7	2,975	68.0
1990	2,971	100.0	473	15.9	2,497	84.1	521	17.5	1,977	66.5
1995	2,651	100.0	428	16.1	2,224	83.9	498	18.8	1,725	65.1
2000	2,337	100.0	426	18.2	1,911	81.8	350	15.0	1,561	66.8
2005	1,963	100.0	443	22.6	1,520	77.4	308	15.7	1,212	61.7

出所：三和良一・原朗［2010］16頁。

図4-4 水稲の収量と労働時間

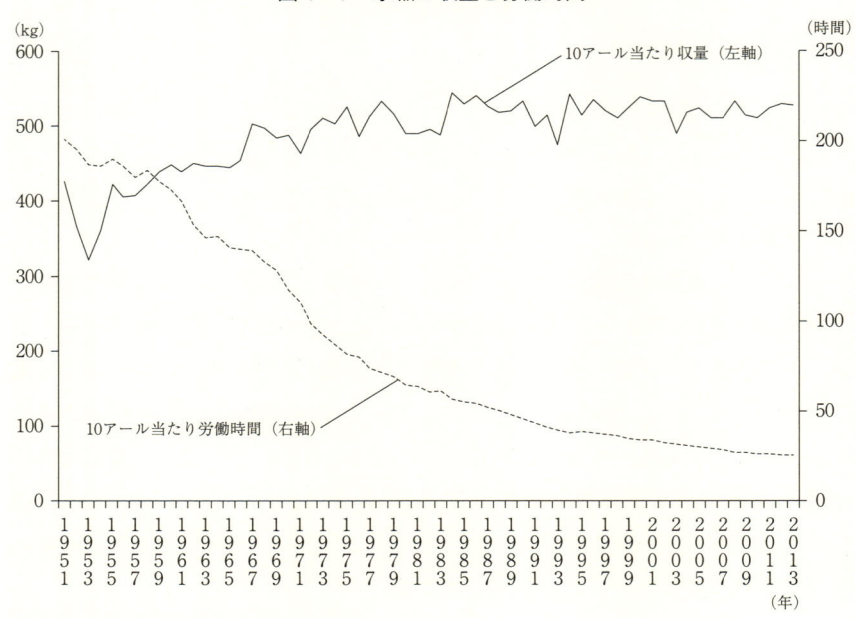

出所：農林水産省『農家経営統計調査』より作成。

表4-4 兼業の種類別にみた兼業農家の割合

(単位:%)

	雇用兼業 計	恒常的勤務 小計 ①+②	職員勤務 ①	賃労働勤務 ②	出稼ぎ・日雇い・臨時雇い ③	自営兼業
1955年						
第1種	62.5	35.3	18.2	17.1	27.1	37.5
第2種	56.5	45.0	23.1	21.9	11.5	43.5
1960年						
第1種	70.2	43.0	18.8	24.2	27.2	29.8
第2種	64.5	49.3	23.6	25.7	15.2	35.6
1965年						
第1種	87.5	40.5	18.8	21.7	47.0	12.5
第2種	76.2	53.2	27.3	25.9	23.0	23.8
1970年						
第1種	89.5	40.3	16.0	24.3	49.2	10.5
第2種	78.3	54.6	22.9	31.6	23.6	21.7
1975年						
第1種	89.0	42.2			46.8	11.0
第2種	81.6	60.8			20.8	18.4
1980年						
第1種	90.0	52.1			37.9	10.0
第2種	82.9	66.6			16.3	17.1
1985年						
第1種	91.4	51.8			39.6	8.6
第2種	82.6	69.6			13.0	17.4
1990年						
第1種	90.7	64.2			26.5	9.3
第2種	88.1	78.6			9.4	11.9

注:「雇用兼業」とは、1年間に30日以上他所に雇われて働いた者。そのうち「出稼ぎ」とは、自宅以外の場所に30日以上1年未満寝泊りして臨時的に雇われて働いた者。
出所:暉峻衆三［2003］189頁。

労働時間の減少があった。図4-4には10アール当たりのコメの収量と、それに必要な労働時間の推移が示されている。50年代以降、コメの収量が増加する一方で労働時間は減少しており、生産性が上昇していったことが明らかである。すなわち、農業生産に必要な労働時間の減少によって、兼業が可能となったの

表 4-5 兼業農家の

	年	総数		農業		林業		漁業		鉱業		建設業		製造業	
在宅勤務者	1973	5,340.4	100.0	34.3	0.6	72.0	1.3	30.9	0.6	30.7	0.6	820.0	15.4	1,846.4	34.6
	1974	5,524.0	100.0	35.6	0.6	73.3	1.3	31.1	0.6	28.0	0.5	875.4	15.8	1,920.7	34.8
	1975	5,692.1	100.0	37.3	0.7	74.0	1.3	31.5	0.6	28.8	0.5	961.4	16.9	1,948.6	34.2
	1976	5,831.1	100.0	49.9	0.9	82.3	1.4	28.6	0.5	31.6	0.5	1,027.4	17.6	1,919.2	32.9
	1977	5,913.8	100.0	53.5	0.9	82.8	1.4	28.6	0.5	25.8	0.4	1,048.1	17.7	1,919.8	32.5
	1978	6,040.0	100.0	58.4	1.0	84.2	1.4	29.2	0.5	22.3	0.4	1,078.2	17.9	1,932.1	32.0
	1979	6,054.1	100.0	53.5	0.9	82.5	1.4	27.5	0.5	20.6	0.3	1,135.9	18.8	1,844.8	30.5
	1980	6,126.6	100.0	53.5	0.9	80.2	1.3	27.1	0.4	20.4	0.3	1,141.0	18.6	1,855.9	30.3
	1981	6,123.7	100.0	51.1	0.8	77.0	1.3	24.8	0.4	19.6	0.3	1,134.7	18.5	1,856.2	30.3
	1982	6,121.2	100.0	51.4	0.8	74.8	1.2	25.0	0.4	19.4	0.3	1,120.0	18.3	1,860.7	30.4
	1983	6,100.0	100.0	50.8	0.8	73.1	1.2	22.7	0.4	19.6	0.3	1,105.5	18.1	1,853.3	30.4
	1984	6,058.6	100.0	50.0	0.8	71.2	1.2	22.6	0.4	17.9	0.3	1,076.5	17.8	1,850.1	30.5
	1985	6,033.5	100.0	51.5	0.9	69.0	1.1	22.3	0.4	18.2	0.3	1,049.5	17.4	1,868.1	31.0
	1986	5,905.3	100.0	50.0	0.8	64.9	1.1	21.2	0.4	17.3	0.3	1,011.4	17.1	1,854.7	31.4

	年	総数		農業		林業		漁業		鉱業		建設業		製造業	
自営兼業者	1973	1,346.3	100.0	14.2	1.1	37.4	2.8	114.8	8.5	5.2	0.4	229.7	17.1	414.4	30.8
	1974	1,359.2	100.0	14.8	1.1	34.6	2.5	109.1	8.0	4.6	0.3	233.9	17.2	428.8	31.5
	1975	1,325.9	100.0	15.0	1.1	32.0	2.4	103.0	7.8	5.1	0.4	236.3	17.8	412.1	31.1
	1976	1,251.1	100.0	17.9	1.4	28.4	2.3	92.5	7.4	3.2	0.3	244.0	19.5	377.7	30.2
	1977	1,270.2	100.0	21.3	1.7	27.6	2.2	97.4	7.7	3.4	0.3	240.6	18.9	374.3	29.5
	1978	1,260.2	100.0	20.3	1.6	26.7	2.1	98.0	7.8	2.9	0.2	240.2	19.1	382.0	30.3
	1979	1,239.7	100.0	22.8	1.8	26.4	2.1	102.1	8.2	3.0	0.2	229.4	18.5	368.1	29.7
	1980	1,229.4	100.0	23.1	1.9	25.5	2.1	100.4	8.2	2.9	0.2	228.6	18.6	363.4	29.6
	1981	1,207.3	100.0	23.6	2.0	24.2	2.0	96.7	8.0	2.8	0.2	228.5	18.9	357.2	29.6
	1982	1,195.4	100.0	23.2	1.9	24.3	2.0	94.4	7.9	2.7	0.2	228.0	19.1	351.2	29.4
	1983	1,178.8	100.0	23.1	2.0	23.9	2.0	91.8	7.8	2.7	0.2	223.8	19.0	345.0	29.3
	1984	1,164.5	100.0	23.4	2.0	23.4	2.0	89.4	7.7	2.9	0.2	220.2	18.9	340.6	29.2
	1985	1,146.3	100.0	22.9	2.0	22.9	2.0	87.5	7.6	2.7	0.2	216.5	18.9	335.8	29.3
	1986	1,107.5	100.0	23.2	2.1	22.4	2.0	84.1	7.6	2.7	0.2	208.8	18.9	323.4	29.2

出所：農林水産省経済局統計情報部『農家就業動向調査報告書』各年版より作成。

である。また、同じ要因は農村に余剰労働力を生み出し、それらの人々が農業以外の産業に従事することとなった。それが表4-1に示されているような農業就業者の減少と、第2・3次産業就業者の増加をもたらしたのである。

　それでは、農家出身で兼業もしくは農業以外の産業に従事した人々は、どのような職業を選択したのであろうか。まずは兼業からみていこう。表4-4は、農家がどのような雇用・営業形態で兼業してきたかを示したものである。初めに雇用兼業か自営兼業かの区分についてみてみると、第1種兼業農家、第2種

第4章　日本における農村社会の変容と公共事業　351

就業産業別人数

(単位：千人、%)

卸売・小売業		金融・保険・不動産業		運輸・通信業		電気・ガス・水道・熱供給業		サービス業				公　務		不　詳	
								農協など		その他					
549.9	10.3	143.2	2.7	453.0	8.5	72.1	1.4	233.7	4.4	633.4	11.9	407.3	7.6	9.2	0.2
560.2	10.1	149.4	2.7	443.1	8.0	74.3	1.3	238.6	4.3	661.6	12.0	425.9	7.7	6.8	0.1
577.8	10.2	156.2	2.7	439.2	7.7	73.8	1.3	241.0	4.2	670.5	11.8	441.9	7.8	10.3	0.2
582.9	10.0	157.8	2.7	440.3	7.6	80.0	1.4	251.9	4.3	702.3	12.0	449.5	7.7	27.5	0.5
613.3	10.4	158.8	2.7	442.5	7.5	79.4	1.3	243.7	4.1	751.1	12.7	439.8	7.4	26.8	0.5
650.8	10.8	166.4	2.8	444.2	7.4	80.3	1.3	249.6	4.1	786.4	13.0	454.4	7.5	3.5	0.1
661.2	10.9	165.3	2.7	432.4	7.1	81.0	1.3	247.4	4.1	828.4	13.7	468.4	7.7	5.1	0.1
682.1	11.1	165.3	2.7	432.8	7.1	83.0	1.4	250.1	4.1	859.7	14.0	471.4	7.7	4.3	0.1
697.0	11.4	166.5	2.7	431.2	7.0	79.4	1.3	250.2	4.1	869.9	14.2	462.2	7.5	3.8	0.1
702.2	11.5	166.5	2.7	427.0	7.0	76.6	1.3	251.6	4.1	886.8	14.5	456.3	7.5	2.9	0.0
702.9	11.5	163.6	2.7	422.1	6.9	76.8	1.3	249.4	4.1	901.1	14.8	455.5	7.5	3.5	0.1
698.4	11.5	159.9	2.6	411.3	6.8	77.0	1.3	247.7	4.1	917.6	15.1	454.6	7.5	3.9	0.1
694.0	11.5	164.5	2.7	402.5	6.7	82.0	1.4	247.8	4.1	913.8	15.1	446.7	7.4	3.5	0.1
678.3	11.5	154.9	2.6	388.9	6.6	75.5	1.3	243.7	4.1	905.1	15.3	435.8	7.4	3.7	0.1

卸売・小売業		金融・保険・不動産業		運輸・通信業		電気・ガス・水道・熱供給業		サービス業				公　務		不　詳	
								農協など		その他					
331.7	24.6	28.1	2.1	29.5	2.2	4.0	0.3	0.3	0.0	135.4	10.1	0.2	0.0	1.4	0.1
329.8	24.3	29.6	2.2	30.6	2.3	4.7	0.3	0.5	0.0	137.0	10.1	0.2	0.0	1.1	0.1
321.8	24.3	26.9	2.0	30.1	2.3	5.0	0.4	0.8	0.1	135.6	10.2	0.6	0.0	1.6	0.1
285.4	22.8	20.8	1.7	27.0	2.2	7.5	0.6	—	—	136.0	10.9	0.3	0.0	10.3	0.8
294.0	23.1	23.3	1.8	26.9	2.1	8.2	0.6	0.2	0.0	143.2	11.3	0.4	0.0	9.5	0.7
293.1	23.3	20.8	1.7	25.3	2.0	7.9	0.6	0.1	0.0	142.5	11.3	—	—	0.5	0.0
293.8	23.7	27.7	2.2	25.0	2.0	8.1	0.7	1.7	0.1	130.4	10.5	0.5	0.0	0.7	0.1
291.7	23.7	26.7	2.2	25.1	2.0	8.7	0.7	1.4	0.1	130.7	10.6	0.5	0.0	0.7	0.1
284.1	23.5	28.9	2.4	24.6	2.0	7.4	0.6	0.8	0.1	127.5	10.6	0.3	0.0	0.6	0.1
282.2	23.6	28.7	2.4	24.7	2.1	6.8	0.6	0.3	0.0	128.1	10.7	0.5	0.0	0.6	0.1
278.0	23.6	28.5	2.4	24.2	2.1	7.5	0.6	0.4	0.0	129.2	11.0	0.2	0.0	0.5	0.1
276.5	23.7	28.1	2.4	24.1	2.1	6.9	0.6	0.4	0.0	127.8	11.0	0.3	0.0	0.6	0.1
271.1	23.7	28.2	2.5	23.1	2.0	9.8	0.9	0.4	0.0	124.7	10.9	0.2	0.0	0.0	0.0
264.5	23.9	27.6	2.5	22.1	2.0	7.9	0.7	0.3	0.0	120.0	10.8	0.2	0.0	0.4	0.0

兼業農家とも、時代が下るにつれて雇用兼業の割合が上昇している。ただし、農業を主たる生業とする第1種のほうが、第2種よりもその割合は常に高い。

　次に雇用兼業の中で、恒常的勤務か出稼ぎ・日雇い・臨時雇いかの区分についてみてみると、第1種、第2種とも、時代が下るにつれて恒常的勤務の割合が上昇する傾向にある。そして、恒常的勤務の割合は第1種よりも第2種のほうが常に高く、出稼ぎ、日雇い、臨時雇いの割合はその逆となっている。第1種兼業農家は農業を主たる生業としている以上、これは当然のことであろう。

表4-6　出稼ぎ先の就業産業別人数

(単位：千人、%)

年	総数		農林漁業		建設業		製造業		卸売・小売業		運輸・通信業		サービス業		その他	
1973	300.4	100.0	9.1	3.0	193.1	64.3	78.0	26.0	4.3	1.4	7.1	2.4	6.4	2.1	2.5	0.8
1974	251.2	100.0	7.1	2.8	170.9	68.0	56.0	22.3	3.4	1.4	6.3	2.5	5.9	2.3	1.4	0.6
1975	190.4	100.0	5.5	2.9	132.9	69.8	39.5	20.7	2.9	1.5	4.9	2.6	3.7	1.9	1.2	0.6
1976	179.0	100.0	5.8	3.2	116.6	65.1	44.6	24.9	2.9	1.6	4.2	2.3	4.6	2.6	0.3	0.2
1977	157.9	100.0	6.5	4.1	105.3	66.7	35.8	22.7	1.4	0.9	2.7	1.7	5.0	3.2	1.2	0.8
1978	148.3	100.0	5.3	3.6	101.6	68.5	30.4	20.5	1.8	1.2	3.2	2.2	5.1	3.4	0.8	0.5
1979	133.3	100.0	4.2	3.2	90.9	68.2	28.9	21.7	1.4	1.1	2.8	2.1	4.3	3.2	0.8	0.6
1980	133.2	100.0	4.3	3.2	91.8	68.9	27.5	20.6	1.6	1.2	3.0	2.3	4.1	3.1	1.0	0.8
1981	124.9	100.0	3.8	3.0	86.1	68.9	26.3	21.1	1.5	1.2	2.6	2.1	4.0	3.2	0.6	0.5
1982	118.7	100.0	3.8	3.2	83.6	70.4	22.5	19.0	1.4	1.2	2.2	1.9	4.5	3.8	0.6	0.5
1983	107.8	100.0	3.9	3.6	74.3	68.9	21.2	19.7	1.3	1.2	2.6	2.4	3.9	3.6	0.5	0.5
1984	102.8	100.0	3.6	3.5	70.2	68.3	20.5	19.9	1.0	1.0	2.1	2.0	5.0	4.9	0.5	0.5
1985	89.4	100.0	2.8	3.1	60.7	67.9	17.9	20.0	0.7	0.8	2.5	2.8	4.3	4.8	0.6	0.7
1986	79.5	100.0	2.5	3.1	54.1	68.1	15.7	19.7	0.9	1.1	1.8	2.3	4.1	5.2	0.4	0.5
1987	74.1	100.0	2.0	2.7	50.4	68.0	15.5	20.9	0.7	0.9	1.8	2.4	3.5	4.7	0.3	0.4
1988	70.0	100.0	1.6	2.3	49.1	70.1	13.7	19.6	0.6	0.9	1.7	2.4	2.9	4.1	0.4	0.6
1989	63.1	100.0	1.1	1.7	45.2	71.6	12.0	19.0	0.6	1.0	1.4	2.2	2.4	3.8	0.5	0.8
1990	58.7	100.0	0.9	1.5	41.5	70.7	11.3	19.3	0.6	1.0	1.7	2.9	2.0	3.4	0.7	1.2

注：1カ月以上1年未満の予定で出た者の数値。
出所：農林水産省経済局統計情報部『農家就業動向調査報告書』各年版より作成。

　それでは、兼業農家が具体的にどのような業種の仕事に就いていたのかについてみてみよう。表4-5は、1973～86年における産業別の兼業の状況を示したものである。なお、表中における在宅勤務者とは、自宅から企業や工場等に通勤する形態の兼業であり、表4-4における雇用兼業に対応するものと考えられる。この表より、在宅勤務者では建設業、製造業、サービス業が、自営兼業者では建設業、製造業、卸売・小売業が大きな割合を占めていることがわかる。また、表4-6は、1973～90年における労働者の出稼ぎ先の、業種別の状況を示したものである。これより明らかなように、時代が下がるにつれて出稼ぎ労働者の総数は減少しているものの、一貫して建設業が最も大きな割合を占めているのである。

　次に、農業以外の産業に就いた農家出身者についてみていこう。表4-7は1970、80、90年における、農家出身者の地域別の職業異動状況を示している。

これによれば、70年には全国的にみて、製造業、卸売・小売業、サービス業が大きな割合を占めており、建設業はそれらに次ぐ割合となっている。80年では、建設業の全国的な割合の大きさはやはり4番目であるが、その数値は上昇しており、北海道では最も高い割合を占めるに至っている。90年になると、建設業の全国的な割合は5.5％に低下するが、地域別にみると四国では11.6％と、全産業の中で4番目に大きな割合を占めているのである。

3．公共事業の展開

　前章において、農家の兼業先および職業異動先として建設業が重要な役割を果たしてきたことをみた。表4－8は建設投資の推移を示したものであるが、その額は1990年まで増加しており、その中でも政府による建設投資の占める割合が上昇している。また、建設投資は建築と土木からなるが、2000年度まで政府による土木、その中でも公共事業の占める割合が上昇していることがわかる。このように、農家の兼業先および職業異動先の提供には、政府の公共事業が大きな役割を果たしてきたと考えられるのである。そこで本章では、政府の公共事業がどのように実施されてきたのかについてみていくこととしたい。

　最初に政府の財政支出の全体的な推移について確認しておく。図4－5は国の一般会計歳出決算額、財政投融資実績額、地方財政（普通会計）の歳出決算総額の推移を示したものである。これによれば、1990年代後半までいずれもほぼ一貫して増加しているが、その中でも地方財政が国の一般会計を上回って増加している。一方、財政投融資は国の一般会計を下回っているが、時代が下るにつれてその差は大きくなっており、90年代末以降はさらに大きく減少していることがわかる。

　まずは国の一般会計についてであるが、同会計における公共事業関係費は、2004年度までは常に歳出予算総額の1割以上を占めており、1972年度には2割を超えたこともあった。全体的な推移としてみれば、1950年代末から70年代にかけてが、国の一般会計において公共事業関係費が主要な経費であった時代と

表 4-7 地域別・産業別の

区分		計		農業		林業		漁業		鉱業		建設業		製造業	
1970年	全国	793.1	100.0	4.8	0.6	3.3	0.4	3.5	0.4	3.0	0.4	80.6	10.2	349.5	44.1
	北海道	25.5	100.0	0.1	0.4	0.3	1.2	0.2	0.8	0.1	0.4	3.1	12.2	7.1	27.8
	東北	141.1	100.0	1.1	0.8	0.4	0.3	0.7	0.5	1.1	0.8	24.0	17.0	57.1	40.5
	北陸	64.8	100.0	0.4	0.6	0.1	0.2	—	—	0.3	0.5	5.7	8.8	29.8	46.0
	関東・東山	159.6	100.0	0.8	0.5	0.3	0.2	0.9	0.6	0.5	0.3	12.2	7.6	74.0	46.4
	東海	80.9	100.0	0.4	0.5	0.2	0.2	1.1	1.4	—	—	6.6	8.2	37.9	46.8
	近畿	59.6	100.0	0.4	0.7	—	—	—	—	0.1	0.2	2.9	4.9	26.5	44.5
	中国	90.2	100.0	0.4	0.4	0.3	0.3	—	—	0.1	0.1	8.2	9.1	44.0	48.8
	四国	45.6	100.0	0.4	0.9	0.1	0.2	—	—	0.1	0.2	4.6	10.1	19.0	41.7
	九州	125.8	100.0	0.8	0.6	1.6	1.3	0.6	0.5	0.7	0.6	13.3	10.6	54.1	43.0
1980年	全国	515.6	100.0	4.0	0.8	2.5	0.5	0.9	0.2	0.9	0.2	68.1	13.2	152.6	29.6
	北海道	14.9	100.0	0.2	1.3	0.2	1.3	0.0	0.0	0.0	0.0	3.6	24.2	2.3	15.4
	東北	90.5	100.0	0.5	0.6	0.3	0.3	0.2	0.2	0.1	0.1	12.9	14.3	26.5	29.3
	北陸	39.1	100.0	0.3	0.8	0.1	0.3	0.0	0.0	—	—	5.4	13.8	13.3	34.0
	関東・東山	111.7	100.0	0.3	0.3	0.4	0.4	—	—	0.3	0.3	13.5	12.1	35.3	31.6
	東海	48.9	100.0	0.5	1.0	0.0	0.0	0.0	0.0	—	—	4.2	8.6	17.4	35.6
	近畿	43.3	100.0	0.3	0.7	0.2	0.5	0.0	0.0	0.0	0.0	2.9	6.7	14.0	32.3
	中国	47.8	100.0	0.4	0.8	0.6	1.3	0.1	0.2	0.1	0.2	6.4	13.4	13.8	28.9
	四国	27.6	100.0	0.2	0.7	0.2	0.7	0.1	0.4	—	—	4.6	16.7	7.5	27.2
	九州	91.8	100.0	1.3	1.4	0.5	0.5	0.5	0.5	0.4	0.4	14.6	15.9	22.5	24.5
1990年	全国	170.4	100.0	0.8	0.5	0.1	0.1	0.3	0.2	0.2	0.1	9.4	5.5	61.0	35.8
	北海道	5.4	100.0	0.0	0.0	0.0	0.0	0.1	1.9	—	—	0.2	3.7	1.3	24.1
	東北	35.6	100.0	0.1	0.3	0.0	0.0	0.1	0.3	0.1	0.3	2.0	5.6	14.8	41.6
	北陸	10.8	100.0	0.1	0.9	—	—	—	—	0.0	0.0	0.7	6.5	3.9	36.1
	関東・東山	35.5	100.0	0.3	0.8	—	—	—	—	—	—	1.7	4.8	13.0	36.6
	東海	18.6	100.0	0.1	0.5	—	—	—	—	—	—	0.9	4.8	7.9	42.5
	近畿	12.5	100.0	—	—	—	—	—	—	—	—	0.2	1.6	5.0	40.0
	中国	16.1	100.0	0.0	0.0	0.1	0.6	—	—	—	—	1.0	6.2	5.3	32.9
	四国	9.5	100.0	0.0	0.0	—	—	0.0	0.0	0.0	0.0	1.1	11.6	1.9	20.0
	九州	25.0	100.0	0.1	0.4	—	—	0.2	0.8	0.1	0.4	1.4	5.6	7.6	30.4

出所：農林水産省経済局統計情報部『農家就業動向調査報告書』各年版より作成。

言えるであろう。

　公共事業関係費のさらなる経費別の構造については、経費名が時代によって変化しているため、正確に捉えることは困難であるが、まず農業基盤整備関係の経費（農業基盤整備（費）、農業基盤整備事業費、農業農村整備事業費、農林水産基盤整備事業費）の推移についてみてみると、2003年度までは常に1割以上の割合で推移してきた。やはり農村に深く関係すると考えられる治山治水関係の経費（治山治水、治山治水対策事業費）の推移についてみてみると、

第4章　日本における農村社会の変容と公共事業　355

農家世帯員就業異動人数

(単位：千人、%)

電気・ガス・水道・熱供給業		運輸・通信業		卸売・小売業		金融・保険・不動産業		サービス業				公　務		不　詳	
								農協など		その他					
9.2	1.2	35.6	4.5	119.1	15.0	24.2	3.1	19.4	2.4	101.4	12.8	38.4	4.8	2.1	0.3
0.5	2.0	1.8	7.1	4.6	18.0	0.1	0.4	1.4	5.5	4.6	18.0	1.3	5.1	0.2	0.8
2.4	1.7	6.2	4.4	19.7	14.0	1.8	1.3	2.0	1.4	18.5	13.1	6.2	4.4	0.2	0.1
0.9	1.4	2.6	4.0	10.6	16.4	1.1	1.7	1.5	2.3	8.1	12.5	3.6	5.6	0.1	0.2
2.3	1.4	5.7	3.6	24.4	15.3	6.7	4.2	3.6	2.3	19.2	12.0	8.3	5.2	0.9	0.6
0.3	0.4	2.7	3.3	12.0	14.8	3.6	4.4	3.0	3.7	9.0	11.1	4.1	5.1	―	―
0.1	0.2	2.6	4.4	7.8	13.1	4.6	7.7	1.6	2.7	8.8	14.8	3.9	6.5	0.1	0.2
0.5	0.6	4.7	5.2	13.5	15.0	2.9	3.2	2.4	2.7	11.1	12.3	2.5	2.8	―	―
0.3	0.7	2.5	5.5	7.0	15.4	2.0	4.4	1.5	3.3	5.0	11.0	3.1	6.8	0.1	0.2
1.9	1.5	6.8	5.4	19.5	15.5	1.4	1.1	2.4	1.9	17.1	13.6	5.4	4.3	0.5	0.4
7.7	1.5	19.6	3.8	93.2	18.1	18.4	3.6	14.6	2.8	101.3	19.6	31.7	6.1	0.8	0.2
0.2	1.3	0.8	5.4	2.7	18.1	0.3	2.0	0.9	6.0	2.2	14.8	1.3	8.7	―	―
1.6	1.8	3.3	3.6	19.8	21.9	2.2	2.4	1.6	1.8	16.2	17.9	5.1	5.6	0.0	0.0
0.5	1.3	1.5	3.8	6.8	17.4	0.9	2.3	0.8	2.0	7.3	18.7	2.1	5.4	―	―
1.1	1.0	3.3	3.0	18.6	16.7	5.2	4.7	2.8	2.5	23.9	21.4	6.8	6.1	0.2	0.2
0.4	0.7	1.4	2.9	8.9	18.2	2.4	4.9	1.6	3.3	9.4	19.2	2.6	5.3	0.1	0.2
0.8	1.8	2.8	6.5	7.9	18.2	2.5	5.8	1.4	3.2	9.0	20.8	2.3	5.3	0.1	0.2
1.1	2.3	1.6	3.3	7.8	16.3	1.3	2.7	1.2	2.5	10.0	20.9	3.3	6.9	0.1	0.2
0.3	1.1	0.9	3.3	4.3	15.6	1.1	4.0	1.3	4.7	5.6	20.3	1.7	6.2	0.1	0.4
1.7	1.9	4.0	4.4	16.4	17.9	2.5	2.7	3.0	3.3	17.7	19.3	6.5	7.1	0.2	0.2
2.4	1.4	5.7	3.3	26.0	15.3	6.4	3.8	4.8	2.8	40.9	24.0	11.0	6.5	1.3	0.8
0.0	0.0	0.3	5.6	1.1	20.4	0.1	1.9	0.3	5.6	1.2	22.2	0.4	7.4	0.2	3.7
0.7	2.0	0.7	2.0	6.1	17.1	1.5	4.2	0.4	1.1	6.8	19.1	2.3	6.5	0.0	0.0
0.1	0.9	0.4	3.7	1.8	16.7	0.2	1.9	0.8	7.4	2.3	21.3	0.5	4.6	0.1	0.9
0.3	0.8	2.0	5.6	4.1	11.5	1.2	3.4	1.1	3.1	9.0	25.4	2.5	7.0	0.4	1.1
0.2	1.1	0.8	4.3	1.7	9.1	0.9	4.8	0.3	1.6	4.4	23.7	1.3	7.0	0.0	0.0
0.3	2.4	0.3	2.4	1.8	14.4	0.7	5.6	0.4	3.2	3.3	26.4	0.6	4.8	0.1	0.8
0.3	1.9	0.3	1.9	3.0	18.6	0.7	4.3	0.4	2.5	4.8	29.8	1.1	6.8	0.1	0.6
0.1	1.1	0.3	3.2	2.0	21.1	0.5	5.3	0.2	2.1	2.8	29.5	0.5	5.3	0.0	0.0
0.4	1.6	0.7	2.8	4.2	16.8	0.7	2.8	0.8	3.2	7.0	28.0	1.7	6.8	0.2	0.8

2000年代まで常に15％前後（1950年代から60年代初めにかけては２割前後）の割合を占めている。仮にこれら二つの経費を合わせると、11年度を除いて２割以上の割合で推移している。さらに、これら以外にも道路整備事業費をはじめとして農村に関係する経費が存在することから、一般会計における公共事業関係費のかなりの部分が農村地域向けであったと考えられるのである。

　続いて、かつては「第二の予算」とも呼ばれた財政投融資についてみてみる。表４－９は、使途別の財政投融資計画の推移を示したものであるが、これによ

表4-8 建設

年度	1960		1965		1970		1975		1980	
建築	15,410	61.4	37,181	62.5	97,179	66.4	197,598	62.5	292,189	59.1
政府	2,044	8.2	5,351	9.0	12,757	8.7	30,840	9.8	48,049	9.7
民間	13,366	53.3	31,830	53.5	84,422	57.7	166,758	52.7	244,140	49.3
土木	9,668	38.6	22,350	37.5	49,162	33.6	118,643	37.5	202,564	40.9
政府	6,663	26.6	17,528	29.4	36,680	25.1	87,757	27.8	148,143	29.9
公共事業	4,825	19.2	11,681	19.6	25,057	17.1	59,711	18.9	112,974	22.8
民間	3,005	12.0	4,822	8.1	12,482	8.5	30,886	9.8	54,421	11.0
総計	25,078	100.0	59,531	100.0	146,341	100.0	316,241	100.0	494,753	100.0
政府	8,707	34.7	22,879	38.4	49,437	33.8	118,597	37.5	196,192	39.7
民間	16,371	65.3	36,652	61.6	96,904	66.2	197,644	62.5	298,561	60.3

出所：国土交通省「平成27年度建設投資見通し」参考資料。

図4-5　国の一般会計歳出決算額、財政投融資実績額、地方財政歳出決算総額の推移

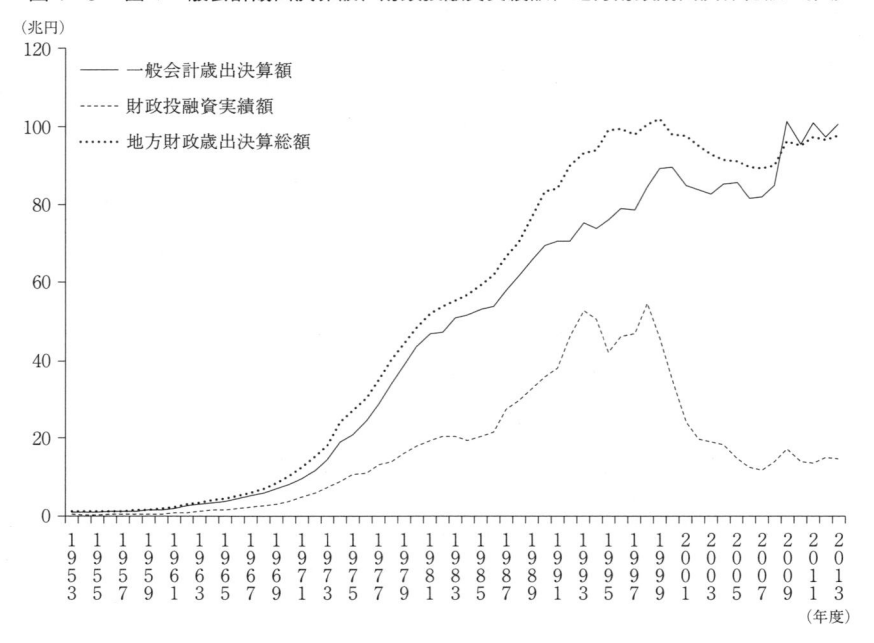

注：地方財政歳出決算総額は普通会計の数値。
出所：財務省「財政統計」、財務総合政策研究所『財政金融統計月報』財政投融資特集各号、大蔵省財政史室［1999］385頁より作成。

第4章　日本における農村社会の変容と公共事業　357

投資の推移

(単位：億円、％)

1985		1990		1995		2000		2005		2010	
294,403	58.9	522,319	64.1	409,896	51.9	336,189	50.8	297,142	57.6	220,991	52.7
36,931	7.4	46,010	5.6	56,672	7.2	40,004	6.0	20,527	4.0	22,096	5.3
257,472	51.5	476,309	58.5	353,224	44.7	296,185	44.7	276,615	53.6	198,895	47.4
205,242	41.1	292,076	35.9	380,273	48.1	325,759	49.2	218,534	42.4	198,291	47.3
156,598	31.3	211,470	26.0	295,314	37.4	259,597	39.2	169,211	32.8	157,724	37.6
131,773	26.4	185,742	22.8	259,516	32.8	228,151	34.5	150,853	29.3	130,198	31.1
48,644	9.7	80,606	9.9	84,958	10.8	66,162	10.0	49,323	9.6	40,567	9.7
499,645	100.0	814,395	100.0	790,169	100.0	661,948	100.0	515,676	100.0	419,282	100.0
193,529	38.7	257,480	31.6	351,986	44.5	299,601	45.3	189,738	36.8	179,820	42.9
306,116	61.3	556,915	68.4	438,182	55.5	362,347	54.7	325,938	63.2	239,462	57.1

れば、農林漁業はほぼ一貫してその割合を低下させている。しかしその一方で、道路は徐々にその割合を上昇させており、2005年度には2割近くの水準に達している。このように、財政投融資が農村に影響を与える経路としては、道路関係の公共事業が重要であると考えられよう。

　最後に、地方自治体の歳出についてみることとする。表4-10は地方財政の目的別歳出決算額の推移を示したものであるが、2000年度までは土木費が2割以上と、教育費に次いで最も高い割合を占めていたことが明らかである。図4-5でみたように、地方財政の歳出額が国の一般会計のそれを上回って推移してきたことを考えれば、公共事業を主として担ってきた政府は地方自治体であると言えるのである[4]。

　さて、それでは公共事業は各地方の経済に対してどのような影響を与えたのであろうか。図4-6～4-10は、1960～2000年における、県内総支出に対する一般政府の公的総固定資本形成の比率を示したものである。時代によって全体的な水準に変化はあるものの、都道府県によって大きな差があることがわかる。特に、大都市を抱える地方では低く、農村部の割合が高いと考えられる地方では高いという傾向があると言えるだろう。

　この点をより明確にするために、県内総支出に対する公的総固定資本形成の

表 4-9　財政投融資計画の使途別

年　度	1955		1960		1965		1970		1975		1980	
住宅	445	13.8	779	12.8	2,259	13.9	6,896	19.3	19,966	21.4	47,619	26.2
生活環境整備	247	7.7	562	9.3	2,010	12.4	4,168	11.6	15,573	16.7	25,717	14.1
厚生福祉	69	2.1	107	1.8	585	3.6	1,017	2.8	3,133	3.4	6,280	3.5
文教	146	4.5	211	3.5	493	3.0	790	2.2	2,752	3.0	8,089	4.4
中小企業	262	8.1	774	12.8	2,045	12.6	5,523	15.4	14,505	15.6	34,004	18.7
農林漁業	286	8.9	430	7.1	1,169	7.2	1,785	5.0	3,795	4.1	8,859	4.9
国土保全・災害復旧	248	7.7	396	6.5	506	3.1	560	1.6	1,100	1.2	3,120	1.7
道路	118	3.7	217	3.6	1,284	7.9	3,078	8.6	7,444	8.0	10,314	5.7
運輸通信	393	12.2	857	14.1	2,250	13.9	4,723	13.2	11,849	12.7	17,437	9.6
地域開発	274	8.5	430	7.1	1,124	6.9	1,431	4.0	3,059	3.3	4,694	2.6
産業・技術	506	15.7	827	13.6	1,262	7.8	2,028	5.7	2,764	3.0	5,473	3.0
貿易・経済協力	225	7.0	479	7.9	1,219	7.5	3,800	10.6	7,160	7.7	10,193	5.6
合　計	3,219	100.0	6,069	100.0	16,206	100.0	35,799	100.0	93,100	100.0	181,799	100.0

出所：財務総合政策研究所『財政金融統計月報』財政投融資特集各号より作成。

表 4-10　地方財政

年度	総　額		議会・総務費		民生費		衛生費		労働費		農林水産業費	
1965	4,365	100.0	498	11.4	308	7.1	257	5.9	92	2.1	373	8.5
1970	9,815	100.0	1,006	10.2	759	7.7	576	5.9	163	1.7	848	8.6
1975	25,654	100.0	2,557	10.0	2,836	11.1	1,754	6.8	291	1.1	1,972	7.7
1980	45,781	100.0	4,435	9.7	5,028	11.0	2,816	6.2	426	0.9	3,872	8.5
1985	56,293	100.0	5,465	0.0	6,252	11.1	3,423	6.1	448	0.8	4,050	7.2
1990	78,473	100.0	11,051	0.0	8,228	10.5	4,599	5.9	463	0.6	4,960	6.3
1995	98,945	100.0	10,583	0.0	11,980	12.1	6,475	6.5	541	0.5	6,779	6.9
2000	97,616	100.0	9,732	0.0	13,392	13.7	6,520	6.7	476	0.5	5,870	6.0
2005	90,697	100.0	9,226	0.0	15,693	17.3	5,707	6.3	317	0.3	3,978	4.4
2010	94,775	100.0	10,402	0.0	21,316	22.5	5,812	6.1	808	0.9	3,246	3.4

出所：総務省『地方財政白書』各年版より作成。

比率と、1人当たり県民所得の相関係数の推移を示したのが図 4-11 である。ここに明らかなように、相関係数の数値は常にマイナスであり、1人当たり県民所得の水準が低いほど、県内総支出に対する公的総固定資本形成の比率が高いことが示されている。さらに、時代が下るにつれて数値は低下しており、両者の相関関係はマイナスの方向に強まっていったことが明らかである。すなわち、農村部の割合が高く、1人当たり県民所得の水準が低い地方ほど、公共事

分類の推移（当初計画ベース）

(単位：億円、%)

1985		1990		1995		2000		2005		2010	
52,893	25.4	83,659	30.3	141,927	35.3	127,619	34.1	12,781	7.5	6,044	3.3
32,809	15.7	42,220	15.3	66,115	16.4	66,526	17.8	39,410	23.0	31,275	17.0
5,957	2.9	8,519	3.1	16,113	4.0	15,642	4.2	7,871	4.6	5,060	2.8
7,453	3.6	5,541	2.0	8,172	2.0	8,484	2.3	8,444	4.9	11,346	6.2
37,644	18.0	43,378	15.7	61,619	15.3	62,719	16.7	37,972	22.1	56,732	30.9
8,906	4.3	8,760	3.2	11,819	2.9	8,807	2.4	5,220	3.0	4,044	2.2
4,728	2.3	3,285	1.2	5,104	1.3	7,001	1.9	4,625	2.7	2,434	1.3
18,264	8.8	27,001	9.8	31,254	7.8	34,782	9.3	31,753	18.5	24,258	13.2
17,634	8.5	23,041	8.3	18,511	4.6	6,925	1.8	4,142	2.4	4,359	2.4
5,112	2.5	6,825	2.5	10,508	2.6	10,933	2.9	5,717	3.3	4,409	2.4
6,033	2.9	7,965	2.9	12,324	3.1	6,831	1.8	2,607	1.5	19,071	10.4
11,147	5.3	16,030	5.8	18,935	4.7	18,391	4.9	10,976	6.4	14,538	7.9
208,580	100.0	276,224	100.0	402,401	100.0	374,660	100.0	171,518	100.0	183,569	100.0

目的別歳出決算額

(単位：十億円、%)

商工費		土木費		消防費		警察費		教育費		その他	
165	3.8	934	21.4	67	1.5	183	4.2	1,150	26.3	339	7.8
411	4.2	2,474	25.2	149	1.5	402	4.1	2,440	24.9	588	6.0
997	3.9	5,101	19.9	455	1.8	1,049	4.1	6,915	27.0	1,728	6.7
1,690	3.7	9,475	20.7	778	1.7	1,691	3.7	11,562	25.3	4,007	8.8
2,253	4.0	11,513	20.5	987	1.8	2,007	3.6	13,274	23.6	6,621	11.8
3,433	4.4	17,492	22.9	1,382	1.8	2,625	3.3	16,599	21.2	7,641	9.7
5,662	5.7	23,033	23.3	1,826	1.8	3,282	3.3	18,742	18.9	10,043	10.2
5,428	5.6	19,560	20.0	1,876	1.9	3,429	3.5	18,079	18.5	13,255	13.6
4,626	5.1	14,417	15.9	1,824	2.0	3,318	3.7	16,578	18.3	15,014	16.6
6,398	6.8	11,959	12.6	1,779	1.9	3,216	3.4	16,447	17.4	13,391	14.1

業に大きく依存する経済構造になっていったことが、大まかにではあるが示されたと言えるだろう。

4．おわりに

　日本では高度成長期以降、農村部から都市部に大規模な人口移動が生じ、都

図4-6　公的総固定資本形成（一般政府）対県内総支出（1960年）

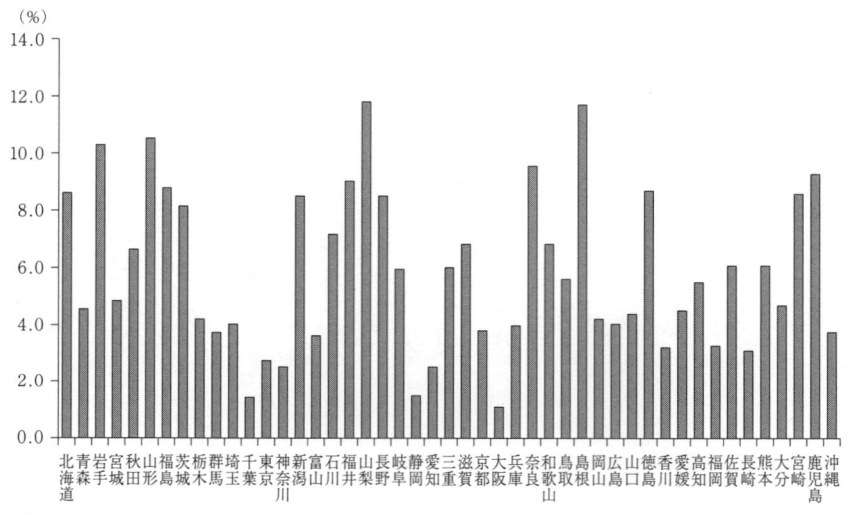

出所：内閣府「県民経済計算」より作成。

図4-7　公的総固定資本（一般政府）形成対県内総支出（1970年）

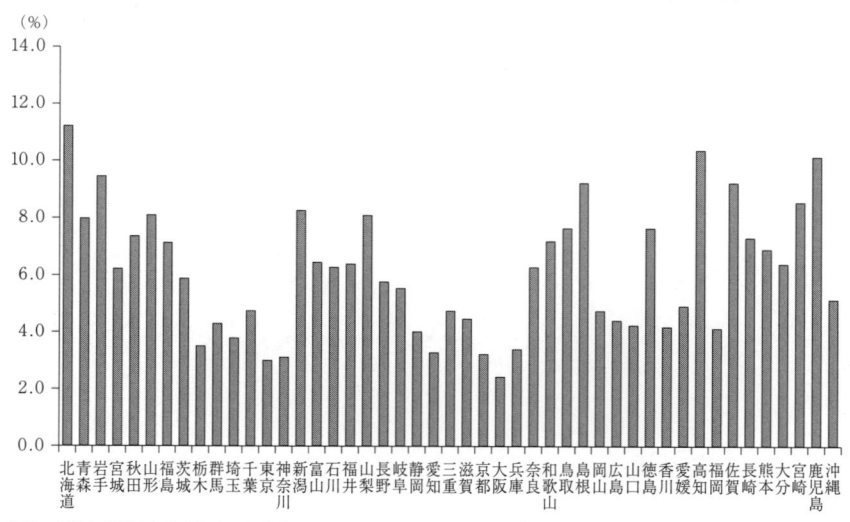

出所：内閣府「県民経済計算」より作成。

第4章 日本における農村社会の変容と公共事業 361

図4-8 公的総固定資本形成（一般政府）対県内総支出（1980年）

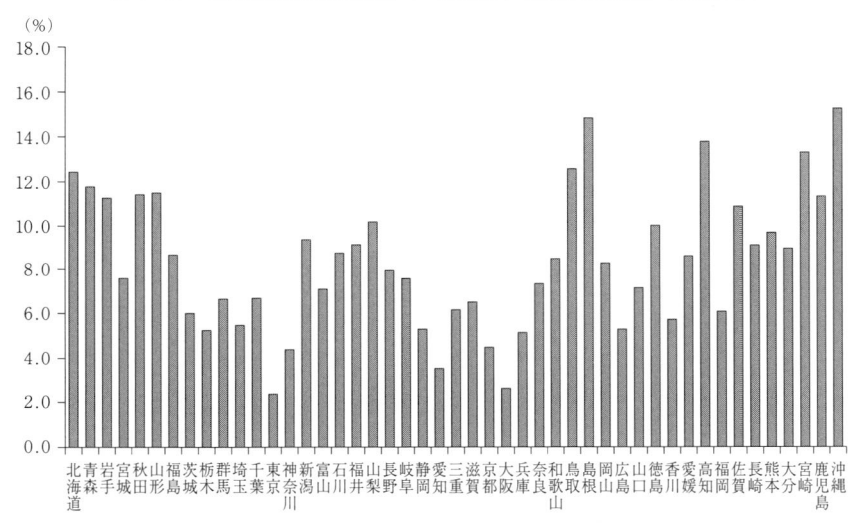

出所：内閣府「県民経済計算」より作成。

図4-9 公的総固定資本形成（一般政府）対県内総支出（1990年）

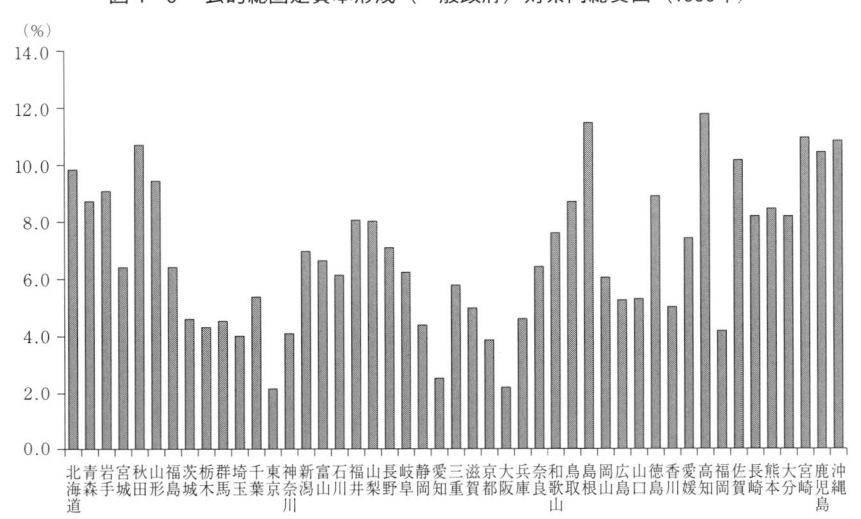

出所：内閣府「県民経済計算」より作成。

図4-10　公的総固定資本形成（一般政府）対県内総支出（2000年）

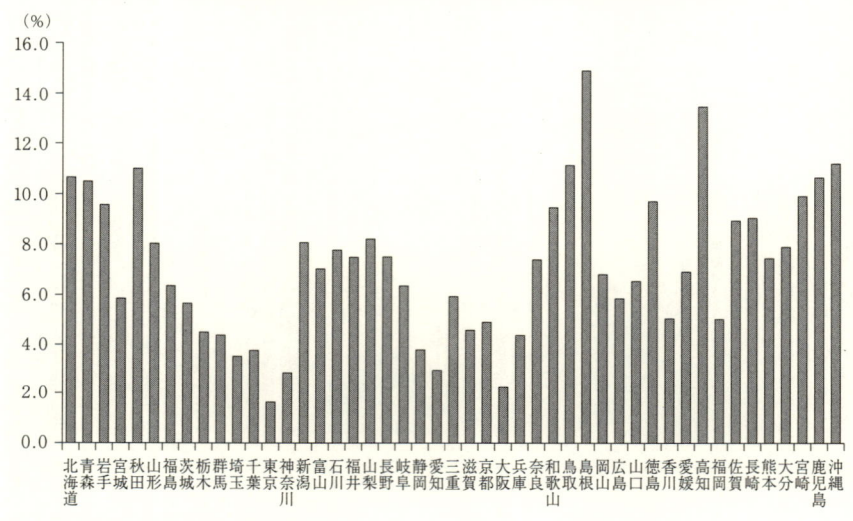

出所：内閣府「県民経済計算」より作成。

図4-11　公的総固定資本形成（一般政府）対県内総支出と1人当たり県民所得の相関係数の推移

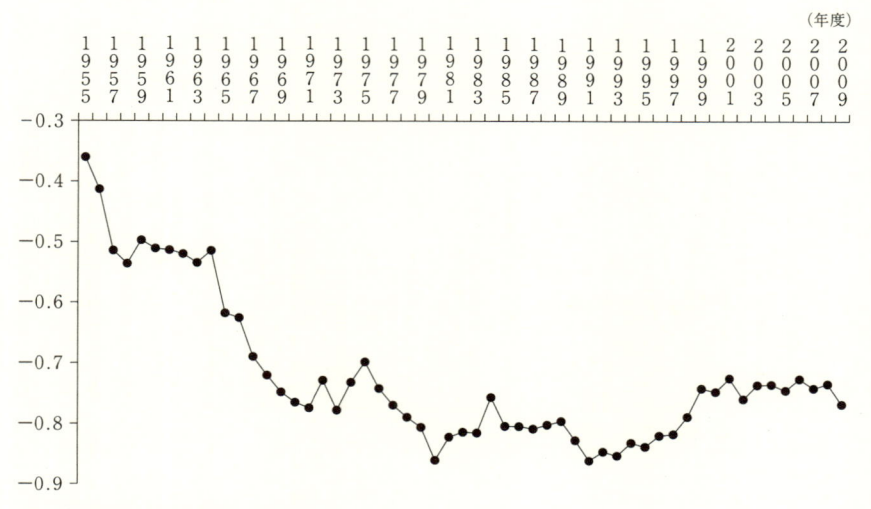

出所：内閣府「県民経済計算」より作成。

市部に流入した人々のほぼすべてが第2・3次産業に従事した。また、農村部でも農業から離れて第2・3次産業に従事する人々や、それらの産業を兼業する人々が増加していった。こうした中で、建設業は彼らの重要な雇用提供先として機能し、政府、特に地方自治体の公共事業がそれらを創出する役割を担った。実際に、1人当たり県民所得の水準が低い地方ほど県内総支出に対する公的総固定資本形成の比率が高くなっていることから、公共事業はそうした地方の人々の所得水準の維持に大きな役割を果たしてきたと考えられるのである。

しかし、このことは同時に、農村部をはじめとする地方の経済が、公共事業に大きく依存する構造に変化したことを意味している。その結果、政府が財政健全化を目的として公共事業を大きく削減すると、地方ではたちまち雇用問題が発生してしまうこととなったのである。近年における地方から大都市圏への人口流出は、こうした地方における雇用問題が背景にあると言ってよいであろう。そのため、今後の地方経済を持続可能なものとしていくには、公共事業に依存しない経済構造をいかに築いていくかということが重要になってくるのである。

注
1) そのため、こうした日本の財政の特徴は「公共投資偏重型財政システム」(金澤[2010])や「土建国家」(井手[2013])などと呼ばれることがある。
2) 公共投資と公共事業は、厳密には財源や対象経費に違いがあるが、本章では同じものとして扱うこととする。
3) こうした内需拡大要請の代表的な例である日米構造協議と公共投資の関係については、天羽[2014]を参照のこと。
4) 地方自治体の公共投資拡大の背景には国による政策誘導があり、1970年代には国からの補助金が、1980年代には地方債と地方交付税による「交付税措置」が誘導手段として機能した。詳しくは天羽[2014]を参照のこと。

【参考文献】
天羽正継[2014]「日米構造協議と財政赤字の形成」諸富徹編『日本財政の現代史Ⅱ バブルとその崩壊 1986〜2000年』有斐閣、305-328頁。

井手英策［2013］『日本財政　転換の指針』岩波書店。
大蔵省財政史室編［1999］『昭和財政史——昭和27～48年度　第19巻　統計』東洋経済新報社。
金澤史男［2010］『福祉国家と政府間関係』日本経済評論社。
神野直彦［2002］『地域再生の経済学——豊かさを問い直す』中央公論新社。
暉峻衆三［2003］「高度経済成長の展開——1950年代初頭から70年代初頭まで」暉峻衆三編『日本の農業150年——1850～2000年』有斐閣、145-215頁。
三和良一・原朗編［2010］『近代日本経済史要覧　補訂版』東京大学出版会。

終章　自由貿易下における農業・農村の再生
——小さき人々による挑戦——

宮田　剛志

1．TPP協定交渉の大筋合意

1.1．TPP協定交渉の大筋合意後の流れ

　2015年10月5日、TPP協定交渉が大筋合意に至った。その後、農林水産省から『TPP農林水産物市場アクセス交渉結果』[1]、『農林水産分野の大筋合意の概要』[2] が公表された。10月9日には、『TPP協定交渉の大筋合意を踏まえた総合的な政策対応に関する基本方針』[3] が示され、農林水産分野では農林水産業・地域の活力創造本部で『農林水産分野に係る基本方針』に沿って別途検討が進められることとなった。11月には農林水産省から『品目毎の農林水産物への影響について（総括表）』も公表された[4]。

　11月25日、TPP政府対策本部より『総合的なTPP関連政策大綱』が公表され、農林水産業に関しては、攻めの農林水産業への転換（体質強化対策）と経営安定・安定供給のための備え（重要5品目関連）の2つから国内対策が行われることとなった。重要5品目に関しては、経営安定・安定供給のための備えの中で「関税削減等に対する農業者の懸念と不安を払拭し、TPP協定発効後の経営安定に万全を期すため、生産コスト削減や収益性向上への意欲を持続させることに配慮しつつ、協定発効に合わせて経営安定対策の充実等の措置を講ずる」とされた。

12月24日、TPP 政府対策本部より『TPP 協定の経済効果分析について』[5]が示された。農林水産分野の評価は、TPP 協定交渉の大筋合意の内容や『総合的な TPP 関連政策大綱』に基づく政策対応を考慮して算出された。「関税削減等の影響で価格低下による生産額の減少が生じるものの、体質強化対策による生産コストの低減・品質向上や経営安定対策などの国内対策により、引き続き生産や農家所得が確保され、国内生産量が維持されるもの」と試算された。農林水産物の生産減少額は1,300〜2,100億円、食料自給率は、カロリーベース、生産額ベースともに変化しないと試算されている。

1.2. TPP 協定交渉の大筋合意をめぐる議論

TPP 協定交渉に関する議論のその賛否をめぐって激しく展開してきた。TPP 政府対策本部から公表された試算をめぐっての議論を含め[6]、さまざまな議論が展開してきた。TPP 協定交渉に限らず色々な形での貿易自由化は、国内制度を大きく変える原動力となり、産業構造の変化を促していく源泉となるゆえである[7]。

もちろん、『日本再興戦略』改訂2015——未来への投資・生産性革命』では、TPP 協定交渉の大筋合意後に、日・EU・EPA をはじめ、東アジア地域包括的経済連携（RCEP）、日中韓 FTA などの経済連携協定交渉が戦略的かつスピード感をもって推進していく、ことが掲げられている[8]。

そこで、本書では「貿易自由化」（経済連携協定）の推進と「農業・農村の再生」の観点からⅣ部構成で14名から執筆がなされている。

本書の第Ⅰ部第１章「「自由貿易」と「規制改革」の本質」（鈴木宣弘）では、次の論理が説明困難であることを実証している。
①農産物の貿易量の増加が食料価格の安定化と食料安全保障をもたらす
②貿易自由化の徹底と途上国の食料増産の両立は可能か

途上国では、輸出価格の上昇が農家所得に反映されにくいという輸出業者や中間業者の「買手寡占」（農産物の買いたたき）と「売手寡占」（生産資材の価格つり上げ）の問題が、価格上昇の利益を減衰させている点の実証である。す

終章　自由貿易下における農業・農村の再生　367

なわち、農産物の輸出価格の上昇が、その利益の大部分を輸出業者や仲介業者、プランテーション経営者等が受け取り、末端の農家まで還元されにくいという実態を定量的に検証している。鈴木宣弘研究室の一連の研究成果が挙げられる。

③　先進国の不完全競争市場における規制緩和

不完全競争市場における規制緩和によって何が起きるかを検討する上で、参考になるのは、独禁法の適用除外組織として英国の生乳流通に大きな役割を果たしてきた英国のMMB（ミルク・マーケティング・ボード）解体後の英国の生乳市場における酪農生産者組織、多国籍乳業、大手スーパーなどの動向である。MMBが解体された後、それを引き継ぐ形で、任意組織である酪農協が結成されたが、その酪農協は酪農家を結集できず、大手スーパーと連携した多国籍乳業メーカーとの直接契約により酪農家は分断されていった。この結果、大手スーパーと多国籍乳業の独占的地位の拡大を許し、結果的に、酪農家の手取り乳価の低迷に拍車をかけたことは競争政策の側面からも再検討すべきとされる。つまり、一方の市場支配力の形成を著しく弱めたことにより、ガルブレイス（ハーバード大学名誉教授、1908～2006年）の言う「カウンターベイリング・パワー」（拮抗力）を失わせ、パワーバランスを極端に崩してしまったのである。生産者と小売・乳業資本との間の取引交渉力のアンバランスの拡大による市場の歪みをもたらしたのである。問題とすべきは、流通・小売部門の「買いたたき」、「不当廉売」、「優越的地位の乱用」の可能性であり、少なくとも、こうした問題も俎上（そじょう）に乗せて、食料市場における公正な競争のあり方をしっかり議論すべきときがきているとの指摘である。

第Ⅰ部第2章「TPP大筋合意と農業分野における譲歩の特徴――日豪EPAとの比較を中心に――」（東山寛）では、日豪EPAとTPPの農業分野における譲歩を比較検討し、TPPがもっている「日豪EPAプラス」の内容を確認している。このことを通じて、TPPにおける農業分野の譲歩の特徴が、鮮明にしている。分析対象の品目は、日豪EPAでも最大の譲歩を行った牛肉である。得られた知見は次の3点である。

第1に、日豪EPAとTPPは、譲歩のレベルにはひらきがあるものの、と

っている手法はひじょうに似通っていることである。長期間をかけた関税の大幅削減と、発動しにくいセーフガードの組み合わせであり、そのセーフガードも基本的には時限措置である。

　第2に、いったんこのような譲歩を行えば、それが次のFTAの「スタートライン」になることである。日豪EPAとTPPの関係が、まさしくそうである。TPPは「生きている協定」と称しており、発効後も参加国の追加が見込まれている。さらに、日本はEUとのFTAも同時並行で進めており、特に豚肉・乳製品ではTPPが「スタートライン」になる可能性も否定できない。

　第3に、TPP協定を批准すれば、新たな農政対応が求められる。対策は「体質強化」と「経営安定」の両面を追求することになる。しかし、問題は、そうした「二兎を追う」余力が日本の経済・財政にあるのか、と言う点である。

　いずれにせよ、『TPP協定の経済効果分析について』で示された「関税削減等の影響で価格低下による生産額の減少が生じるものの、体質強化対策による生産コストの低減・品質向上や経営安定対策などの国内対策により、引き続き生産や農家所得が確保され、国内生産量が維持される」のか、否か、長期的に検証していく必要があることは論じるまでもない。

　もちろん、このような課題も指摘されるTPP協定交渉の大筋合意ではあるが、高齢化、人口減少が進み国内需要、生産力の拡大の展望が容易でない今日において、さらなる貿易自由化の推進が有力な1つの選択肢とされていることは、『平成23年度版　経済財政白書』でも指摘されたとおりである[9]。

　以上のような貿易自由化の影響を受けながらも解体と再生の攻防の最中にあるわが国の農業・農村の現状に関して政策・理論・実態に関して分析を行った。

2．農業構造（農地）政策と集落営農の展開

　第Ⅱ部は「農業構造（農地）政策と集落営農の展開」である。

2.1. 農地政策の展開

　第Ⅱ部第1章「農地政策の変遷と農村社会」（髙木賢）では、農地改革以後、農家による農地所有が農村社会の基盤の1つとなっていたという観点からその後の農地制度の制定・改正と農地所有・農村社会のかかわり・せめぎあいについての流れを整理されている。

　農地法は昭和27年、戦後間もなく実施された農地改革の成果を連合国の占領終結後も恒久的に維持していくことを目的として制定されたものと理解されている。一方、農地に関する法制度という面からみると、農地法は、戦前から戦後にかけてその都度の必要から制定されてきた諸法律を集大成し、体系化したものであった。制定当時の農地法の骨格となっていた考え方は、耕作という労働に従事している者が農地の所有者であるべきである、という一般に「自作農主義」と言われる理念であった。その理念は、端的に第1条の法の目的規定に表現された。「農地は、その耕作をする者が所有することを最も適当であると認めて」というのがそれである。また、目的規定には明示されていなかったが、優良農地の確保のため、農地を農地以外の目的に転用する場合について、許可制を導入し、優良農地がみだりに転用されないようにした。

　以来60年余、農地法は、その時々の政策的要請に対応しつつ、改正されてきた。しかし、一貫して変わっていないのは、わが国の農地を合理的理由のない潰廃から守るとともに、農地の権利を取得できる者を真に農地を利用すると認められる者に限定してきたことである。農地について特別の規制を課する農地法というものは、その内容に変化が避けられないとしても、農業の経済的地位が変わらない限り、恒久的存在意義を有するものであることが明らかとなる。

　その後、農地法のさまざまな改正と関連法律の制定・改正が行われてきた。その大き流れとしては、三つのものがあったと考えられる。第1の流れは、経営規模拡大を志向する農業者に対して、農地の権利移動を容易にする措置の拡充強化の流れである。第2の流れは、法人特に株式会社に農地の権利取得を認めるという流れである。第3の流れが、農地の確保措置の改正に関する流れで

ある。

2.2. 農地集積を巡る論点と課題

では、農地集積を巡る農業経済学分野での研究は、どのように進展してきたのであろうか。第Ⅱ部第2章の「農地市場と農地集積のデザイン」(中嶋晋作) によって分析がなされている。

農業経済学分野では、完全競争的な農地市場を軸に展開した一方で、丹念な現状分析に基づき、より現実的な「農地市場」観に基づいてさまざまな論点の提示もなされてきた。両者の見解の橋渡しをするためにも、市場という観点から日本の農地市場を分析するには、以下の点に留意が必要とされている。①そもそも、農家の行動原理が必ずしも利潤最大化とは限らず、イエ規範等を考慮した枠組みで分析する必要があること、②農地の財の特殊性ゆえに、市場が局所化し、寡占的状況が発生しやすいこと、③現実には取引にあたって探索や交渉に取引費用がかかること。このうち③の取引費用については理論的にも実証的に研究が蓄積されつつあるが、①と②については今後の展開が待たれる。

農地市場は宿命的に「薄い」市場であり、市場的な資源配分を補完する、組織的な資源配分、具体的にはむら機能、集落営農、農地保有合理化法人、農地中間管理事業、圃場整備、交換分合等が有効であることを指摘した。しかし、集団的な意思決定を伴う組織的な資源配分は、個別的・分権的な意思決定に基づく市場の資源配分に比べて農家の利害が対立しやすく、合意形成は必ずしも容易ではない。実際、組織的な資源配分の典型である圃場整備事業では、集落内の話し合いによって決定される換地選定に関して、「不透明である」「公平性に欠ける」といった課題が指摘されており (中嶋・有本 [2011])、組織的な資源配分を可能とするための合意形成を如何に図るかということが現実的な課題となっている。その意味で、今後の研究では、組織的な資源配分を円滑に実現するために、より望ましい制度をデザイン、提案することが求められているように思われる。近年、急速に発展しているメカニズムデザインの分析視点は、従来不十分であった農地集積に関する制度設計に新しい発想をもたらすだろう。

こうした方向でのエビデンスの蓄積と、それに基づく制度設計が期待されている、としている。

2.3. 集落営農の展開に関する実態分析

　第Ⅱ部第3章～第6章までは、各地域の集落営農の実態分析である。市場的な資源配分を補完する、組織的な資源配分としての集落営農の実態分析である。集落営農と一口に言ってもその歴史は長く、まだ多様な集落営農が存在している。そのため集落営農に関する研究は数多く、テーマも幅広い。

　集落営農は優れて政策的なものであり、その意味する内容を理解するには集落営農が政策化されて現在に至るプロセスを把握しておく必要がある。集落営農の政策化プロセスは2003年までの形成期と2004年以降の推進期とに大きく分けることができる。本来の集落営農は、「地域を守るための危機対応」であり、農業構造が脆弱化している地域で自発的な設立をみていた。2003年までの集落営農の形成期である。ただし、この時期以降の集落営農は、「政策対応的性格」「助成金の受け皿的性格」が極度に強まり、全国的に一挙に設立が進展して行くこととなる。ただし、それは単なる政策対応を超え、今後進めていくべき地域農業の組織化の枠組みを用意していたという面も持ち合わせており、すべてを否定することはできないとも指摘されている[10]。なお、第3章～第6章に関しては、1980年代に取りまとめられた『講座　日本社会と農業』の一連の研究成果との接続も念頭におかれている[11]。

① 東北農業における両極分解
　第Ⅱ部第3章「集落営農の展開——東北——」（柳村俊介）によって実態が分析されている。
　東北は北陸とならぶ高単収・良質米生産地域としての地位を占めてきた。今日も稲作を中心に農業が展開している点で両地域は共通する。しかし、農業を取り巻く経済条件には差異が存在し、それが農民層分解に影響しているとの指摘がなされてきた。すなわち、地場産業が発達し労働市場が早期に展開した北

陸に比べ、遠隔地的な産業立地特性をもつ東北では工場進出が遅れた。農家兼業は戦後の早い時期には出稼ぎ、その後も土木・建設業や女子雇用の比重が高い企業への就業に偏り、賃金水準の低位性や就業の不安定性を免れなかった。それは農業収益の分配にも反映して低賃金・高地代を結果せしめ、兼業傾斜による農業離脱と農地集積の双方を制約した。中規模稲作農業と不安定兼業が結合する状態が続いたために、農地貸借による両極分解には至らず、農作業受委託にとどまるとされてきた[12]。

しかし、もはやこうした「農民層分解の停滞性」によって今日の東北農業を語ることは難しい。中規模層の落層による農地の出し手の厚みが増しており、この結果、東北でも両極分解が現れている。その際、農地の受け手の存在によって両極分解の進行が規定されているが、「圃場整備事業と農地保有合理化事業のパッケージ」で農地集積を加速させる取り組みが東北各地で生じている。そこで、宮城県角田市A地区の実態分析が行われた。

そこでは、農地集積に向けた地域システムが形成された一方で、集団転作と個別の稲作・野菜作等との間の矛盾が拡大し、転作作物に関する作業の出役調整が十分に行えず、栽培管理が粗放化し、転作作物の低位生産性を脱しきれていないという状況にある。こうした「転作組合」型集落営農が稲作部門を含む経営体に発展するという展望が描きがたいという実態にあることが明らかにされた。

とはいへ、上記の「転作組合」型集落営農は楠本雅弘が提唱する「二階建て方式地域営農システム」の形成に発展しやすい可能性があることも同時に指摘されている[13]。もちろん、「二階建て方式地域営農システム」の形成も複数の政策に支えられており、システムの自立性は低い実態にある。

② 裏作麦や転作麦のための営農集団からの展開

第Ⅱ部第4章「北関東における集落営農の展開」（安藤光義）によって分析されている。

関東、特に北関東は個別経営の力が強く、集落営農の展開はそれほどみられ

終章　自由貿易下における農業・農村の再生　373

ないという特徴がある[14]。その一方、水田の裏作としての麦作が盛んであり、埼玉北部から群馬南部・栃木南部にかけては個別経営が集まって共同で効率的に麦作を行う営農集団が以前から展開していた。この営農集団は表作の水稲の部分作業を受託することもあったが、賃貸借というかたちで水田を借り受けるまでには至っていなかった。費用負担を減じるため大型機械を共同で導入し、個別経営の独立性を残したまま水田の機械作業を行う機械利用組合と呼ぶべき存在であった。集落営農と一口に言っても、担い手枯渇地域で集落ぐるみで組織された集落営農とは出自や性格が全く異なっている点に注意する必要がある。

こうした特徴を有する北関東の集落営農の最近の展開状況を安藤論文では把握している。具体的には裏作麦や転作麦のための営農集団がどこまで表作の水稲を担う存在になっているかが1つの大きな焦点となる。埼玉北部を含めた北関東の農業構造では、旧品目横断的経営安定対策の実施を契機に、20ヘクタールの規模要件をクリアするため集落営農の設立が急速に進んだ。栃木、群馬、埼玉はその典型だが、なかでも群馬と埼玉では集落営農の法人化が進められており、特に群馬の法人化した集落営農の数の伸びは著しいものがある。もちろん、その経営の内実はまだまだではあるが、急増した集落営農が次第に重要な鍵を握るようになってきているのである。

③「集落ぐるみ型」の「地域を守るための危機対応」集落営農の経営多角化と
　直接支払

第Ⅱ部第5章「集落営農組織の経営多角化と直接支払――広島県世羅町（農）さわやか田打を事例として――」（西川邦夫）によって分析がなされている。

「できるだけ手間ひま金をかけずに農地を守る組織」[15]である集落営農組織は、構成員の高齢化と専従者確保の困難、水田作部門の収益性低下によって隘路に陥っている。組織の経営発展と地域社会の持続可能性の確保の両立という課題に直面している広島県を事例として、直接支払交付金の活用を軸に検討が進められた。

さわやか田打では、農産加工部門の拡大による経営多角化、および地域資源

管理の経営内への取り込みによって労働時間を増大させ、常勤雇用の導入とその他構成員の出役の両方を可能にしていた。その際、常勤雇用は水田作部門のオペレーターを中心に、その他構成員のうちで出役時間が大きい者は農産加工へ、小さいものはその他部門へという機能分担も形成されていた。

　以上は、専従者確保による集落営農組織の「経営体化」と、組織・地域社会の継続性の間にあるトレードオフの関係を解消する過程であった。そして、そこで大きな役割を果たしたのが直接支払交付金であった。使途が自由な直接支払交付金は、経営内にあたかもファンドの様に利用可能な余剰資金を形成することにより、組織の重点部門への資金投下を可能にした。実際に余剰部分はさわやか田打の経営展開の中で、常勤雇用の給与相当分と経営多角化投資への積立に充当されたのであった。

　直接支払交付金は組織の重点部門に投資が可能な余剰を形成することにより、常勤雇用の確保と集落営農組織の経営多角化を促進するというものである。そして以上の関係を通じて、集落営農組織の「経営体化」と組織の持続可能性の確保を両立する可能性があると指摘されている。

④「集落ぐるみ型」の「地域を守るための危機対応」集落営農の展開
　第Ⅱ部第6章「中山間地域における集落営農の運営管理――協業経営型農事組合法人に焦点を当てて――」（宮田剛志）によって分析されている。

　第Ⅱ部第5章と同様、深刻な担い手不足を背景に、「農地を守るための地域の危機対応」組織として、ムラを基盤とした集落ぐるみ型の集落営農組織が設立されてきた。しかし、「できるだけ手間ひま金をかけずに農地を保全する」ために設立された集落営農組織が法人化することで、営利活動を行う必要が生じ、それまでのムラ原理と異なる運営方法を採らなければならないという集落営農法人の抱える葛藤が指摘されている[16]。

　ふき村の事例から、中山間地域においては「ムラの論理」による運営を貫徹しつつ、「経営の論理」に比重をかたむけることで、経営体の発展に寄与していた実態が確認された。言い換えると、高齢化によって経営において「ムラの

論理」が貫徹しえなくとも、集落内外の資源を活用することで、事業多角化や専従者の確保を果たし、結果としてムラの利益を守る経営体の存続が可能となることが明らかになった。

　また、ふき村では出資していない他地区の土地所有者、高齢化で出役できない経営者（組合員）、地区外から雇われている労働者と、組織の内部構成に変化が表れ始めている。現在の構成が賃労働関係と完全に線引きできるまでには至っていないが、今後の運営管理ではこれまでのような「ムラの論理」と「経営の論理」による組合員間の調整だけでなく、場合によっては集落を越えた利害関係者まで含めた組織のマネジメント、そして継承の問題に直面するだろう。

3．農村政策とその成果

　第Ⅲ部は「農村政策とその成果」である。

3.1．農村政策の展開

　農村政策に関しては、第Ⅲ部第1章「農村政策の展開過程――政策文書から軌跡を巡る――」（安藤光義）によって分析がなされている。

　農林水産省における農村政策にあたる政策の始まりは、オイルショックで高度経済成長が終焉した時期にまで遡ることができる。生産調整のための農地利用調整、農業構造改善のための農地流動化、農業生産基盤・農村生活環境整備事業による集落整備の3点は、それが最初から体系的に仕組まれたものではなかったとしても、農村政策と呼び得るような内容を有していたとすることができる。

　その後、多面的機能を根拠に農地を維持・保全しようとする地方自治体の取り組みが始まり、それらを背景に中山間地域等直接支払制度が2000年に創設された。同制度は1999年に制定された食料・農業・農村基本法のなかの農村政策の中核をなすものであり、当初の農村政策は中山間地域政策であった。この農村政策も集落の活用という点ではこれまでの農政の手法と同じだが、農地とい

う地域資源の維持管理を主たる狙いとしたものである。同様に、水利施設という地域資源を対象とした農地・水・環境保全向上対策が数年遅れてスタートした。こちらは2011年から環境支払が環境保全型農業直接支払として独立して別建てとなるが、もう一方の農地・水保全管理支払の基本的な枠組みは変わることなく引き継がれている。

現在、中山間地域等直接支払制度、多面的機能支払交付金、環境保全型直接支払交付金の3つからなる日本型直接支払制度として整備されたが、地方創生を先導していくような農村政策足り得てはいないと指摘されている。2015年に新たに策定された食料・農業・農村基本計画の農村政策に関する内容は、残念ながら主導権を握って推進できるような施策を農林水産省はあまり持ち合わせていないようにも見受けられる。同省の基本的な着眼点は農地や水利施設などの地域資源であり、その維持管理や整備が農村振興局の予算の大半を占める構造となっているためとされている。

3.2. 農地・水・環境保全向上対策の定量的分析

安藤によって整理された農地・水・環境保全向上対策に関しては、第Ⅲ部第2章「農地・水・環境保全向上対策の実施規定要因と地域農業への影響評価」(中嶋晋作・村上智明) によって定量的分析がなされている。

インパクトの推定に際しては、定量的な政策評価（インパクト評価、プログラム評価）手法である「差の差（Difference in Differences：DID）推定」[17]を用い、観測対象集落全体の平均的なインパクトだけでなく、地域ごとのインパクトの大きさも推定するため、「地理的加重回帰分析（Geographical Weighted Regression：GWR）」の手法も援用する。

推定された結果から、(1) 農地・水・環境保全向上対策の実施規定要因として、周辺集落の多くが実施していれば、自集落でも実施する傾向が高まるという意味で、ピア効果の存在が明らかとなったこと、(2) 農地・水・環境保全向上対策は、農地や農業用用排水路、河川といった地域資源の管理にプラスの影響を及ぼしていること、(3) ただし、これらの効果の発現には地域性があり、

庄内地方では大きな効果が得られている一方、置賜地方・村山地方といった山形県南部では十分な効果を得られていないことが明らかとなった。

3.3. 農産物直売所の実態

第Ⅲ部第3章「農産物直売所における品質管理の実態とその意義」(菊島良介)によって分析がなされている。

わが国の直売所において、①いかにして品質に関してコンセンサスを築いてきたのか、②こうした制度設計がどのように直売所の成果に結びついたのか、③出荷農家の意識の変化にどのような影響を与えたのか明らかにした。

3.4. 農業労働人口の高齢化とその要因

日本の農業労働力の状況、および高齢化の特徴と要因について農業センサス結果表を用いて第Ⅲ部第4章「農業人口の高齢化と労働力確保方策——定年帰農の動きに着目して——」(澤田守)で分析がなされている。

国内の農業労働力の高齢化、減少は急速に進んでいる。農業労働力の確保には、青年、中年層の労働力の確保が重要となるが、人口減少が進む中で、青年、中年層の農業労働力を確保することは非常に難しい状況にある。また、統計分析から示されたように、販売農家においては農業経営の世代交代の時期が高齢化しており、他産業に従事可能な間は他産業に従事し、定年退職近くになって農業に従事する就農パターンが多くなっている。このような農業労働力の高齢化の現状を踏まえると、現実的には定年帰農者などの高齢農業者までを視野に入れて、農業労働力の確保に向けた取り組みを一層推進していくことが求められる。

前述したように定年帰農者は、年金収入によって安定的な所得を得ることが可能であり、退職金などによって自己資金も多い特徴がある。特に、定年農業参入者の就農状況をみると、参入当初の経営面積は小規模ではあるものの、有機農業への取り組み、消費者への直接販売の割合が高い特徴があり、就農後に経営面積、農産物販売額を拡大する動きが確認できる。

高齢者の体力的な問題や後継者問題などから、定年帰農者に対する支援は未だ不十分な状況が続いているが、農業労働力の確保に向けて団塊の世代を含めた高齢者の受け入れ体制を早急に整備し、農村への人口移動を促すことが求められる。

4.「自由貿易」と地域経済

第Ⅳ部は「「自由貿易」と地域経済」である。

中小企業のグローバル化に関しては第Ⅳ部第1章「グローバル化に対する中小企業の事業展開と地域の対応」（清水さゆり・里見泰啓）、そのための産業政策に関しては第Ⅳ部第3章「産業政策の視点による地方農業の振興方策」（河藤佳彦）で、それぞれ分析がなされている。第Ⅳ部第4章「日本における農村社会の変容と公共事業」（天羽正継）では公共投資の削減下における農村社会の変容に関して分析がなされている。

また、アメリカ国内では、2000年代に入り、特に上流層と、中流・下流層との間の不平等度は拡大し、そのペースは上昇し続け、2002〜2007年のアメリカの国民所得の増加分の65％が上位1％の上流部にもたらされ、対照的に、ほとんどのアメリカ人の生活水準は右肩下がりに悪化し続けてきた[18]。新古典派経済学の理論の説明とは異なり、すなわち、その前提条件が満たされていない経済状況では、資源配分を歪めない形での再分配政策によって、社会的にみて望ましい分配を実現することは現実的に困難なゆえである[19]。そのようなアメリカ国内でも、宗教を基軸に共同体が形成されている実態に関しては第Ⅳ部第2章「アーミッシュ社会における農業の恵みと重み」（大河原眞美）によって分析されている。

5．おわりに

TPP協定交渉の大筋合意と『TPP関連政策大綱』、「地方消滅」と「農山村

の再生」をめぐる議論の中で、再び、今後の日本の農業構造、農山村について焦点があてられている。貿易自由化の影響を受けながらも解体と再生の攻防の最中にあるのもその実態である[20]。高齢夫婦世帯と推測される2人世帯の農家が全国の山間地域だけではなく、特に、西日本や北日本の平地地域にまで拡大しはじめ、そこでは、農地の潰廃も進行している。「空洞化の里下り（くだり）現象」とも指摘されている[21]。ただし、これらの地域で発生している低廉な価格での農地の供給に対して自由なアクセスは実質的に可能であろうか。あるいは、農山村のありかたそのものが自由なアクセスへの障壁となっている可能性も否定できないのではないだろうか。もちろん、その一方で、農山村社会が有する社会的凝縮力の強さが地域活性化、むらづくりを進めるうえでの重要な要素となっていることは論じるまでもない。

　いずれにせよ、『TPP協定の経済効果分析について』で示された「関税削減等の影響で価格低下による生産額の減少が生じるものの、体質強化対策による生産コストの低減・品質向上や経営安定対策などの国内対策により、引き続き生産や農家所得が確保され、国内生産量が維持される」のか、否か、長期的に検証していく必要があることは論じるまでもない。

注
1）　農林水産省
　　　http://www.maff.go.jp/j/kanbo/tpp/pdf/2-1_tpp_goui.pdf
2）　農林水産省
　　　http://www.maff.go.jp/j/kanbo/tpp/pdf/2-2_tpp_goui.pdf
3）　TPP総合対策本部
　　　http://www.cas.go.jp/jp/tpp/pdf/2015/11/151009_tpp_kihonhoushin.pdf
4）　農林水産省
　　　http://www.maff.go.jp/j/kanbo/tpp/pdf/151104_soukatu.pdf
5）　TPP総合対策本部
　　　http://www.cas.go.jp/jp/tpp/kouka/pdf/151224/151224_tpp_keizaikoukabunnseki01.pdf
6）　TPP対策本部「（別紙）農林水産物への影響試算の計算方法について」

http://www.cas.go.jp/jp/tpp/pdf/2013/3/130315_nourinsuisan-2.pdf
7）　伊藤元重［2015］『伊藤元重が語るTPPの真実』日本経済新聞出版社。
8）　日本経済再生本部「『日本再興戦略』改訂2015――未来への投資・生産性革命」。
9）　内閣府『平成25年度版　経済財政白書』。
10）　安藤光義［2008］「水田農業構造再編と集落営農――地域的多様性に注目して――」、『農業経済研究』第80巻第2号、67-68頁を参照。
11）　磯辺俊彦ほか編［1985］『講座　日本の社会と農業』日本経済評論社。
12）　河相一成ほか［1985］『みちのくからの農業再構成』日本経済評論社。
13）　楠本雅弘［2010］『進化する集落営農』農文協。
14）　北関東の農業構造の特徴については、安藤光義［2005］『北関東農業の構造』筑波書房を参照。
15）　集落営農の本質については、安藤光義［2006］「集落営農の持続的な発展に向けて」、安藤光義編『集落営農の持続的な発展を目指して』全国農業会議所、3頁を参照。
16）　ムラ社会の意思決定原理、「ムラの論理」の強み・弱みについては、桂明宏［2006］「集落型農業法人の組織運営とむら社会」、北川太一編『農業・むら・くらしの再生をめざす集落型農業法人』全国農業会議所、35-50頁を参照。
17）　日本の農業経済学の分野で「差の差推定」を用いた研究として、高山・中谷［2011］「中山間地域等直接支払制度による耕作放棄の抑制効果――北海道の水田・畑作地帯を対象として――」『農業情報研究』20（1）、19-25頁、中嶋・村上・佐藤［2011］「農産物直売所の地域農業への影響評価――空間的地理情報を活用した差の差推定と空間計量経済学の適用――」『農業情報研究』23（3）、131-138頁などがある。
18）　ジョセフ, E, スティグリッツ（2012）『世界の99％を貧困にする経済』徳間書店、7-70頁。
19）　藪下史郎［2013］『スティグリッツの経済学――「見えざる手」など存在しない』東洋経済新報社、53-74頁。
20）　小田切徳美［2010］「TPP議論と農業・農山村」『TPP反対の大義』農文協、60-64頁。
21）　小田切徳美［2009］『農山村再生』岩波ブックレット、3-8頁。

執筆者紹介紹介（執筆順）

宮田剛志（みやた　つよし）
　　　　［序章・第2部第6章・第6章補論・終章］
1970年富山県生まれ。
高崎経済大学地域政策学部准教授（農業経済学・農業経営学）
『養豚の経済分析』（農林統計出版、2010年）、小山顕子・宮田剛志「中山間地域における集落営農の運営管理と経営継承——協業経営型農事組合法人に焦点をあてて——」『農業経営研究』第50巻第1号（2012年）、佐伯洋輔・宮田剛志「建設業による水田農業への参入と周年就業の実現——大分県北部地域の事例分析より——」『農業経営研究』第49巻第2号（2011年）。

鈴木宣弘（すずき　のぶひろ）［第1部第1章］
1958年三重県生まれ。
東京大学大学院農学生命科学研究科教授（農業経済学）
日韓、日チリ、日モンゴル、日中韓、日コロンビアFTA産官学共同研究会委員、食料・農業・農村政策審議会委員（会長代理、企画部会長、畜産部会長、農業共済部会長）、財務省関税・外国為替等審議会委員、経済産業省産業構造審議会委員を歴任。国際学会誌Agribusiness編集委員長。JC総研所長も兼務。
『食の戦争』（文藝春秋、2013年）、『岩盤規制の大義』（農文協、2015年）等、著書多数。

東山　寛（ひがしやま　かん）［第1部第2章］
1967年北海道生まれ。
北海道大学大学院農学研究院准教授（農業経済学・農業経営学）
『日韓地域農業論への接近』（共著、筑波書房、2013年）、『アベノミクス農政の行方』（共著、農林統計協会、2015年）、『北海道の守り方』（共著、寿郎社、2015年）。

髙木　賢（たかぎ　まさる）［第2部第1章］
1943年群馬県生まれ。

高崎経済大学理事長（民事法）
『農地制度　何が問題なのか』（大成出版社、2008年）、『逐条農地法』（共著、大成出版社、2011年）、『日本の蚕糸のものがたり』（大成出版社、2014年）。

中嶋晋作（なかじま　しんさく）
　　　　［第2部第2章・第3部第2章］
1980年群馬県生まれ。
明治大学農学部専任講師（農業経済学）
「区画の交換による農地の団地化は可能か？——シミュレーションによるアプローチ——」（共著『農業経済研究』2014年）、「農地集積と農地市場」（共著『農業経済研究』2013年）、「農産物直売所の地域農業への影響評価——空間的地理情報を活用した差の差推定と空間計量経済学の適用——」（共著『農業情報研究』2011年）、「換地選定をめぐる利害対立と合意形成——新潟県新発田北部地区の事例——」（共著『農村計画学会誌』2011年）。

柳村俊介（やなぎむら　しゅんすけ）
　　　　　　　　　　　　　　［第2部第3章］
1955年兵庫県生まれ。
北海道大学大学院農学研究院教授（農業経済学）
『農村集落再編の研究』（日本経済評論社、1992年）、『現代日本農業の継承問題』（編著、日本経済評論社、2003年）、「農業経営の第三者継承の特徴とリスク軽減対策」（『農業経営研究』第50巻第1号2012年）

安藤光義（あんどう　みつよし）
　　　　［第2部第4章・第3部第1章］
1966年神奈川県生まれ。
東京大学大学院農学生命科学研究科教授（農業経済学）
『構造政策の理念と現実』（農林統計協会、2003年）、『北関東農業の構造』（筑波書房、2005年）、『日本農業の構造変動』（編著、農林統計協会、

2013年)。

西川邦夫（にしかわ　くにお）［第2部第5章］
1982年島根県生まれ。
茨城大学農学部地域環境科学科准教授（農業経済学、農政学）
『「政策転換」と水田農業の担い手——茨城県筑西市田谷川地区からの接近——』（農林統計出版、2015年）、『日本農業の構造変動——2010年農業センサス分析——』（共著、農林統計協会、2013年）、『品目横断的経営安定対策と集落営農——「政策対応的」集落営農の実態と課題——』（日本の農業245）（農政調査委員会、2010年）。

村上智明（むらかみ　ともあき）［第3部第2章］
1980年埼玉県生まれ。
東京大学大学院農学生命科学研究科助教（農業経済学）
「震災ショックと被災地産水産物販売の変動——干渉分析を用いた POS データの解析——」（『フードシステム研究』22 (1)、2015年）、「ローリングウィンドウ法を用いた酪農技術進歩の計測」（『農業経営研究』51 (2)、(2013年)、「粗飼料生産受託組織が酪農生産に与える影響」（『農業経済研究　別冊　日本農業経済学会論文集』2010年）。

菊島良介（きくしま　りょうすけ）［第3部第3章］
1986年栃木県生まれ。
東京大学大学院農学生命科学研究科農学特定研究員（農業・資源経済学専攻）
「農産物直売所における品質管理とその意義」（『農業研究』27［平成25年度人文・社会科学系若手研究者助成事業　研究成果］2014年）、「千葉県における直売所の競争とその規定要因」（共著『フードシステム研究』19 (3)、2012年）、「リスク態度を考慮したミカン産直組織の農家行動に関する分析——環境保全型農業への取り組みを事例として——」（共著『日本農業経済学会論文集（農業経済研究別冊）』2011年）。

澤田　守（さわだ　まもる）［第3部第4章］
1972年岩手県生まれ。
国立研究開発法人農業・食品産業技術総合研究機構中央農業総合研究センター主任研究員（農業経済学・農業経営学）
「日本における家族農業経営の変容と展望」（『農業経営研究』第51巻第4号、2014年）、『日本農業の構造変動——2010年農業センサス分析』（共著、農林統計協会、2013年）、『就農ルート多様化の展開論理』（農林統計協会、2003年）。

清水さゆり（しみず　さゆり）［第4部第1章］
1973年群馬県生まれ。
高崎経済大学経済学部准教授（国際経営論）
「技術へのこだわりがグローバル化を加速する——ニコンの事例——」（『グローバル企業の市場創造』中央経済社、2008年）、「中堅企業の企業成長・存続と経営的特性——テイボーの事例——」（『産業経営』第47号、早稲田大学産業経営研究所、2010年）、「多国籍企業のマネジメントとソーシャル・キャピタル」（『ソーシャル・キャピタル論の探求』日本経済評論社、2011年）。

里見泰啓（さとみ　やすひろ）［第4部第1章］
1959年東京都生まれ。
早稲田大学産業経営研究所招聘研究員（中小企業論・企業経営論）
「中小企業経営者の事業観」（『産業経営』第41号、早稲田大学産業経営研究所、2007年）、「中小企業経営者は企業者か」（『産業経営』第44号、早稲田大学産業経営研究所、2009年）、『変貌する神奈川県経済の革新力』（共著、一般財団法人横浜経済研究所、2010年）。

大河原眞美（おおかわら　まみ）［第4部第2章］
1954年大阪府生まれ。
高崎経済大学地域政策学部教授（法と文化・法と言語）
前橋家庭裁判所調停委員、群馬県労働委員会公益委員。
『裁判からみたアメリカ社会』（明石書店、1998年）、The Samuel D. Hochstetler Case［1948

The Japanese Journal of American Studies, Vol. 8, 1997, pp. 119-141（日本アメリカ学会刊行）、『法廷の中のアーミッシュ——国家は法で闘い、アーミッシュは聖書で闘う』（明石書店、2014年）など多数。

河藤佳彦（かわとう　よしひこ）［第4部第3章］
1959年大阪府生まれ。
高崎経済大学地域政策学部教授（地域産業政策論、地域経済論、中小企業論）
『地域産業政策の新展開——地域経済の自立と再生に向けて』（文眞堂、2008年）、『分権化時代の地方公共団体経営論——公民の望ましい役割分担について考える』（同友館、2011年）、『地域産業政策の現代的意義と実践』（同友館、2015年）

天羽正継（あもう　まさつぐ）［第4部第4章］
1978年千葉県生まれ。
高崎経済大学経済学部准教授（財政学）
「日米構造協議と財政赤字の形成」諸富徹編『日本財政の現代史II——バブルとその崩壊　1986～2000年』（有斐閣、2014年）、「日本の予算制度におけるシーリングの意義——財政赤字と政官関係」（井手英策編著『危機と再建の比較財政史』第7章、ミネルヴァ書房、2013年）、「戦後地方債計画の形成」日本財政学会編『格差社会と財政——財政研究第3巻』（有斐閣、2007年）。

自由貿易下における農業・農村の再生
小さき人々による挑戦

| 2016年3月23日 | 第1刷発行 | 定価（本体3200円+税） |

編　者　　高崎経済大学地域科学研究所
監　修　　宮　田　剛　志
発行者　　栗　原　哲　也

発行所　　株式会社　日本経済評論社
〒101-0051　東京都千代田区神田神保町3-2
電話　03-3230-1661　FAX　03-3265-2993
E-mail：info8188@nikkeihyo.co.jp
URL：http://www.nikkeihyo.co.jp/

装幀＊渡辺美知子　　　　印刷＊文昇堂・製本＊誠製本

乱丁落丁はお取替えいたします。　　　　　Printed in Japan
Ⓒ 高崎経済大学地域科学研究所 2016　　ISBN978-4-8188-2420-1

・本書の複製権・翻訳権・上映権・譲渡権・公衆送信権（送信可能化権を含む）
は㈱日本経済評論社が保有します。

・ JCOPY〈(社)出版者著作権管理機構　委託出版物〉
本書の無断複写は著作権法上での例外を除き禁じられています。複写される
場合は、そのつど事前に、(社)出版者著作権管理機構（電話03-3513-6969、
FAX03-3513-6979、e-mail: info@jcopy.or.jp）の許諾を得てください。

高崎経済大学産業研究所叢書*

群馬・地域文化の諸相 —その濫觴と興隆—	本体3,200円
利根川上流地域の開発と産業 —その変遷と課題— （品切）	本体3,200円
近代群馬の思想群像Ⅱ （品切）	本体3,000円
高度成長時代と群馬 （品切）	本体3,000円
ベンチャー型社会の到来 —起業家精神と創業環境—	本体3,500円
車王国群馬の公共交通とまちづくり	本体3,200円
「現代アジア」のダイナミズムと日本 —社会文化と研究開発—	本体3,500円
近代群馬の蚕糸業 （品切）	本体3,500円
新経営・経済時代への多元的適応	本体3,500円
地方の時代の都市・山間再生の方途 （品切）	本体3,200円
開発の断面 —地域・産業・環境— （品切）	本体3,200円
群馬にみる人・自然・思想 —生成と共生の世界— （品切）	本体3,200円
「首都圏問題」の位相と北関東	本体3,200円
変革の企業経営 —人間視点からの戦略—	本体3,200円
IPネットワーク社会と都市型産業	本体3,500円
都市型産業と地域零細サービス業 （品切）	本体2,500円
大学と地域貢献 —地方公立大学付設研究所の挑戦— （品切）	本体2,000円
近代群馬の民衆思想 —経世済民の系譜—	本体3,200円
循環共生社会と地域づくり	本体3,400円
事業創造論の構築	本体3,400円
新地場産業と産業環境の現在	本体3,500円
サステイナブル社会とアメニティ	本体3,500円
群馬・産業遺産の諸相	本体3,800円
地方公立大学の未来	本体3,500円
ソーシャル・キャピタル論の探究 （品切）	本体3,500円
新高崎市の諸相と地域的課題	本体3,500円
高大連携と能力形成	本体3,500円
デフレーション現象への多角的接近	本体3,200円

＊本書より叢書名は「高崎経済大学地域科学研究所叢書」になります。
表示価格は2015年3月現在の本体価格（税別）です。